普通高等学校工业设计&产品设计“十四五”规划教材

西南大学出版社

国家一级出版社 全国百佳图书出版单位

李琦 苏欣颖 编著

工业设计制图

（第2版）

图书在版编目（CIP）数据

工业设计制图 / 李琦，苏欣颖编著．— 2版．— 重庆：西南师范大学出版社，2016.4（2025.1重印）
ISBN 978-7-5621-7886-6

Ⅰ．①工… Ⅱ．①李… ②苏… Ⅲ．①工业设计－工程制图－高等学校－教材 Ⅳ．①TB47

中国版本图书馆CIP数据核字(2016)第060086号

普通高等学校工业设计&产品设计“十四五”规划教材
主编：余强 段胜峰

工业设计制图（第2版）
GONGYE SHEJI ZHITU
李琦 苏欣颖 编著

选题策划：袁 理
责任编辑：袁 理
整体设计：晏 莉 王正端
排 版：黄金红

出版发行：西南大学出版社（原西南师范大学出版社）
地 址：重庆市北碚区天生路2号
本社网址：http：//www.xdcbs.com
网上书店：https：//xnsfdxcbs.tmall.com

印 刷：重庆恒昌印务有限公司
成品尺寸：210 mm×285 mm
印 张：11.25
字 数：340千字
版 次：2016年8月 第2版
印 次：2025年1月 第5次印刷
书 号：ISBN 978-7-5621-7886-6
定 价：49.00元

本书如有印装质量问题，请与我社市场营销部联系更换。
市场营销部电话：（023）68868624 68253705

西南大学出版社美术分社欢迎赐稿。
美术分社电话：（023）68254657

余强

工业设计是指在现代工业化生产条件下，运用科学技术与艺术方式进行产品设计的一种创造性方法。它是将技术、艺术与文化转化为生产力的核心环节，也是现代服务业的重要组成部分。由于工业设计对经济巨大的推动作用，以及它的创新思维、潜力巨大的高附加值和超越商业价值以外的文化特征，因此被许多发达国家上升到国策的高度来认识。20世纪初，欧洲国家就曾经出现过第一次工业设计资源的整合，以"德意志制造同盟"为标志，将技术资源与设计资源相结合，来共同解决德国工业产品的质量与设计问题，为现代德国工业的品牌优势奠定了重要基础。20世纪中期，以英国等国政府的设计公共政策为标志，再次将工业设计视为国策，实施行政资源与产业资源的第二次整合，有力地推进了欧洲工业的品牌战略和全球贸易战略。20世纪末，一些国家将社会资源与文化资源相结合，提出跨领域、跨行业的"文化创意产业"，是第三次设计资源整合。这几次设计资源的整合表明，在全球产业发展的进程中，工业设计产业的战略地位和作用日益凸显。

作为一个发展中国家，中国的工业设计仍是一门新兴的、亟待发展的学科。据不完全统计，国内有工业设计学科专业方向的艺术院校已达250所，各种主题的工业设计大赛与研讨会越来越频繁，国内外高新技术企业与高校的设计合作也迅速发展起来，这充分反映了时代发展对工业设计人才需求的增长和速度的加快。尽管中国工业设计教育的规模堪称世界第一，但我们尚未建立起具有中国特色的工业设计教育模式及各院校的特色模式。有鉴于此，不少设计院校也在教学思想、教学方法、课程设置、教材编写等方面进行了有益的探索和改革：从过去单一的技法和造型训练，转向掌握系统设计思维方法的训练；从只关注美感和设计语义的形态研究转向对生活形态、设计管理、可持续性发展战略和设计哲学方面的研究。在这些教学改革中，都体现出了一种共识，即必须将工业设计作为一种高度综合性的交叉学科来组织教学，从教学的体制、结构改革着手，探索更加综合的教育之路，以此全面提高学生的综合素质。应该说，设计教育在中国经济形式由计划经济向市场经济转型的过程中，为国家的经济建设和发展培养了大量急需的设计人才，发挥了重要的作用。

这套丛书的编著者是由具有多年工业设计教学和在企业有实际设计经验的教师和学者组成的。编著者在充分研究和总结了我国二十多年的工业设计教育理念和教学经验的基础上，较为广泛地吸收了国外先进的教学内容与方法，并结合教学中的实际情况，有针对性地对工业设计教学的相关知识进行理性的筹划和有序的整合，以期从系统的角度对工业设计主干课程的内涵进行阐释。其中既有工业设计的基础理论，又有专业教学的多样性和可操作性，同时也强调案例教学的启发和引导作用，使其具有前瞻性、系统性、知识性和适用性，在同类教材中彰显自己的特色。

"千里之行始于足下"，我们期待通过本套教材的指导，能使学生尽快完成从理论到实践、从专业到产业的深化过程，从而明确专业学习的目标途径和方法。本套教材不仅强调相关知识的有机联系，也重视设计过程的连续性与完整性。尤其是在学生所缺乏的实践性环节上，如市场调查与分析、模型制作、工程技术设计、市场推广等，对所学知识需要从系统设计的角度，注重设计过程的连续性和完整性，重视设计程序和设计方法，融会贯通，以培养和提高学生多角度分析问题和解决问题的能力。

在经济全球化日趋深入、国际市场竞争日益激烈的情况下，工业设计已成为制造业竞争的核心动力之一。在"中国制造"向"中国设计"转型的过程中，工业设计必将发挥关键性的作用。为了迎接这一历史性的机遇和挑战，工业设计教育必须加快国际化进程，更加重视设计人才培养和技术创新等关键环节的构建，把设计教育转向创新设计教育，不断地提高我国工业设计教育的整体水平。

当今世界科学技术迅猛发展，引发社会经济结构急剧变革。在全球一体化的商业竞争中，设计成了影响成败的重要因素。如何培养既熟练掌握工业设计基础知识和现代技术手段，又能深刻把握时代文化变迁和社会发展需求的高素质人才，是当下蓬勃发展的产品设计教育必须回答的重要命题。

为适应社会的需求，作为工业设计的基础课程，本教材的编写以国家制图规范的学习为基础，以对形体的图解能力的培养为核心，以促进对产品设计的理解为延伸，将教材内容分成了三部分：制图基础、投影理论与表达、机械与产品制图。制图基础部分介绍了国家的《技术制图》标准及制图基本技法，旨在确立专业表达的基本规范；投影理论与表达部分对用投影法表达空间几何形体和图解简单空间几何问题的基本理论和方法做了较系统的阐述，旨在促进学生空间思维能力的提升；机械与产品制图部分介绍了产品结构与装配，产品外观设计表达的内容，旨在实现向专业设计的拓展。新版增加了产品爆炸图，清楚地表达装配体中每个零件的形状与结构及相互间的装配关系，更具直观性。教材编写目标清晰，内容翔实。

作者依据"高等学校工科本科基础课程教学基本要求"，总结多年产品设计及设计制图教学经验，参考各方面的建议，编写了本教材。本教材特点体现在如下三个方面：

1．教材定位突出应用性

教材编写坚持制图理论以应用为目的，教材内容的选择及体系结构符合当代社会对工业设计人才素质的要求，适应于工业设计本科及相近专业的教学需要。

2．教学内容突出适用性

教材内容的选择注重广泛性与典型性的有机结合。一方面所选图例尽量涵盖工业产品，以满足专业需要；另一方面尽量用形状简单、具有典型结构特点的工业产品作为示例，有利于在理解的状况下学懂学通。

3．教学方法突出自主性

原理、方法的介绍由浅入深，通俗易懂。对教材内容的表达，用大量的图解形式分析，旨在降低学习的难度，便于自主学习。每章后均附有复习思考题，可作为学生自我检测的一种手段，便于及时巩固每章所学的知识。

本次改编对部分章节的内容做了调整，对装配图一章做了较大的变动，不仅从文字上增加了内容，更是在图例方面增加了大量的篇幅加以阐述，同时又增加了爆炸图，以便更好地满足读者的使用要求。同时，对图表做了一定的改进与增加，使其内容更易懂易读。对第三章、第五章、第六章、第七章的内容进行了更新，同时对原版的一些错误也进行了纠正。本书再版后与前版相比，最大的特点是进一步降低了自学的难度。

本书在改编的过程中，得到了西南师范大学出版社的大力支持，得到了重庆工商大学设计艺术分院院长胡虹教授、产品设计系的全体教师、使用本教材的各相关院校师生以及广大读者的支持与厚爱，在此一并表示感谢。由于编者的水平有限，错误可能还会再现，因此继续恳请使用本书的广大师生和读者朋友批评与指教。

目录
CONTENTS

第五章 常用表达方法

第六章 零件图

第七章 装配图

绪 论

一、作用与任务

本课程是工业设计专业必修的专业基础课程，是一门关于如何绘制工程图样的基础课程，也是培养工业设计师的素质与能力的一门具有技能性的基础课程。它既包含空间思维、造型设计和形体表达的基本理论与方法，又涉及机械设计制图的基本规定、国家标准和画法，对学生创新思维的培养与提高具有重要的作用。

在工程技术界，如机器制造、工业设计、建筑设计、环境设计等行业都是将工程图样作为信息载体来实现设计师的构思和创意的，而且这种构思与创意可以跨越地域、民族、国家的差异进行无障碍的技术和设计等的交流。可以进行交流的工程图样是工程技术界的特殊语言，具有文字起不到的作用，因此每个工程技术人员和工业设计师都必须掌握这种特殊语言。工程图样同时也是指导生产、检验产品、进行相关鉴定的重要技术信息。

本课程主要研究绘制和阅读工程图样的基本理论和方法，培养学生绘制和阅读工程图样的能力，其主要任务是：

（1）学习并掌握正投影的基本理论和方法；

（2）培养绘制和阅读工程图样的能力；

（3）培养空间想象力和空间分析、造型设计、产品外形表达的能力；

（4）培养认真负责、严谨、细致的工作作风；

（5）培养学生的自学能力、创造能力和审美能力。

二、内容

本课程包括投影理论、设计制图基础、机械与产品制图及爆炸图四个部分，具体内容与要求有：

1. 投影的基本知识

学习用投影法表达空间几何形体和图解简单空间几何问题的基本理论和方法，了解投影法的概念和基本分类（平行投影和中心投影）。

2. 立体的投影

（1）掌握平面立体和曲面立体的投影特征和作图方法；

（2）分析相交立体的相贯线的投影特征和基本作图方法。

3. 轴测图

（1）掌握轴测投影概念，了解轴向变形系数和轴间角的几何意义；

（2）掌握正等测和斜二测的基本作图方法。

4. 制图基础

（1）培养阅读、设计和绘制图样的能力；

（2）学会正确使用绘图工具和掌握徒手绘图方法；

（3）遵循《技术制图》等国家标准的基本规定。

5. 组合体

（1）运用形体分析与线面分析进行组合体的绘图、读图和尺寸标注；

（2）设计组合体。

6. 剖视图

了解结构件的各种表达方法并能够按照国家标准读懂和正确绘制结构件的剖视图。

7. 零件图

（1）了解零件图的内容,能正确阅读和绘制中等复杂程度的零件图；

（2）能依照实物测绘零件图。

8. 标准件和常用件

了解螺纹、常用螺纹紧固件及连接件的规定画法。

9. 装配图

（1）了解装配图的内容，能依照实物测绘中等复杂程度的装配图；

（2）能正确阅读中等复杂程度的装配图；

（3）能从装配图中拆画零件图。

10. 产品外观图

培养绘制和阅读产品外观图的基本能力（为专业课和产品造型设计做好准备）。

11. 掌握爆炸图的画法，了解结构与装配、功能的关系，提高结构与艺术结合的设计能力

本书介绍的内容，立足于“基础”。随着科学技术的不断发展，计算机绘图已经普及。但设计制图的投影理论和图样内容的表达与画法都必须依据国家标准《技术制图》，不一致的仅仅是绘图工具。

三、特点

工程图样，是在投影理论和国家标准《技术制图》的指导下画出来的。它不仅能清楚地表示出物体（结构件、零件、组装件、机器等）的形状和结构，而且有必要的尺寸数据及技术要求等内

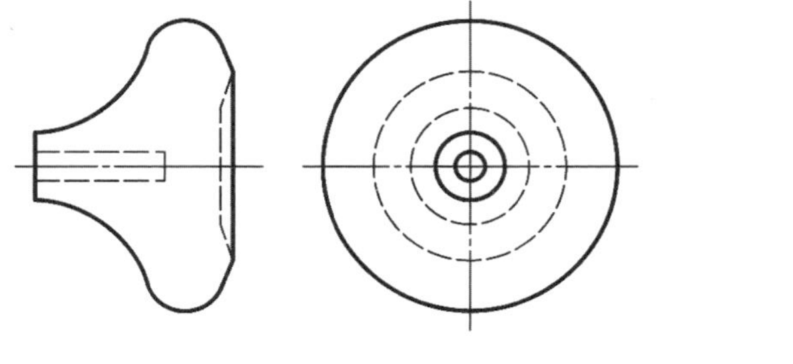

图0–1 视图

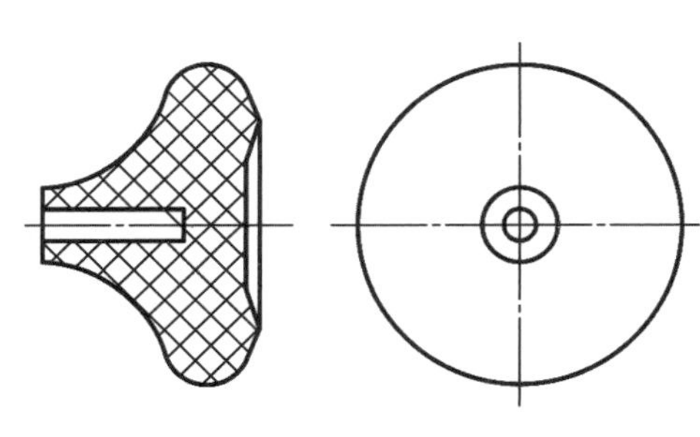

图0–2 剖视图

容。工程图样是现代化生产和工业设计实现的基础，其主要原因有以下三个方面：

（1）直观性：能较好地显示物体形状、空间结构的功能，易于绘制，易于看懂；

（2）唯一性：相关的每一组图样反映的是空间唯一的形体结构，不会因个别图样中几何形状的制图误差，而使人对表达的内容得出不同的理解；

（3）度量性：能准确表现物体的真实大小，不会因图样中图形的小误差而影响尺寸的表达，便于设计与加工。

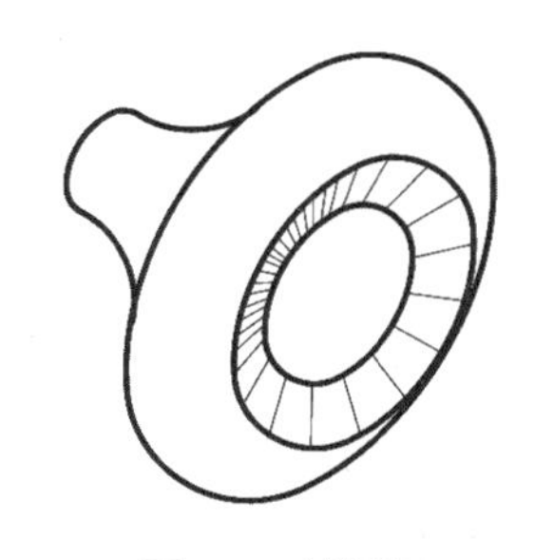
图 0-3 轴测图

四、工程图样的几种图示方法

1. 视图

视图是机器或产品等设计的表达基础。所有需要加工制造的零件、设备，在设计的过程中都以视图为基础（图 0-1）。

2. 剖视图

剖视图既表达了零件或产品的内部结构，又将产品的外部形状表达得很清楚（图 0-2）。

从图 0-1 中可见产品的外形，但没有对其内部结构、结合形式进行表达，且有不可见的结构。所以，产品的工程图样一般都使用剖视图进行表达。

3. 轴测图

在学习的过程中，为了培养与建立空间概念，在二维的平面上表达三维的立体。

物体长、宽、高三维方向上的形状，同时被表现在同一个投影面上，获得的图形具有较强的立体感，容易看懂。但由于与各坐标平面平行的表面投影后产生了变形，导致作图较难，且度量性差，故工程上只将轴测图用作辅助图样（图 0-3）。

五、学习方法

设计制图是一门理论与实际紧密结合的基础课程，在学习的过程中，应该注意以下三个方面：

1. 抽象

自觉地培养空间构思能力，注意把具体形状抽象为空间形体要素，把具象变为抽象，把复杂变为简单，根据各空间形体的形状和其相互关系再进行研究。

2. 逆向转化

重视图与物之间的对应关系，在具体的绘图和读图过程中，由简单到复杂循序渐进。 把空间立体转换成在平面上表达的简单图形，继而根据平面图形想象空间立体。对于从空间立体到平面图形，又从平面图形到空间立体的反复转化，要多画、多读、多想，不断地观物画图、看图想物，反复分析。这是培养与训练的重要过程。转化是学习的手段与方法，同时也是学习的目的。

3. 实践

抽象与转化需要反复实践，绘图技能的掌握与提高离不开反复实践。绘图技能的掌握与提高，同于书法、绘画，只有通过完成必要数量的作业练习，学习正确地使用各种绘图工具、掌握本课程的理论和技能，才能做到投影正确、图线清晰分明、尺寸合理准确、布置美观。任何轻视实践环节、满足于初学的“太简单了”的想法，都是十分有害的。因此，只有依照本课的学习方法，认真坚持实践，才能在学习与实践中培养出耐心细致、一丝不苟的工作作风。

第一章 工业设计制图的基本知识与技能

工程图样是工程与产品信息的载体，是工程界进行表达和技术交流的共同语言。工程图样是产品从市场调研、方案确定、设计到制造、检测、安装、使用、维修整个过程中必不可少的技术文件，是开发、交流、研究的重要信息与工具。为便于生产、管理和交流，相关国家标准在图样的画法、尺寸标注方法等方面做出了统一的规定。这些规定是设计绘制图纸和阅读工程图样的准则和依据。

工程图样需遵守一定的规则、采用一定的线条、按一定的画法绘制。针对这种规则、线条、画法等，国家已经制定出相应的标准。

本章简要介绍《技术制图》与《机械制图》国家标准对图纸幅面和格式、比例、字体、图线和尺寸标注、符号等的有关规定（绘图时必须严格遵守），以及常见的绘图和几何图线的连接作图方法。

第一节 国家相关标准的基本规定

国家标准，简称国标，代号GB。与制图有关的国家标准有很多，本书中虽没有一一列举，但其内容都是围绕国家标准展开的。在此仅举一例，如GB/T14689—1993，其含义是：GB——国家标准代号，T——推荐，14689——排序，1993——颁布时间（年），具体内容是关于图纸幅面和格式的有关规定。

一、图纸幅面尺寸、格式与标题栏

1. 图纸幅面尺寸

图纸幅面尺寸是指绘制图样所采用的纸张的大小规格。为了便于图样管理和合理地使用图纸，根据相关标准的规定，应优先采用表1-1中规定的基本幅面（表中B为图纸短边，L为长边）。如基本幅面不能满足绘图的需要，可加长幅面（本书略）。

表 1-1 图纸幅面尺寸

幅面代号	A0	A1	A2	A3	A4	备 注
B ×L	841×1189	594×841	420×594	297×420	210×297	见图 1-1
e	20		10			见图 1-2
a	10			5		
b	25					

图纸幅面的尺寸基本是由小一号幅面的短边长度加倍后得出的（图 1-1）。

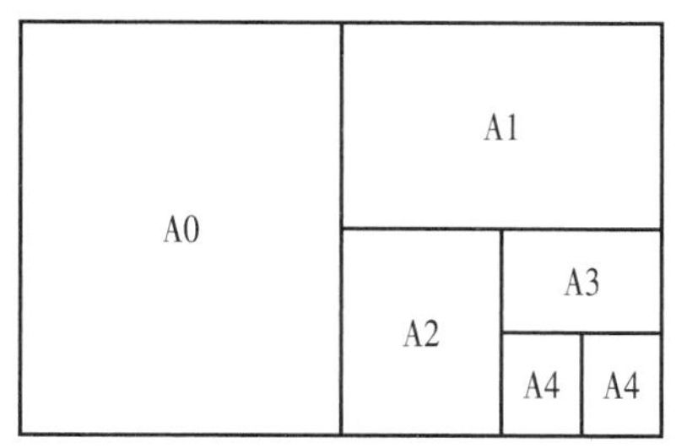

图 1-1 大小图纸之间的幅面关系

2. 图框格式

在图纸上必须用粗实线画出图框，图框格式有两种：一种是未留装订边的图框格式，一种是留有装订边的图框格式，其图框格式如图 1-2 所示。一般 A4 幅面竖向使用，A3 幅面横向使用,其他幅面视图样而定。

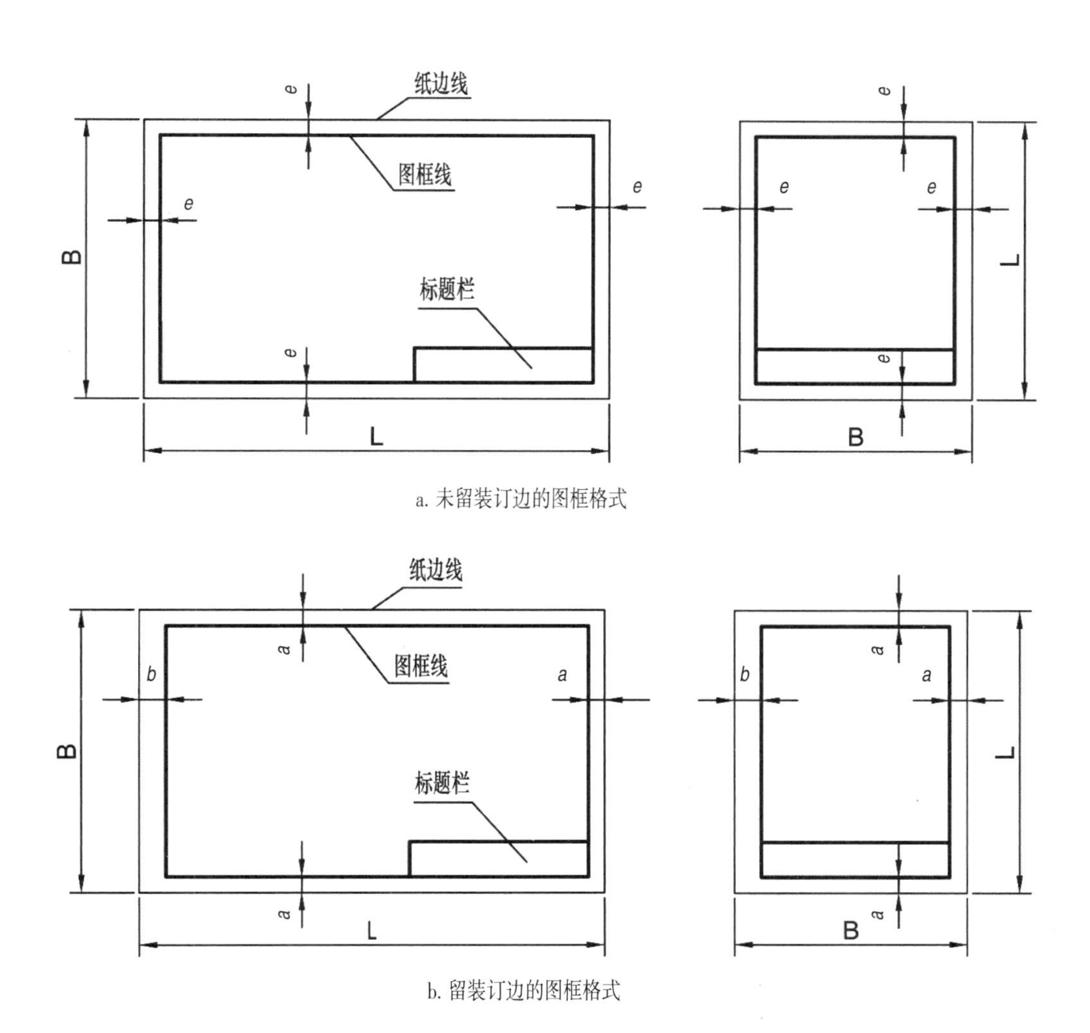

a. 未留装订边的图框格式

b. 留装订边的图框格式

图 1-2 图框格式

3. 标题栏

每张图纸都必须画出标题栏，标题栏布置在图纸的右下角。标题栏的位置应按图1–2的方式配置。标题栏中的文字方向为看图方向。

关于标题栏的格式，国家标准已有规定（本书略）。学校的制图作业中所使用的标题栏可以简化，建议采用图1–3所示的方式。图1–3a所示用于零件图和其他制图作业，图1–3b用于装配图。

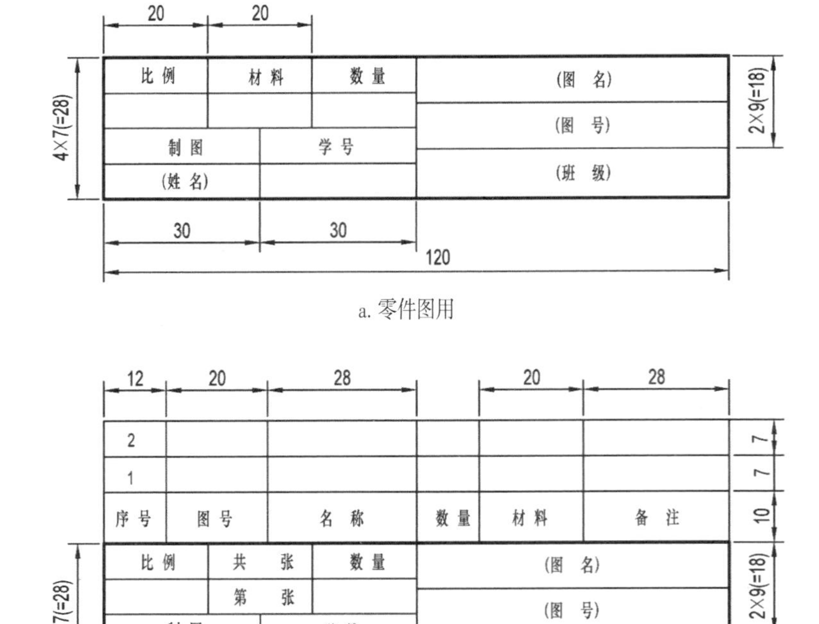

a. 零件图用

b. 装配图用

图1–3 标题栏

标题栏中各内容的含义是：

(班级)：设计单位；

(图号)：本张图纸的编号；

(图名)：本张图纸的图名；

制图：制图者姓名；

学号：学生入校时的编号；

比例：绘制本张主要图形的比例；

共张：本套图纸的总页数；

第张：本页图纸在该套图纸的位置；

序号：对应图样中标注的序号；

图号：图样中相应组成部分的图样代号或标准号；

名称：填写图样中零件、部件、标准件等组成部分的名称，也可根据需要写出其形式与尺寸；

数量：图样中相应组成部分在装配中所需要的数量；

材料：图样中相应组成部分的材料标记；

备注：填写该项的附加说明或其他有关的内容。

二、字体

1. 基本要求

(1) 图样中书写字体必须做到工整、笔画清楚、间隔均匀、排列整齐；

(2) 图样中书写的汉字、数字、字母等字体的号数分别为：20、14、10、7、5、3.5、2.5、1.8,共8种。汉字应写成长仿宋体，字体号数即为字体高度（单位为毫米），字体宽度为字高的$1/\sqrt{2}$（约为字体高度的2/3），并采用国务院正式公布推行的《汉字简化方案》中规定的简化字，字高不小于3.5 mm。

2. 字体示例

(1) 字体

长仿宋，参见图1–4。

国家标准设计制图工程字体排列整齐

工整规则横平竖直注意起落笔画清楚

结构匀称大小一致填满方格间隔均匀

产品设计造型新颖外形美观大小实用三维立体平面展示设计依据投影理论

日练一页月入三十年收三百六功到自然成

图1-4 汉字的字体

(2) 数字与字母、符号

数字与字母分直体和斜体两种，斜体应与水平线呈75°角。字母和数字分A型（笔画宽h／14）和B型（笔画宽h／10）两种，同一张图纸只允许使用一种类型的字体。数字和字母可以按照图1-5示例书写。

123456789 ABCDEFGHJKLMNPQSTUR

123456789 abcdefghr ABCDEFGHR

123456789 abcdefghr xyz ABCDEFGHRXYZ

123456789 IIIIIIIVVVIVIIVIIIIXX ABCDEFGHR

δγβα±×Ø abcdefghr123456789δγβα±×Ø abcdefghr123456789

图1-5 数字和字母

三、比例

图样中结构件要素的线性尺寸与实际结构件相应要素的线性尺寸之比，称为图样的比例。绘制图样时一般应采用表1-2规定的比例。

绘制同一结构件的各个视图应采用相同的比例，并在标题栏的比例栏中填写。当某个视图需要采用不同比例绘制时，必须在该视图的上方另行标注。

表1-2 比例

种类	比　例	备　注
原值比例	1∶1	应优先选用无括号的比例
放大比例	2∶1　(2.5∶1)　(4∶1)　5∶1 2×10^n∶1　(2.5×10^n∶1)　(4×10^n∶1)　5×10^n∶1	
缩小比例	(1∶1.5)　1∶2　(1∶2.5)　(1∶3)　(1∶4)　1∶5 1∶1×10^n　(1∶1.5×10^n)　1∶2×10^n　(1∶2.5×10^n)　1∶5×10^n	

四、图线

1. 线型

图线是起点和终点以任意方式连接的一种几何图线，它可以是直线或曲线、连续线或不连续线。国家标准规定了15种线型的名称、形式、结构、标记及画法规则等。设计制图中常用的图线及用法见表1-3，图线的应用见图1-6。

表1-3 各种图线的画法与用途

序号	线名	线型	线宽	主要用途
1	粗实线	———————	d	可见轮廓线、可见过渡线
2	细实线	———————	$1/2d$	尺寸线、尺寸界线、剖面线、引出线等
3	虚线	— — — — — — —	$1/2d$	不可见轮廓线、过渡线
4	点画线	———·———·———	1/2d	轴线、对称中心线
5	波浪线	～～～～～	$1/2d$	断裂处的边界线、视图和剖视图的界线
6	双折线	——\/——\/——	$1/2d$	断裂处的边界线
7	双点画线	———··———··———	$1/2d$	假想轮廓线、中断线、极限位置的轮廓线
8	粗点画线	———·———·———	d	有特殊要求的线

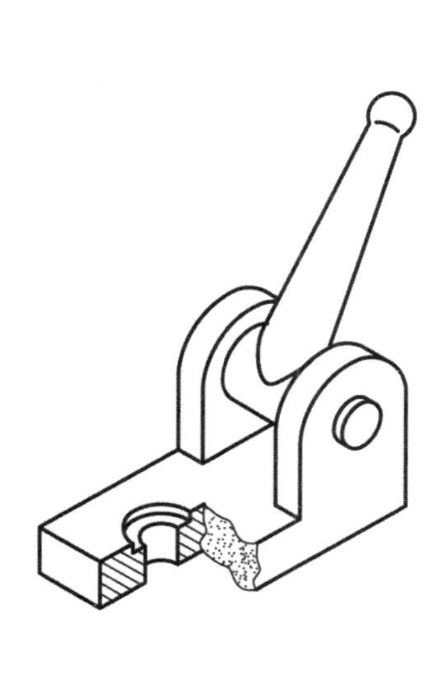

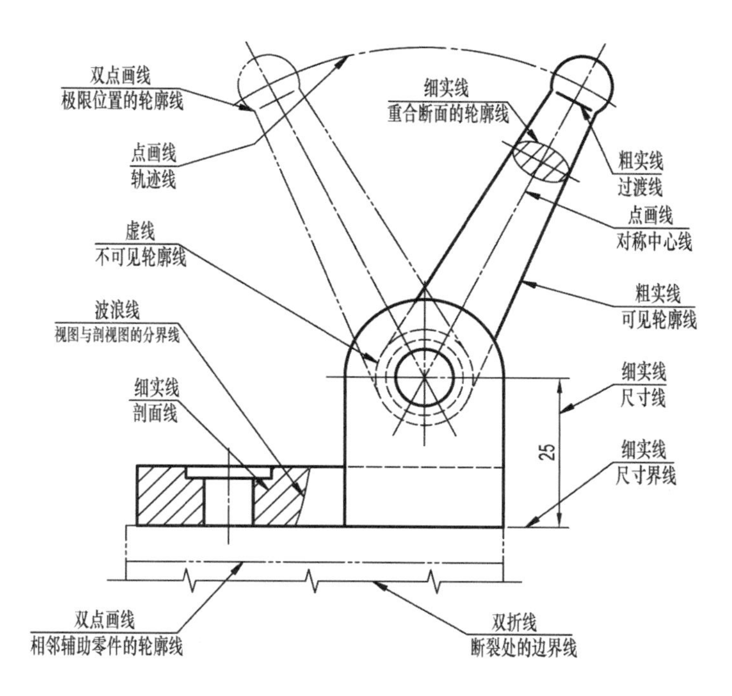

图 1-6 图线的应用举例

2. 线宽

机械图样的图线宽度分粗细两种，粗线与细线的比例为2：1（土建图需要用三种线宽，比例为4：2：1）。粗线的宽度需根据图样的大小和复杂程度，在0.5～2 mm之间进行选择。线宽的推荐系列为：0.18、0.25、0.35、0.5、0.7、1.0、1.4 mm（一般粗线的宽度应大于或等于0.5 mm）。

3. 画法

画图线时应注意以下几个问题：

（1）在同一张图样中，同类图线的宽度应基本一致。虚线的线段、点画线及双点画线的短画、长画和间隔应各自大致相等。

（2）绘制圆的中心线时，圆心应为两条点虚线的画线中长画的交点。点画线、双点画线、（包括虚线）与其他线相交或自身相交时，均应交于长画（或线段）处。

（3）点画线及双点画线的首末两端应是长画而不是短画。点画线的长画应超出图形轮廓线2～5 mm。

（4）在较小图形上画点画线或双点画线有困难时，可用细实线代替。

（5）虚线为粗实线的延长线时，虚线在连接处应留有空隙。虚线直线与虚线圆弧相切时，应是线段画相切。

（6）当图中的各种图线重合时，其表达的优先次序为粗实线、虚线、点画线。

图1−7列出了正确与错误的图线画法示例（本图只列出了直线，曲线亦参照此示例）。

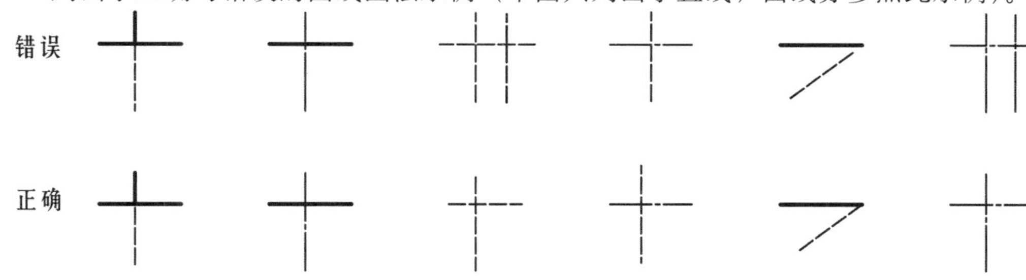

图1−7 图线画法的正误对照

五、尺寸标注方法

在图样中，除需要表达结构件的结构形状外，还需要标注尺寸，以确定结构件的大小。国家标准中对尺寸标注的基本方法有一系列的规定，下面简要介绍规定中的一部分内容。

1. 基本原则

（1）图样中所标注的尺寸为结构件的实际尺寸，与图形大小及比例无关，与绘图的准确性也无关（图1−8）。

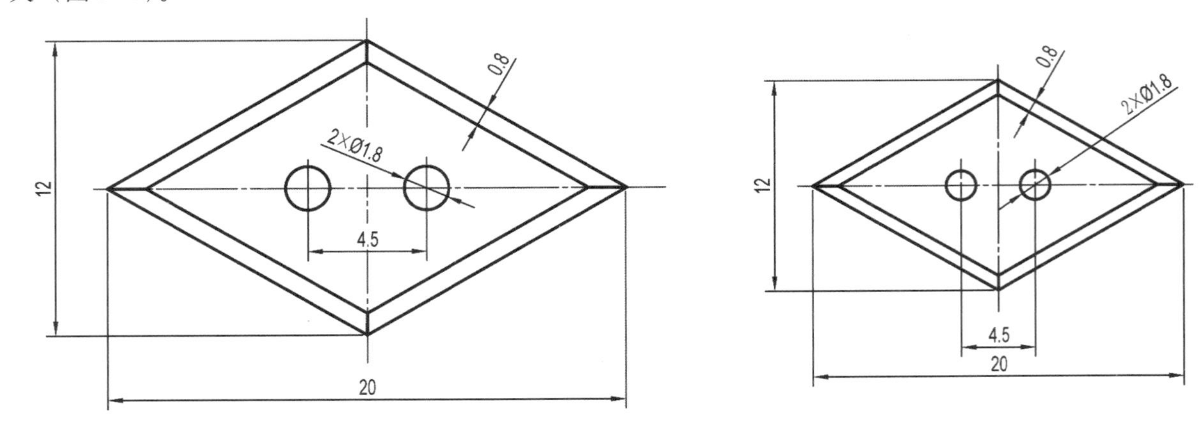

图1−8　尺寸与比例及图形大小无关

（2）图样中的尺寸以毫米为单位时，不需要标注计量单位符号或名称（注：凡涉及线性尺寸的叙述一律不再提及单位符号或名称）。如采用其他单位，则必须注明，如角度的标注：30°。

（3）图样中的尺寸为结构件的最终加工尺寸，否则应加以说明。

（4）结构件中同一尺寸只标注一次，并应标注在反映该结构最清晰的图样上。

2. 尺寸标注要素

尺寸标注要素有箭头、尺寸线、尺寸界线、尺寸数字。箭头的画法和尺寸的标注形式见图1−9。

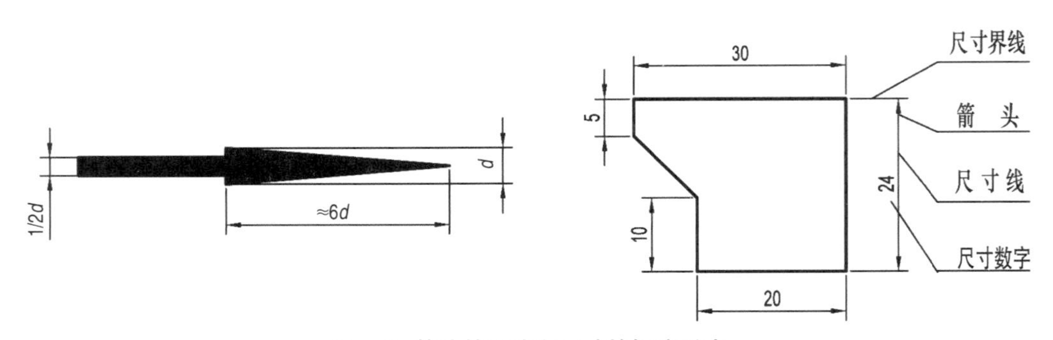

图1−9　箭头的画法和尺寸的标注形式

（1）　尺寸界线

尺寸界线表示尺寸的度量范围。尺寸界线用细实线绘制，并应由图形的轮廓线、轴线或对称中心线处引出，也可利用轮廓线、轴线或对称中心线作尺寸界线。

（2）　尺寸线

尺寸线表示尺寸的度量方向。尺寸线用细实线绘制，不能用其他任何图线代替，也不得与其他图线重合或画在其他图线的延长线上。标注线性尺寸时，尺寸线必须与所标注的线性要素平行。

（3）箭头

在设计制图中采用箭头表示尺寸线的终端，同一张图样中只能采用一种尺寸终端形式，只有狭小部位的尺寸才可用圆点或斜线代替。

尺寸线的终端也有采用斜线形式的，但箭头适用于各种类型的图样。当尺寸线的终端采用斜线（用细实线绘制）时，尺寸线与尺寸界线必须相互垂直。一般机械图样的尺寸线终端采用箭头，土建图样的尺寸线终端采用斜线。

（4）尺寸数字

尺寸数字为结构件的实际大小，一般应水平注写在水平尺寸线的上方，尺寸数字横向书写在垂直尺寸线的左方，字头向左，也允许注写在尺寸线的中断处。但在同一张图样中应采用同一种注写形式，并应尽可能采用前一种形式。当书写尺寸数字的位置不够或不便书写时，也可以引出标注。图1-10 为正确的尺寸标注与错误的尺寸标注的示例图。

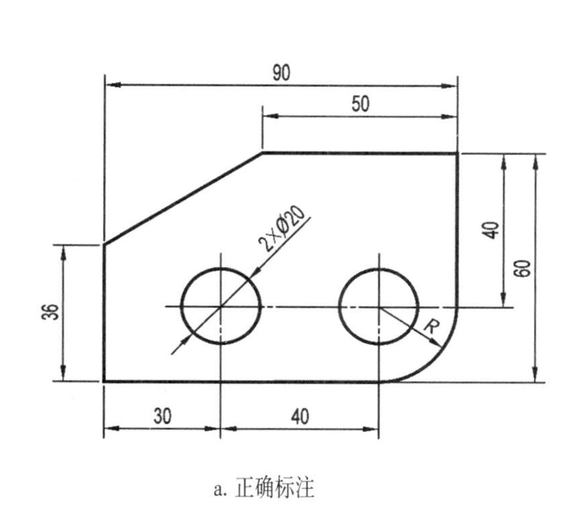

a. 正确标注

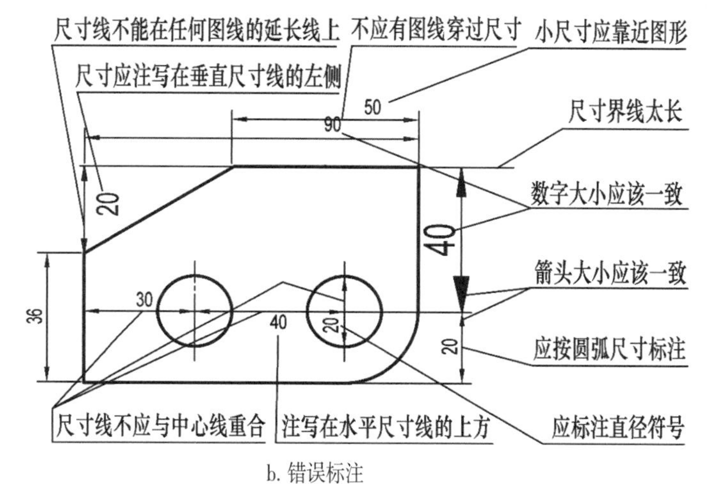

b. 错误标注

图1-10 正误标注示例

标注尺寸时，应尽可能地使用规定的符号，遵守相应的国家标准，既简略、清晰、快速，同时也便于阅读。尺寸标注中常用的符号见表1-4，常用图形的尺寸标注示例见表1-5。

表1-4 尺寸标注中常用的符号

名称	圆的直径	圆弧半径	球的直径	球的半径	厚度	普通螺纹公称直径
符号	*Ø*	*R*	*SØ*	*SR*	*t*、*δ*	M

表1-5 常用图形的尺寸标注示例

分类	示例	说明
线性尺寸	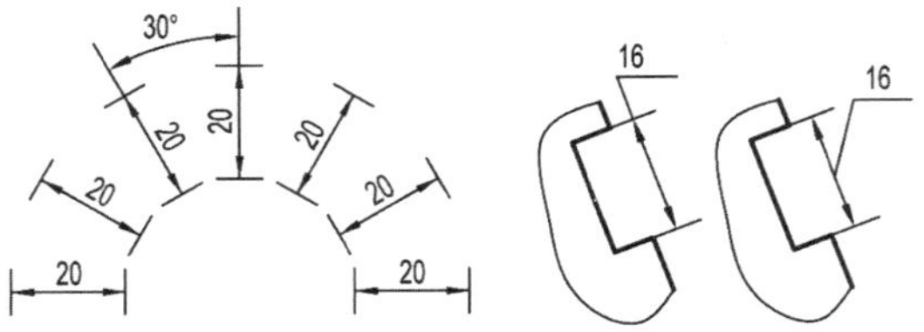 30° 20 20 20 20 20 20 20 16 16	尺寸数字应按图所示的方向标注，并尽可能避免在图示30°范围内标注尺寸。当不可避免时，可按右图所示的形式标注。
大圆、大圆弧	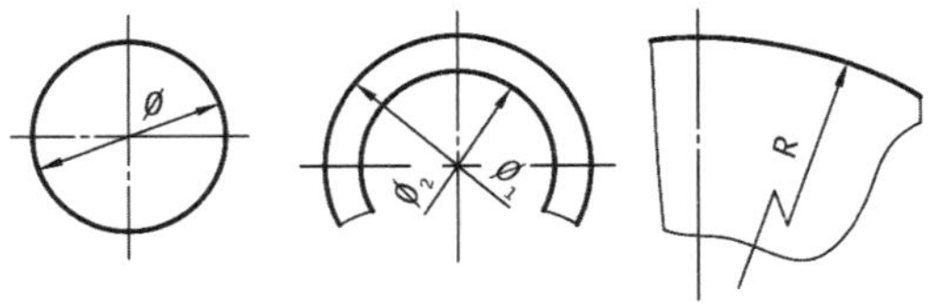 Ø Ø2 Ø1 R	Ø是圆的直径符号，R是圆弧的半径符号，圆与超过半圆的圆弧均应标注直径尺寸。在图纸范围内无法标注圆与圆弧的圆心位置或者尺寸线过长时，可按图示用折线标注半径的尺寸。
小圆、小圆弧	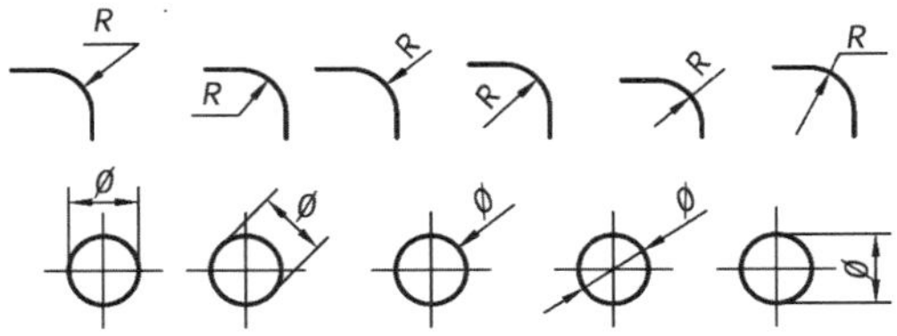 R R R R R R Ø Ø Ø Ø Ø	小圆和小圆弧尺寸，可按图示标注；当利用圆或圆弧作为尺寸界线时，若标注在内侧,圆的尺寸线应经过圆心，圆弧的尺寸线应以圆弧的圆心为起点，若标注在外侧，尺寸线的延长线必须经过该圆或圆弧的圆心（延长线可以不画）。
小尺寸	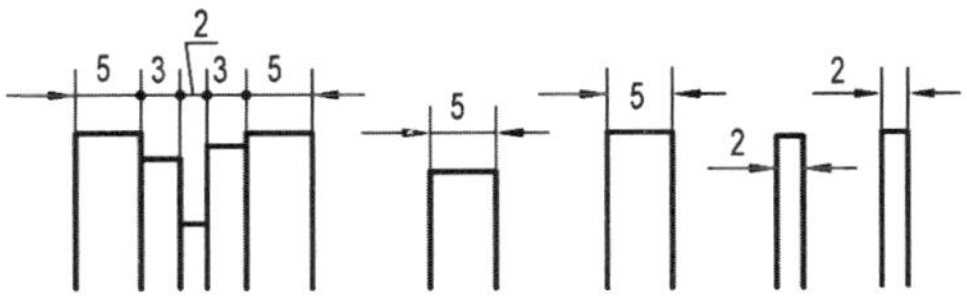 2 5 3 3 5 5 5 2 2	在没有足够的位置画箭头时，箭头可画在尺寸界线的外面，或用小圆点代替两个箭头；尺寸数字也可写在外面或引出标注。
球面	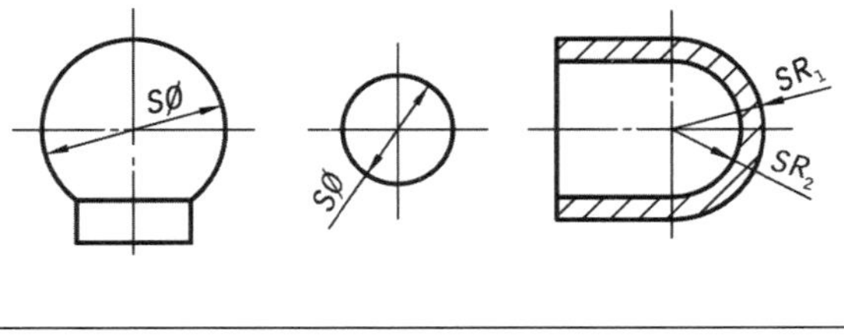 SØ SØ SR_1 SR_2	标注球面尺寸时应在Ø或R之前加注S。
角度	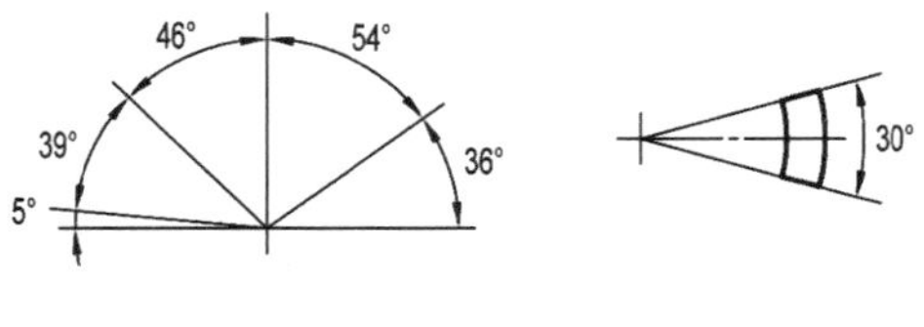 46° 54° 39° 36° 5° 30°	尺寸界线应沿径向引出，尺寸线画成圆弧，圆弧的圆心是角的顶点。 角度尺寸一律水平书写，并加注角度的单位符号“°”。

第二节 常用平面几何曲线的连接方法

一、正多边形

1. 用圆规、三角板、丁字尺绘制

用圆规画圆，再利用三角板的角度变换、丁字尺的上下移动，可以画出正三角形、菱形、正六边形（图1−11a）。根据相同原理也可以画出正方形、正八边形。

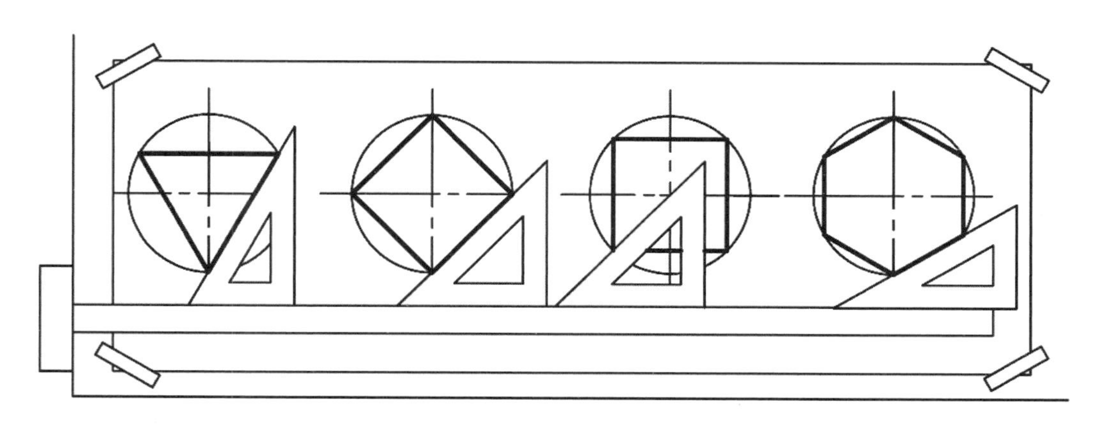

a. 用圆规、三角板、丁字尺绘制

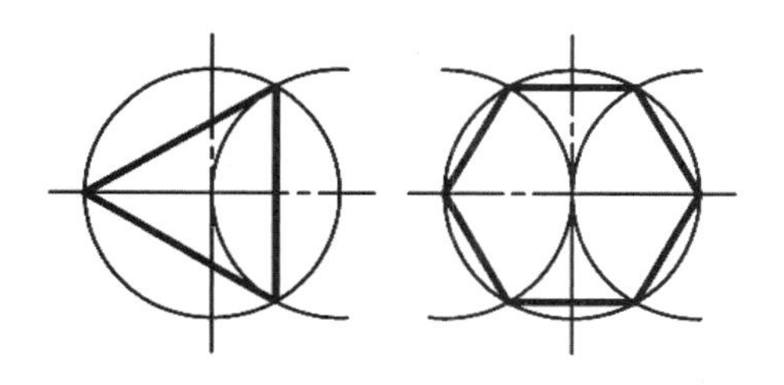

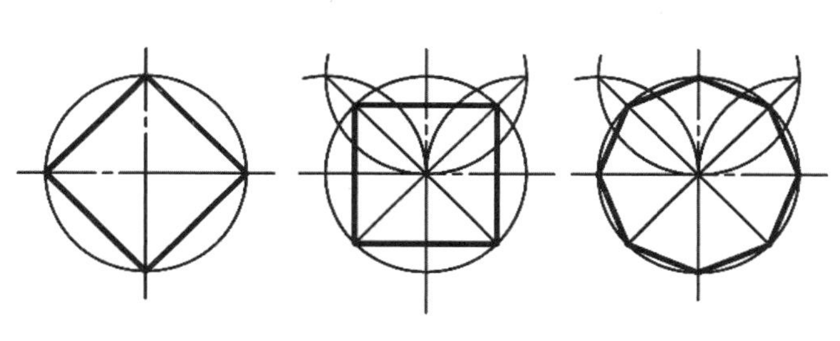

b. 用直尺、圆规绘制

图1−11 正多边形的画法

2. 用直尺、圆规绘制

利用圆规画圆，并将圆等分，再利用一字尺画直线，可以画出正三角形、正六边形、菱形和正方形，在正方形的基础上可以继续画出正八边形（图1−11b）。

二、椭圆的画法

在椭圆的近似画法中，最常用的是四心近似法。四心近似法是在已知椭圆长短轴的基础上，用不同心的四段圆弧连接成的一个近似椭圆。

作图过程如图1−12所示：

（1）确定长（AB）短（CD）轴（O为椭圆的中心），见图1−12a；

（2）以O为圆心，OA为半径画圆弧交于短轴延长线上的E点，连接A点与C点，作AF

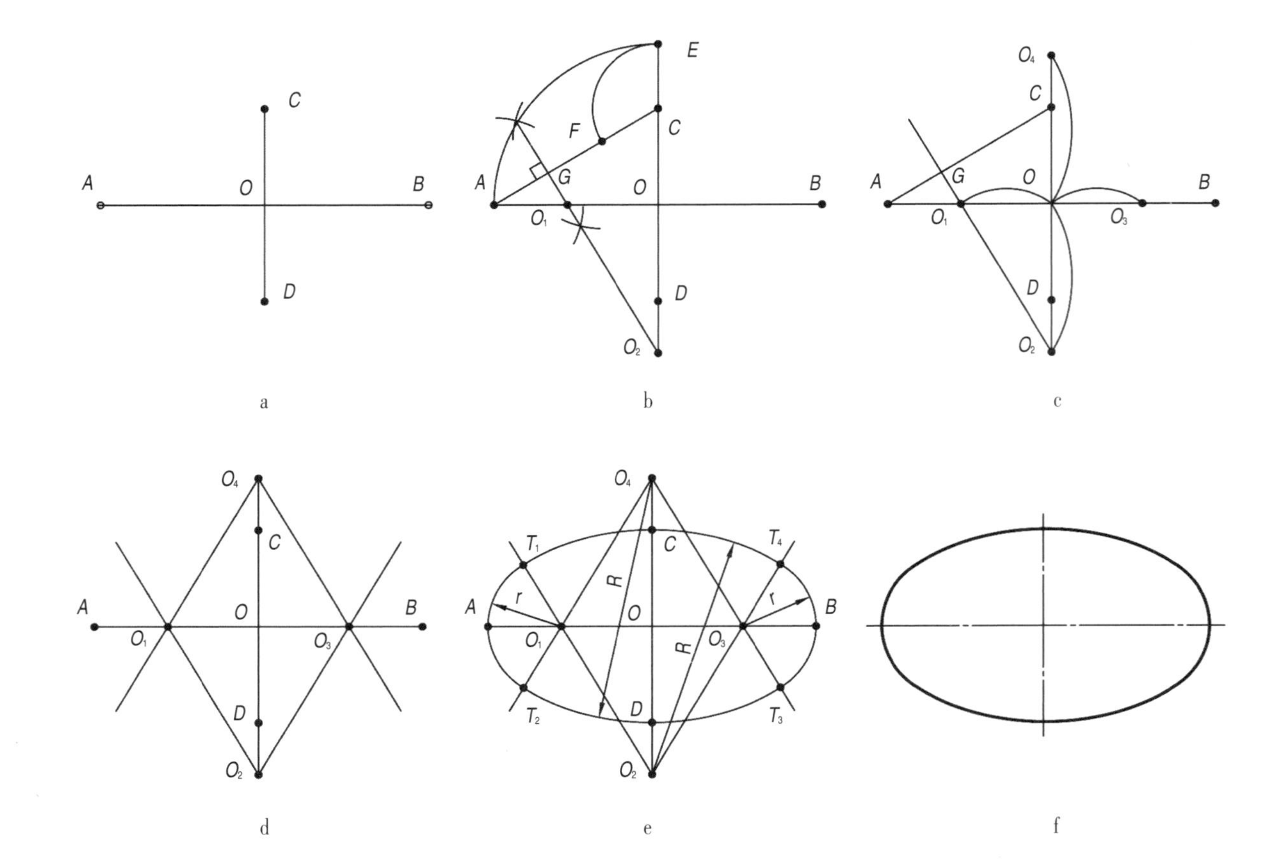

图1-12 已知长短轴的椭圆画法

（$AF=AC-CE$）的中垂线交AB于 O_1点， 交CD延长线于O_2点，O_1点与O_2点即椭圆上的大小圆弧的两个圆心，见图1-12b；

（3）在长短轴上做出O_2、O_1的对称点O_3、O_4，见图1-12c；

（4）连接O_2O_3、O_1O_4、O_3O_4，并延长（大小圆弧的切点即在对应的延长线上），见图1-12d；

（5）以r为半径，分别以O_3、O_1为圆心画圆弧；以R为半径，分别以O_2、O_4为圆心画圆弧（T_1、T_2、T_3、T_4分别为四段圆弧的切点），见图1-12e；

（6）加深整理得到椭圆的投影，见图1-12f。

三、圆弧连接的画法

用已知半径的圆弧光滑地连接两条已知平面图线（直线、圆弧）的作图方法，称为圆弧连接。所谓光滑连接就是两线段在连接处相切，作图的关键是求出连接圆弧的圆心及连接圆弧与被连接图线的公切点。

表1−6中列出了用半径为R的圆弧连接直线与直线或直线与圆弧的作图方法与步骤。

表1−6 用圆弧连接直线与直线或直线与圆弧的作图方法与步骤

内容	作图方法与步骤				
连接直线与直线	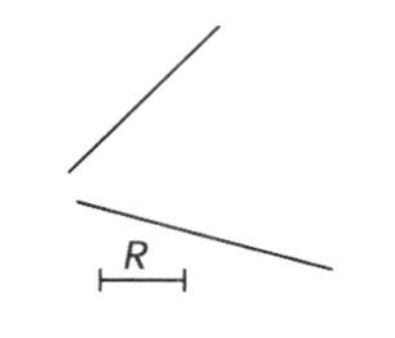	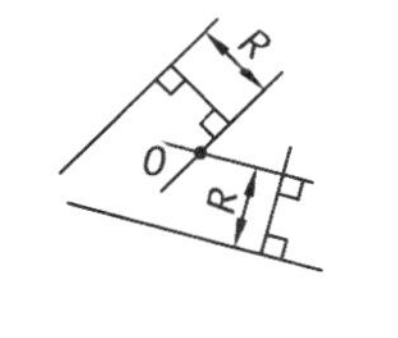	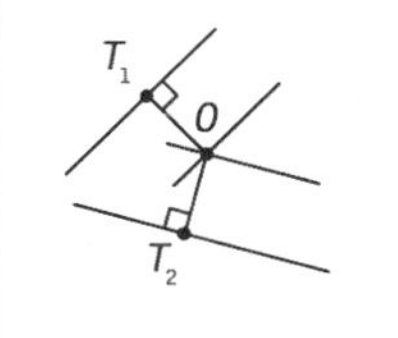	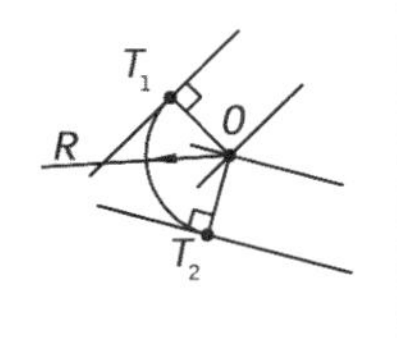	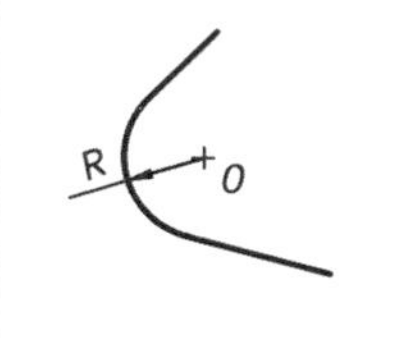
说明	已知条件，R为连接圆弧的半径。	作已知直线的平行线且与已知直线距离为R，得所作两直线的交点O。	过交点O作已知直线的垂直线，得垂足T_1和T_2。	以O为圆心、以R为半径画圆弧，将两切点T_1和T_2连接。	整理。
连接直线与圆弧 与圆弧外切	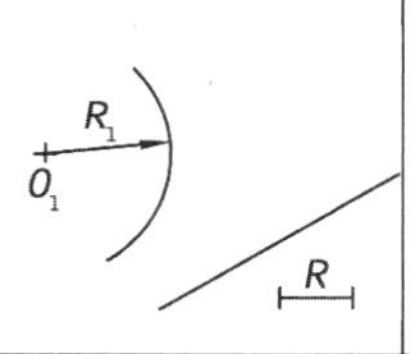	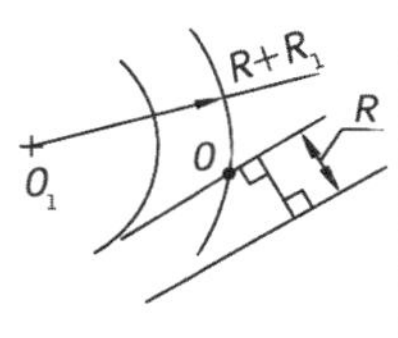	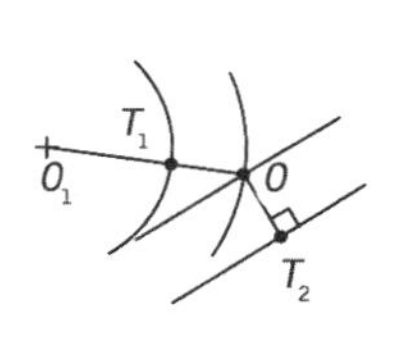	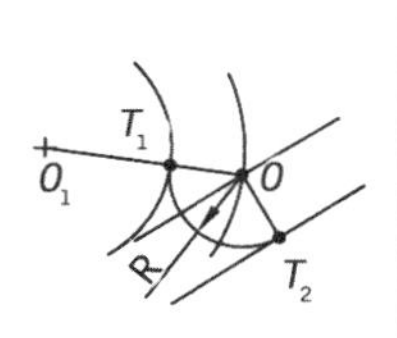	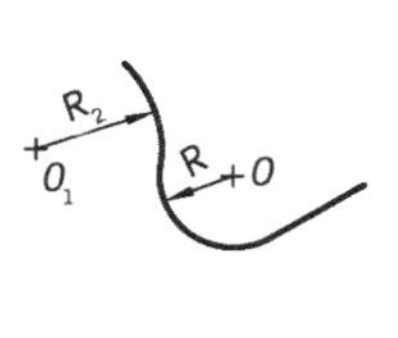
连接直线与圆弧 与圆弧内切	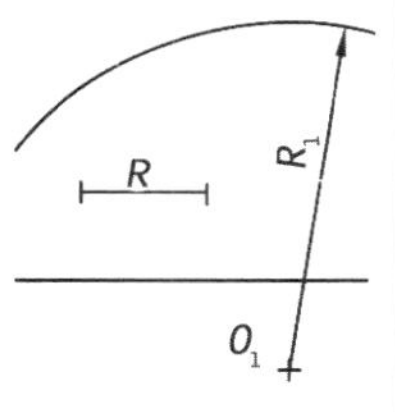	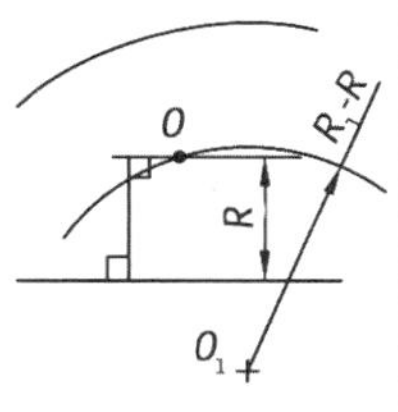	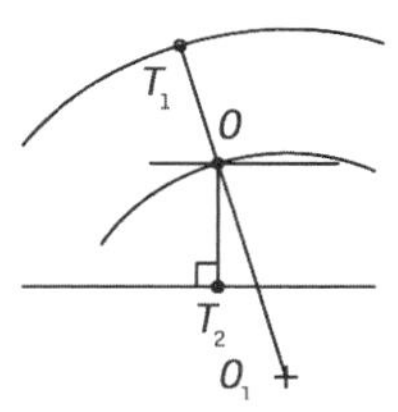	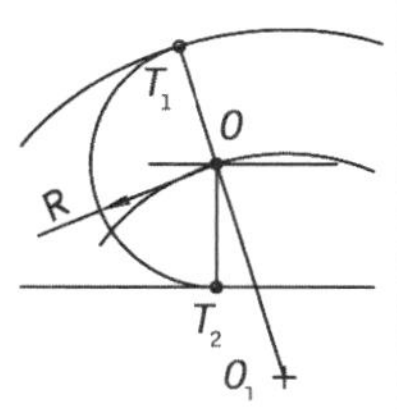	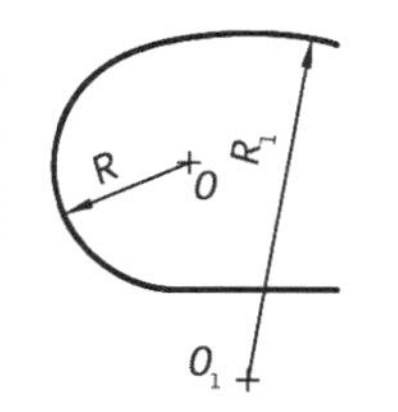
说明	已知条件，其中R为连接圆弧的半径。	作已知直线和圆弧的等距线，距离为R；得所作直线与圆弧的交点O，该点即连接圆弧的圆心。	将点O与已知圆弧圆心相连（内切需延长），得在已知圆弧上的交点T_1，过点O作已知直线的垂直线，得垂足T_2。	以O为圆心，以R为半径画圆弧，将T_1和T_2用圆弧连接。	整理。
总结	（1）已知条件； （2）作已知线段的等距线（外切时用已知圆弧半径与连接圆弧半径的和为半径画圆弧，内切时用已知圆弧半径与连接圆弧半径的差为半径画圆弧，且分别以已知圆弧的圆心为圆心），两等距线的交点O即连接圆弧的圆心； （3）交点T_1和T_2即连接圆弧与已知线段的切点（外切时切点在连接圆弧圆心与已知圆弧圆心的连线上，内切时切点在连接圆弧圆心与已知圆弧圆心连线的延长线上）； （4）以O为圆心，以R为半径画圆弧，将两已知线段连接，T_1和T_2分别为连接圆弧的起止点。				

表1—7中列出了用半径为R的圆弧连接两圆弧的作图方法与步骤。

表1—7 用圆弧连接两圆弧的作图方法与步骤

内容		作图方法与步骤				
连接两圆弧	外切					
	内切					
	内与外切					
说明		已知条件，其中R为连接圆弧的半径。	作已知两圆弧的等距弧线，距离为R；得所作两圆弧的交点O。	将交点O分别与已知圆弧的圆心相连，得在已知圆弧上的交点T_1、T_2。	以O为圆心、以R为半径画圆弧，将T_1和T_2用圆弧连接。	整理。
总结		（1）已知条件； （2）作已知线段的等距线（外切时用连接圆弧半径与已知圆弧半径的和为半径画圆弧，内切时用连接圆弧半径与已知圆弧半径的差为半径画圆弧，且分别以已知圆弧的圆心为圆心），两等距线的交点O即连接圆弧的圆心； （3）交点T_1和T_2即连接圆弧与已知圆弧的切点（外切时切点在连接圆弧圆心与已知圆弧圆心的连线上，内切时切点在连接圆弧圆心与已知圆弧圆心连线的延长线上）； （4）以O为圆心、以R为半径画圆弧，将两已知线段连接，T_1和T_2分别为连接圆弧的起止点。				

四、两圆弧的切线连接画法

用直线连接两已知半径的圆弧时，作图的关键是求出两个圆弧上的连接点，即公切点（图1—13a）。

作图步骤：

（1）绘制不同圆心的两圆弧，见图1—13a。

（2）画圆弧，找切点。

以直线O_1O_2的中点为圆心、以$O_1O_2/2$为半径画圆弧，交于以O_2为圆心、以R_2-R_1为半径所画的圆弧于A点，用直线连接O_2点与A点，直线O_2A的延长线交半径为R_2的大圆弧于B点，B点即是切点，见图1—13b。

（3）画切线，过O_1点作O_2B的平行线交于半径为R_1的圆弧于C点，C点即是切点；用直线连接B点与C点（也可以过B点作直线O_1A的平行线），该平行线即是所求作的切线，见图1—13c。

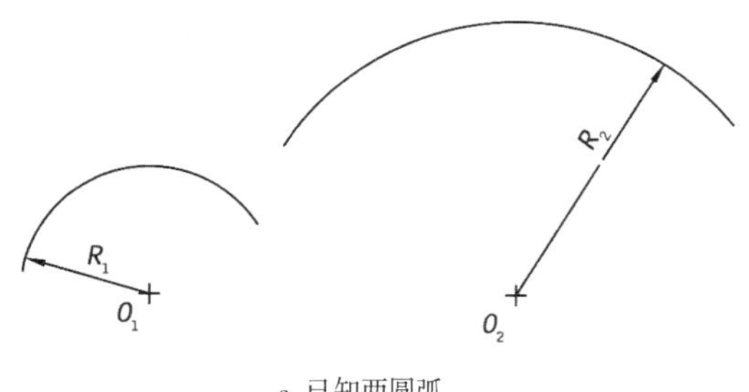

a. 已知两圆弧

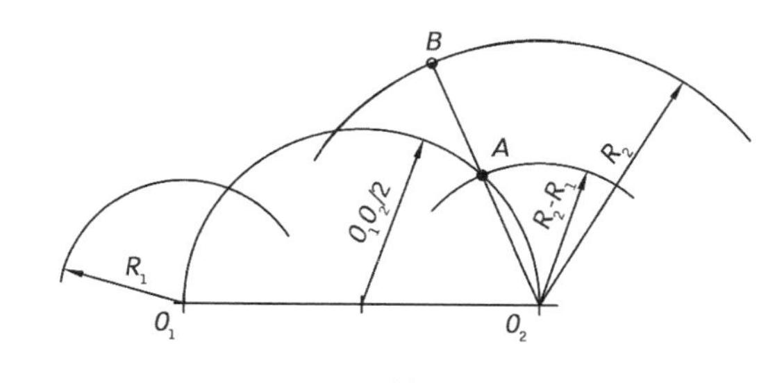

b. 画圆弧

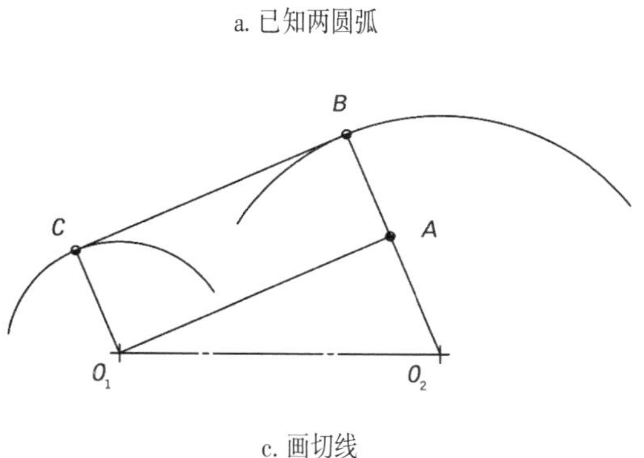

c. 画切线

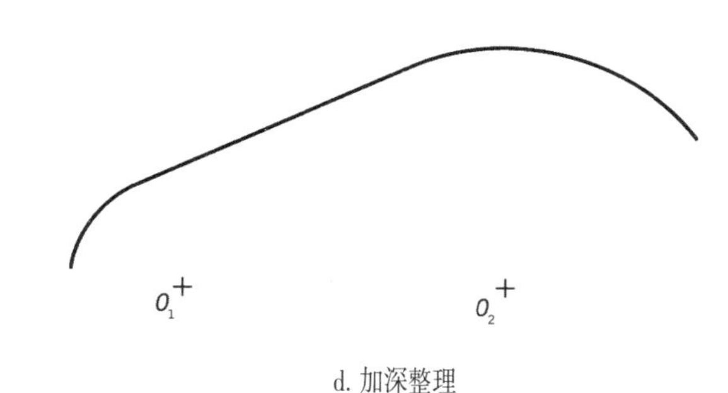

d. 加深整理

图1−13 两圆弧公切线作图方法

（4）加深整理，去掉作图线，得出效果图，见图1−13d。

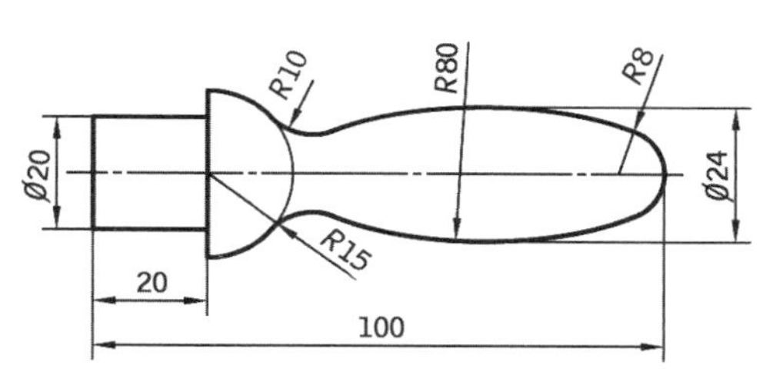

图1−14 图形与尺寸分析

五、例题

分析并绘制图1−14所示的图形。

1. 图形与尺寸的分析

平面图形中有很多尺寸，其中有形状尺寸和定位尺寸。

（1）形状尺寸

确定平面图形中各线段及形状大小的尺寸称为形状尺寸。直线的长度、圆弧的半径及角度大小等属于形状尺寸，如图1−14中的Ø20、Ø24 、*R*15、*R*10、*R*80、*R*8等尺寸。

（2）定位尺寸

确定平面图形中线段及形状相对位置的尺寸称为定位尺寸，如长度尺寸20。

2. 线段分析

根据形状与定位尺寸的完整状况，平面图形的线段可分为三类。

（1）已知线段

已知线段是具有形状尺寸及两个方向定位尺寸的线段。

如图1−14所示，左侧矩形两对边是已知线段。圆弧*R*15的圆心位于中心线与矩形右侧的交点，圆弧*R*8的圆心位于水平基准线上，具体位置可由尺寸100与圆弧*R*8确定其圆心的位置100−*R*8（=92），*R*15与*R*8表示的图线都是已知线段。

（2）中间线段

中间线段是具有形状尺寸和一个方向定位尺寸的线段。

图中的圆弧$R80$，其圆心距$\varnothing24$的轮廓线为80（另一确定方法是圆心与中心线之间的距离是$R80-\varnothing24/2=68$），高度方向的尺寸可以通过计算得出，没有长度方向的尺寸。这种只有一个方向的定位尺寸，另一个方向的位置需要通过作图才能确定的图线，就是中间线段。

（3）连接线段

连接线段是只有形状尺寸，没有定位尺寸的圆弧线段或直线线段。

图1–14中尺寸为$R10$的圆弧，图中没有标注出圆心的定位尺寸，必须根据与之连接的半径为$R15$和$R80$两个圆弧的相切关系确定，因此是连接线段。

3. 平面图形的画图步骤

画平面图形前，应对其进行尺寸分析、基准分析和线段分析，以确定画图方法和顺序。画图步骤如图1–15所示。

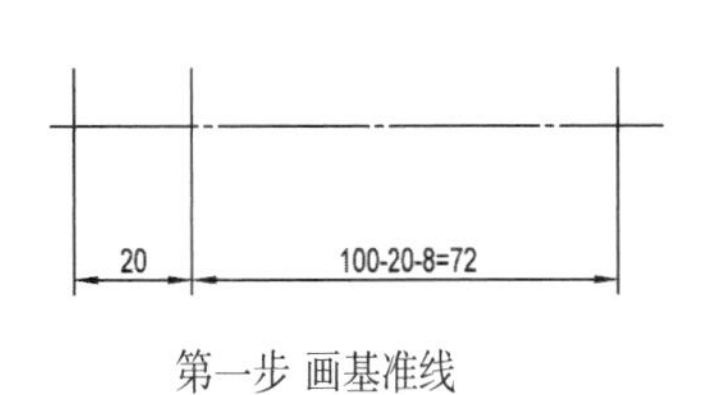

第一步 画基准线

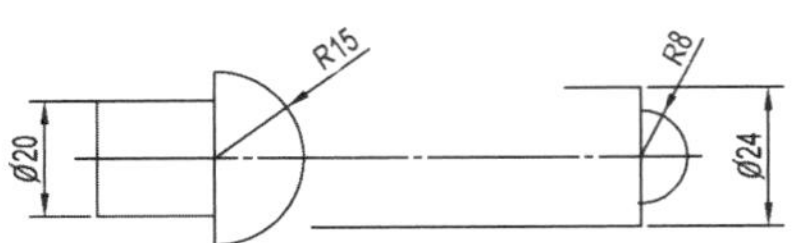

第二步 画已知圆弧和线段

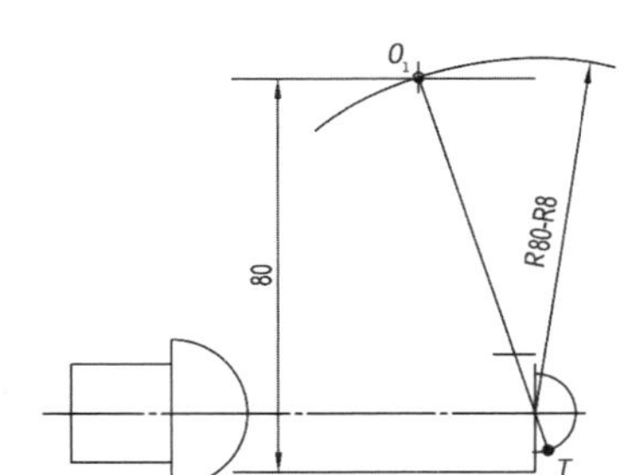

第三步 求出$R80$的圆心及切点T_1

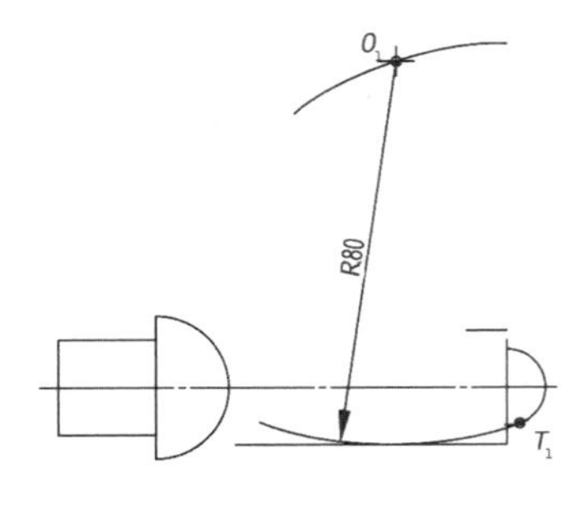

第四步 画圆弧

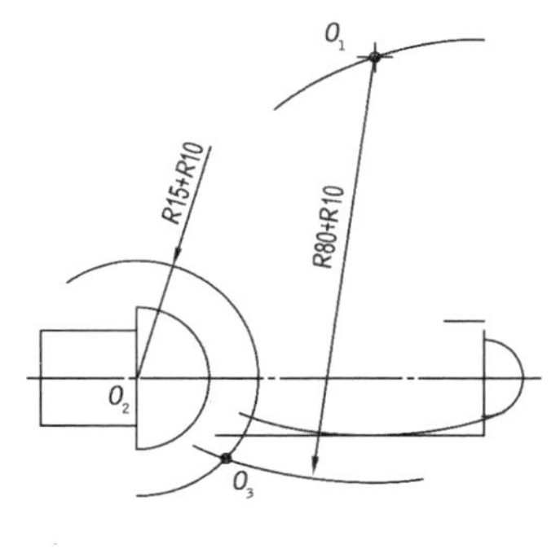

第五步 求出连接圆弧$R10$的圆心O_3

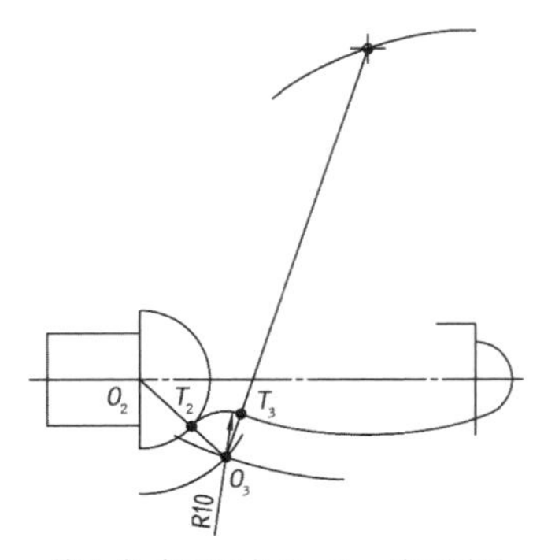

第六步 求出切点T_2、T_3，并画圆弧

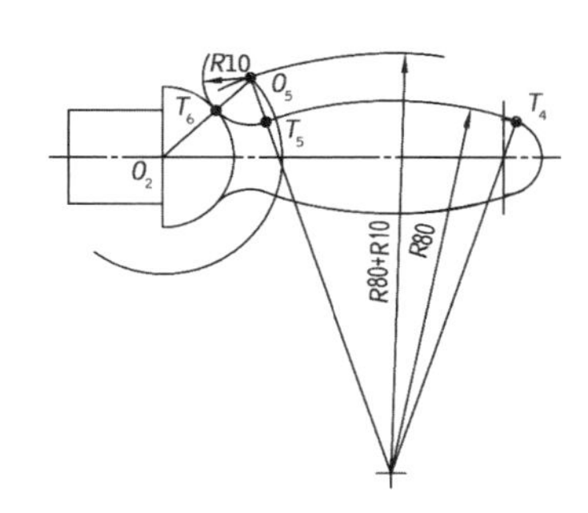

第七步 求对称点、画对称图线

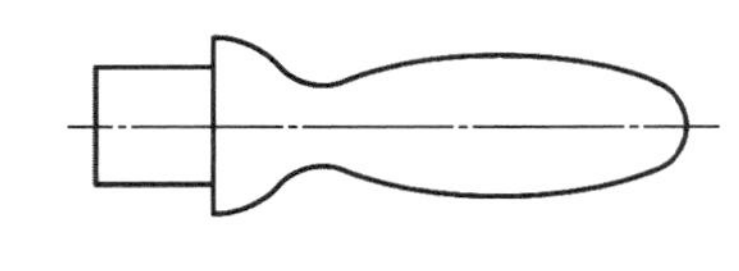

第八步 整理描深

图1–15 绘图与连接的方法与步骤

第三节 投影的基本概念

一、投影的概念

在日常生活中经常会看到这样的现象：人站在光线下，墙面或地面上就会出现人的影子。同样，在光线下物体也会产生影子。在光的照射下，形体在它下面的平面上留有一个灰黑色的多边形的影，这个影只反映出形体的轮廓，而表达不出形体的形状（图1−16a）。

光源发出的光线，假设能够透过形体而与各个顶点连接起来，在平面上留下连接点与各条棱线的影，这些点和线的影将组成一个能够反映出形体形状的图形（图1−16b）。人们根据光线在平面上产生影子的这种自然现象加以概括总结，提出了形成形体影像的方法即投影法。

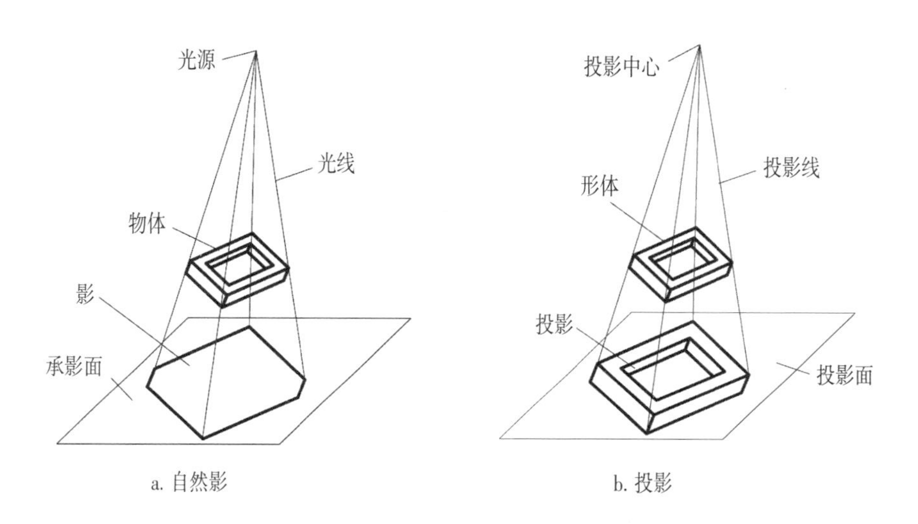

图1−16 自然影与投影的形成

在形体投影过程中有五大要素：

投影中心即发出投影线的原点；

形体即能产生影的实物；

投影线即连接投影中心与形体上的点的直线；

投影面即投影所在的平面；

投影即形体的投影。

二、投影法的分类

常用的投影法分为中心投影法和平行投影法两大类。

1. 中心投影法

投影线均由投影中心发出，且投影中心与形体距离较近时得到投影的方法，称为中心投影法（图1−17a）。

中心投影法可用于表达形体的外部形状，是产品设计中绘制效果图的基本方法。图1−17b就是采用中心投影法绘制的透视图。这种投影法与人眼看形体得到的影像相似，近大远小，所以它具有

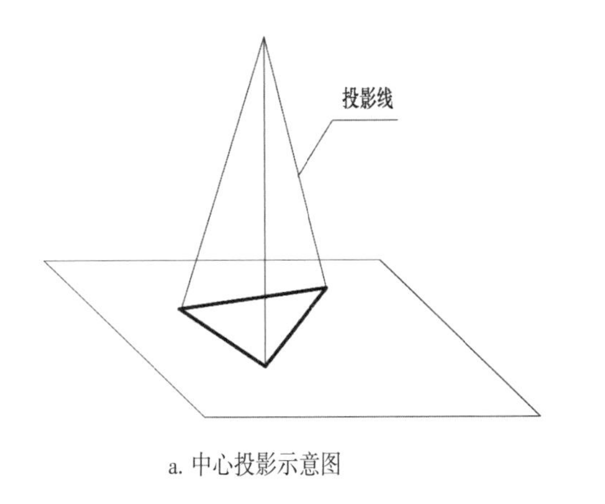

a. 中心投影示意图

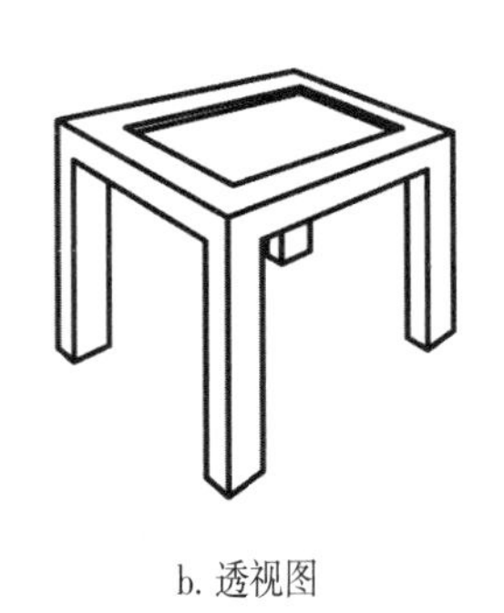

b. 透视图

图1-17 中心投影法

较强的直观性，立体感好，因此厂房、建筑物、工业产品等经常采用这种投影法绘制其透视图与效果图。但用这种投影法所绘制的图，不能反映形体表面的真实形状和大小，而且绘图也较难。

2. 平行投影法

当投影中心与投影面的距离为无穷远时，则各投影线可视为相互平行。由相互平行的投影线把形体投影到投影面上而得到投影图的方法，称为平行投影法。

平行投影法又可分为斜投影法和正投影法两种。

（1）斜投影法

投影线与投影面倾斜的平行投影法称为斜投影法（图1-18a）。

斜投影法可用于表达形体的外部形状与部分内部结构，是产品设计中绘制立体图最简单的基本方法，用斜投影法所绘制的图形称为轴测图。轴测图具有一定的立体感，在平行于轴线的方向上可以进行度量，经常作为辅助图样用在一些结构的初步设计中，也用在制图一类书中用以帮助理解与建立空间概念。用斜投影法绘制的轴测图如图1-18b所示。

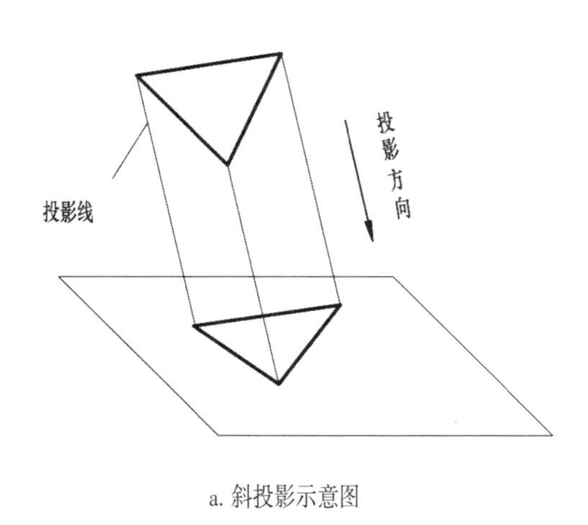

a. 斜投影示意图

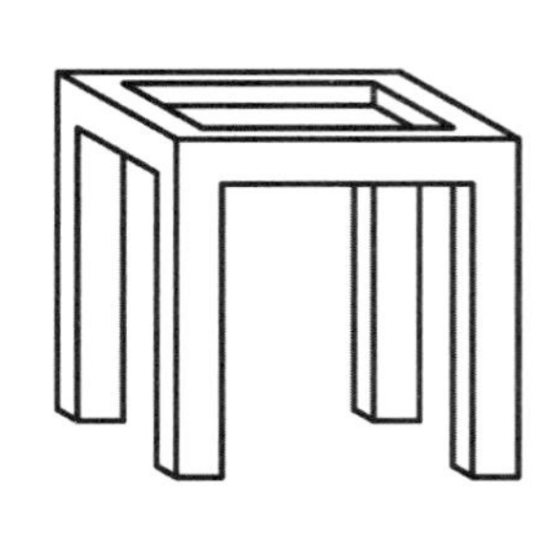

b. 轴测图

图1-18 斜投影法

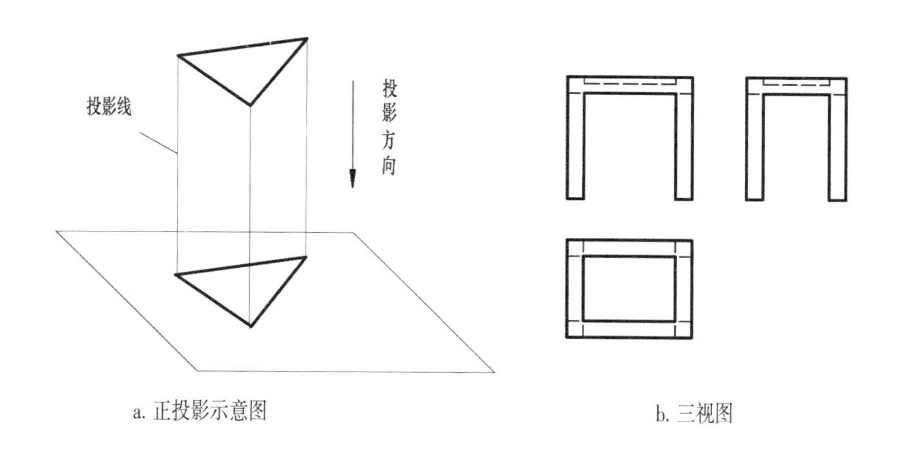

图1-19 正投影法

（2）正投影法

投射线与投影面相互垂直的平行投影法称为正投影法（图1−19a）。

用正投影法绘制的投影图直观性差，但其度量性好，投影能反映平行于投影面的平面图形的真实形状和大小，图形容易绘制，作图也比较方便，所以很多行业的制图都采用正投影法绘制图样。国家标准《技术制图》中明确规定，结构件图样的绘制采用正投影法绘制。用正投影法绘制的图形，见图1−19b。

图1−17b、图1−18b、图1−19b所示的图样是同一形体采用三种不同的投影法绘制的。

三、正投影的特性

在设计制图中，绘制图样的主要方法是正投影法。正投影法具有等比性、类似性、平行性、积聚性、真实性五种特性，表1−8结合制图示例汇总了正投影法的五种特性。

复习思考题：

1．什么是国家制图标准？国家标准中的数字与字母的含义是什么?国家制图标准有哪些作用?

2．图样的比例如何确定？绘图时可任意选择比例吗?

3．圆弧连接的关键是什么?如何求?

4．什么是中心投影?什么是平行投影?什么是正投影?如何应用这些不同的投影方法?

5．试述正投影的投影特性。

表 1-8 正投影法的五种特性

内容		轴测投影示意图	三视图与轴测图	特性解释
等比性		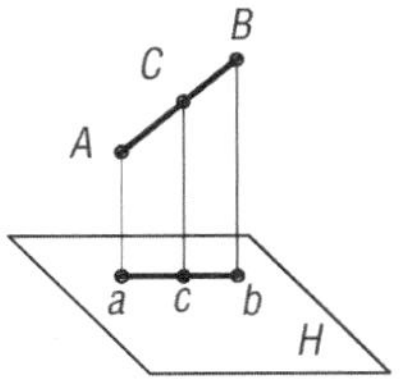	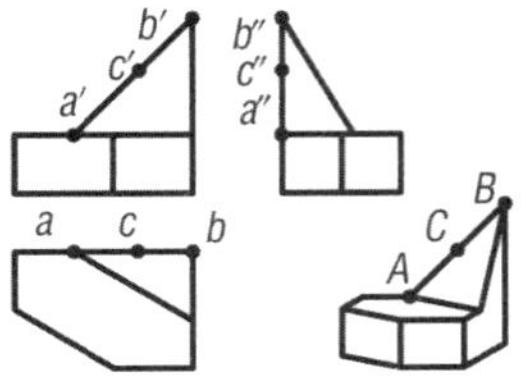	一直线上的两线段长度之比与该直线投影后的两段线长度之比相等：$AB/CD=ab/cd=a'b'/c'd'=a''b''/c''d''$（不包括具有积聚性的投影）。
类似性		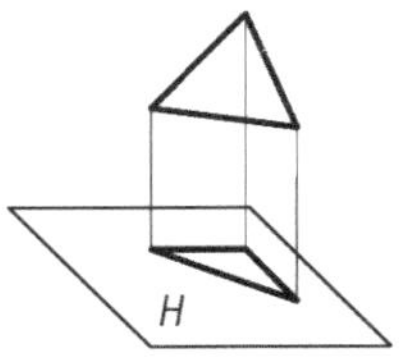	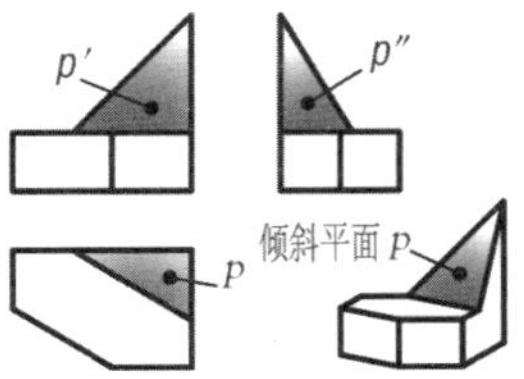	形体上的平面（或直线）与投影面倾斜时，其投影面积变小（直线的长度变短），但投影的形状与原来的形状类似。
平行性	直线与直线	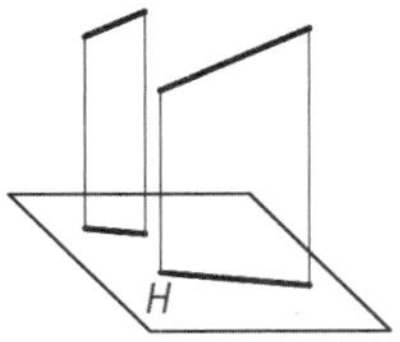	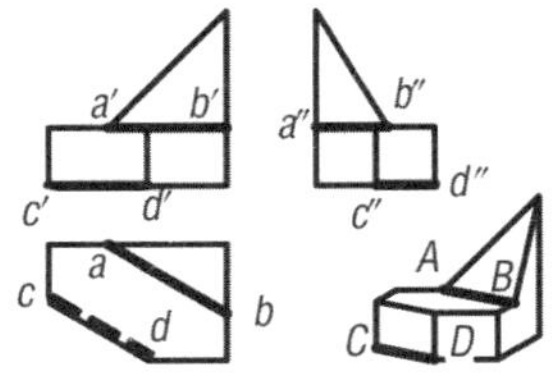	形体上的直线相互平行，其同一投影面上的投影也相互平行。
	平面与平面	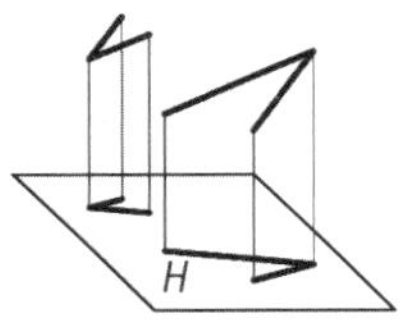	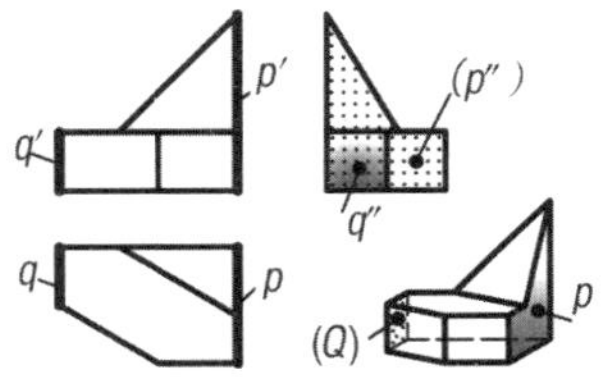	形体上的平面相互平行，其同一投影面上的投影也相互平行。
积聚性	直线	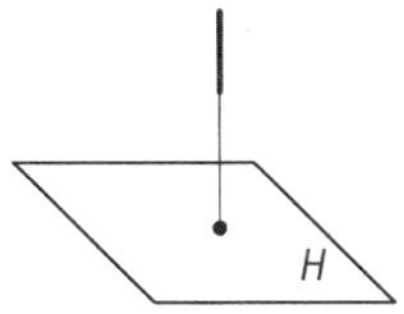	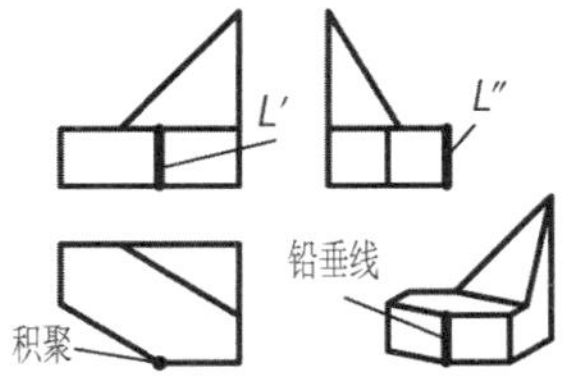	当形体上的直线与投影面垂直时，直线在该投影面上的投影积聚为一点。
	平面	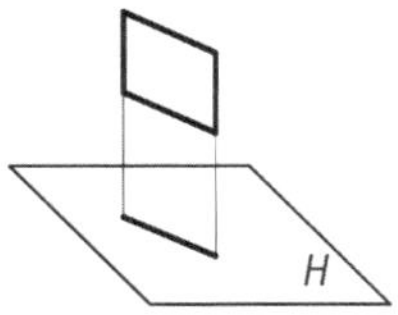	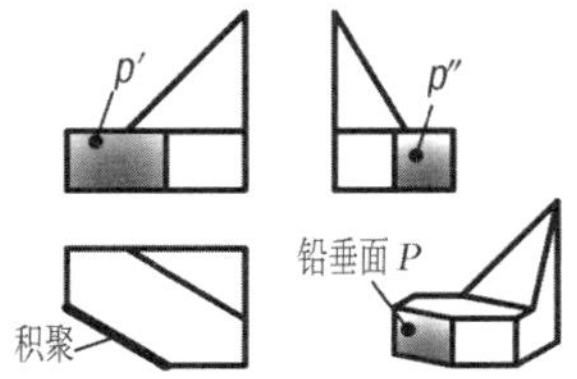	当形体上的平面与投影面垂直时，平面在该投影面上的投影积聚为一条直线。
真实性		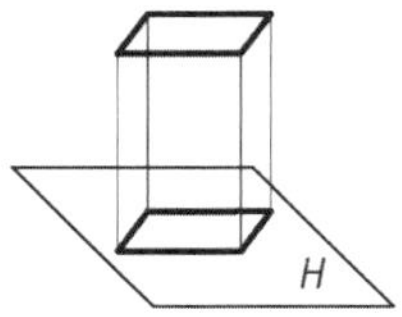	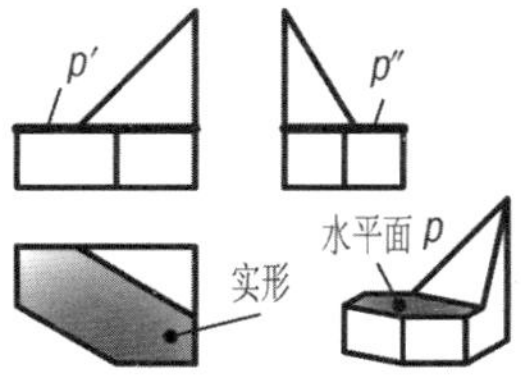	当形体上的平面（或直线）与投影面平行时，在该投影面上的投影反映该平面的实形（或直线的实长）。

第二章

形 体 的 投 影

在工业设计中需要设计产品的外部形状，同时也要了解机器零件的结构与形状。这些形状虽然较为复杂，但都可以将复杂的形状分解或简化为形状简单的形体。因此，常把棱柱、棱锥、圆柱、圆锥、圆球和圆环等形状简化，把在工程上经常使用的单一几何形体称为简单形体，将其他较复杂的形体看成是由简单形体组合而成的。

图2-1为简易体育器材哑铃的分解与组合图，从中可见形体的组合形式。

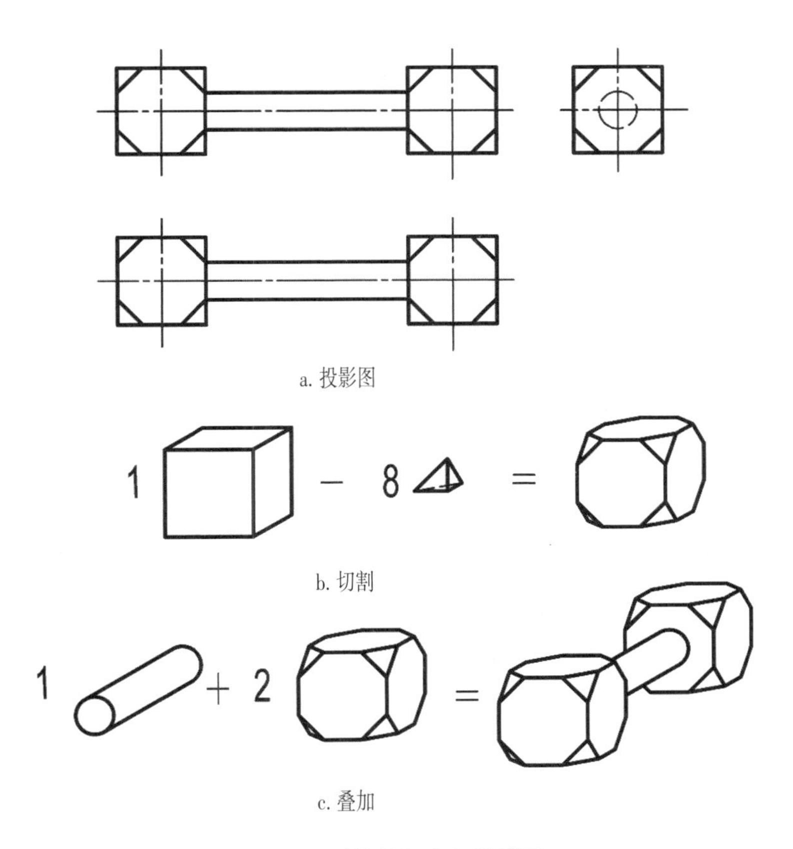

图2-1 形体的组合与投影图

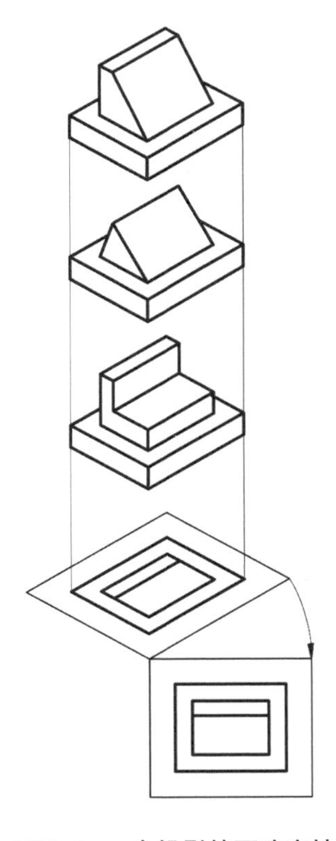

图2-2 一个投影的不确定性

第一节 投影图与三视图

一、一个投影图

形体具有长度、宽度、高度三维的形状，而图2–2所示几个形体的底平面平行于投影面时得到的正投影图只能反映形体二维的形状，而且形体不同投影却相同。显然，用一个投影图表达形体的形状是不完全、不准确的。因此，为了准确表达形体的形状，需采用多面投影，将形体分别向这些投影面进行投影，相互补充。几个投影综合起来，便能将形体各部分的形状及相对位置表达清楚。

二、三视图的形成

三个相互垂直的投影面，组成了三面投影体系，如图2–3a所示。三面投影体系由下列要素组成：

正立投影面，简称正面，用V表示，即观察者正对面的投影面；

水平投影面，简称水平面，用H表示，即与正立投影面垂直的水平位置的投影面；

侧立投影面，简称侧面，用W表示，即右边的投影面,且分别与正立投影面和水平投影面垂直；

投影轴，即每两个投影面之间的交线，OX为正立投影面与水平投影面的交线、OY为水平投影面与侧立投影面的交线、OZ为正立投影面与侧立投影面的交线，也称OX轴、OY轴、OZ轴，或简称X轴、Y轴、Z轴；

原点，即三条投影轴的交点O；

长度方向，即左右位置（近原点方向为右），用OX轴表示；

宽度方向，即前后位置（近原点方向为后），用OY轴表示；

高度方向，即上下位置（近原点方向为下），用OZ轴表示。

如图2–3a所示，将形体放在三投影面体系中，使该形体尽量多的表面分别与投影面平行、垂直，尽量多的棱线与投影面垂直，然后再分别向V、H、W三个投影面进行投影，得到了三个投影。

从形体的前面向后看，在V面上得到的投影叫正（V）面投影。

从形体的上面向下看，在H面上得到的投影叫水平（H）面投影。

从形体的左面向右看，在W面上得到的投影叫侧（W）面投影。

在设计制图中，将投影称为视图。

正面投影，称为主视图。

水平面投影，称为俯视图。

侧面投影，称为左视图。

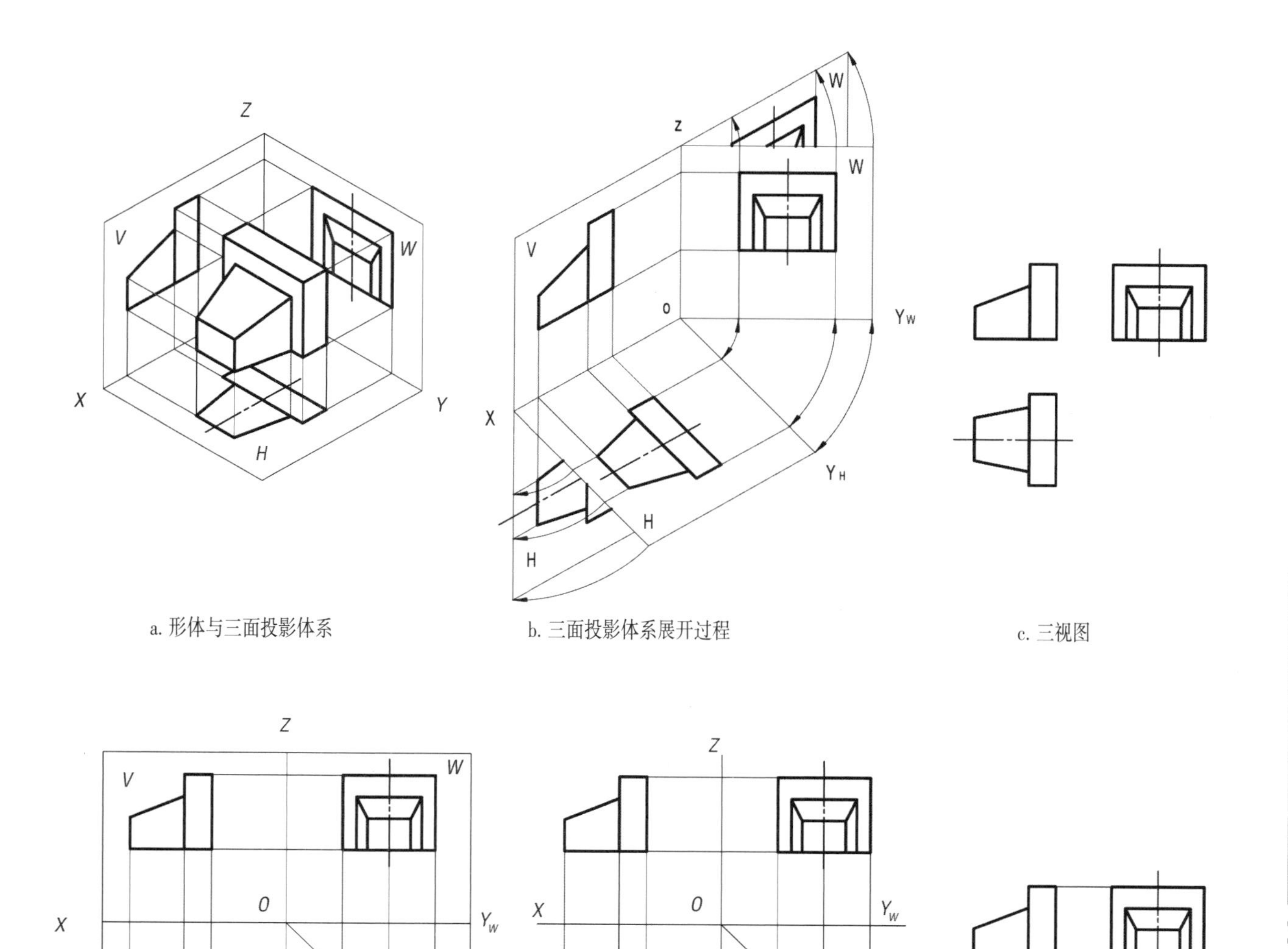

a. 形体与三面投影体系

b. 三面投影体系展开过程

c. 三视图

d. 展开后的有框投影图（三视图）

e. 无框投影图（三视图）

f. 任意图距的投影图（三视图）

图2-3 三视图的形成

为了便于画图，将三个视图及投影面画在同一平面上。首先将空间形体移去，将三面投影体系展开。展开的方法是：*V*面保持正立位置，沿*OY*轴将*H*面和*W*面分开，*H*面绕*OX*轴向下旋转90°，*W*面绕*OZ*轴向右旋转90°，使三个投影面共处在同一个平面位置上。由于旋转后的*H*面和*W*面均包含*OY*轴，故在H面上的*OY*轴称为OY_H轴，在*W*面上的*OY*轴称为OY_W轴。展开过程如图2-3b所示，展开后的投影图如图2-3d所示。

图2-3d，是展开后的三面投影图，即展开后的三个视图。在设计制图中，将主视图、俯视图和左视图，按照这种规律展开并绘制的三个视图，称为三视图。

图2-3d是既有投影轴，又有投影面图框的三视图；图2-3e是只有投影轴，没有投影面图框的三视图；图2-3f是既没有投影轴，也没有投影面图框的三视图。在学习过程中按图2-3f绘制，在设计过程中按图2-3c所示绘制。

由图2-3可知，任一视图到投影轴的距离，反映形体中对应元素到相应投影面的距离。而形体在三面投影体系中的位置确定以后，改变各视图与投影轴之间的距离不会影响该形体投视图的形状与表达。因此在绘制三视图时，不用考虑与投影轴的距离，见图2-3c、图2-3f所示。在绘制三视图时应使各视图间保持一定的距离，使之清晰，并留有足够的位置用于标注尺寸等。

三、三视图的投影规律

从图2-3中可以归纳与总结三视图中三个视图间特定的规律。

1. 位置关系

俯视图在主视图的正下方，左视图在主视图的正右方。三个视图间的这种位置关系，称为三视图的投影关系，一般不能随意变动。当三个视图按这种投影关系配置时，不需标注任何一个视图的名称。

2. 方位关系

主视图和俯视图：反映形体各部分之间的左右位置——长度方向；

主视图和左视图：反映形体各部分之间的上下位置——高度方向；

俯视图和左视图：反映形体各部分之间的前后位置——宽度方向。

画三视图时，要特别注意俯视图和左视图的前后对应关系：俯视图和左视图远离主视图的一侧为形体的前面，靠近主视图的一侧为形体的后面。

3. 尺寸关系

主视图与俯视图中各对应图形长度相等且左右对正；

主视图与左视图中各对应图形高度相等且上下对齐；

俯视图与左视图中各对应图形的宽度相等。

上述投影规律：“主、俯视图长对正，主、左视图高平齐，左、俯视图宽相等。”进一步可概括简化为：长对正，宽相等，高平齐。

表2–1将上述关系汇总，以便于阅读与掌握。

表2-1 三视图的投影规律

三视图与轴测图中的长度、高度、宽度方向	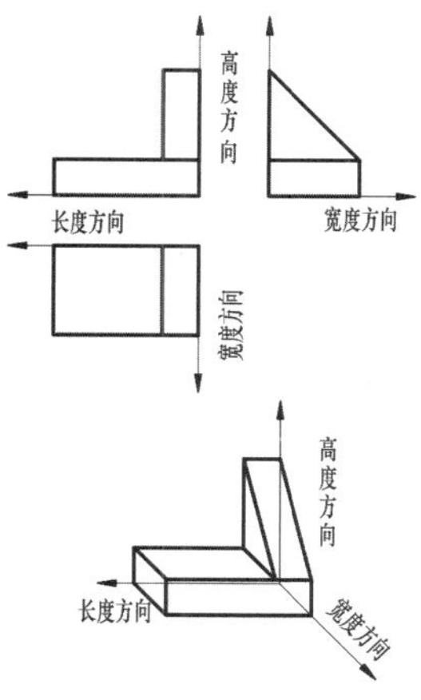 高度方向 长度方向 宽度方向 宽度方向 高度方向 长度方向 宽度方向	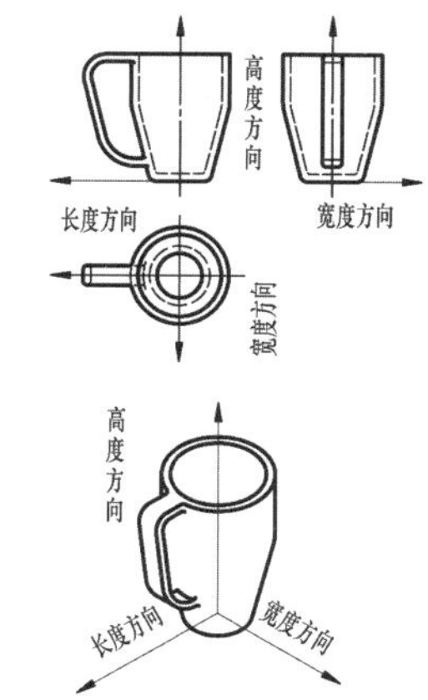 高度方向 长度方向 宽度方向 宽度方向 高度方向 长度方向 宽度方向	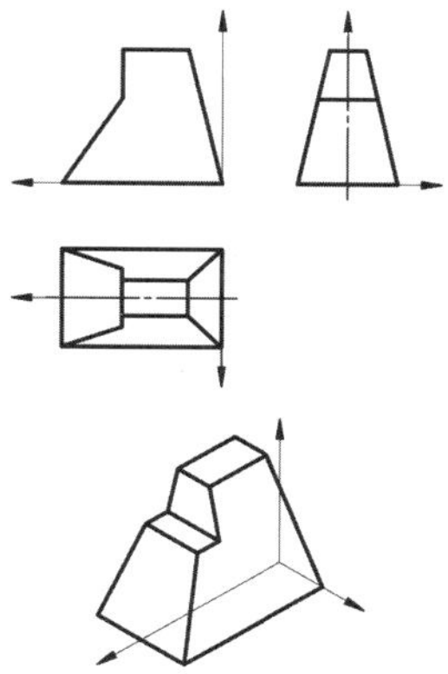
长对正	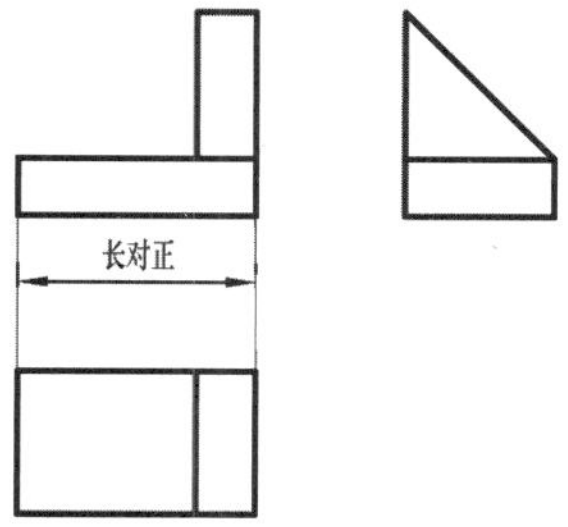 长对正	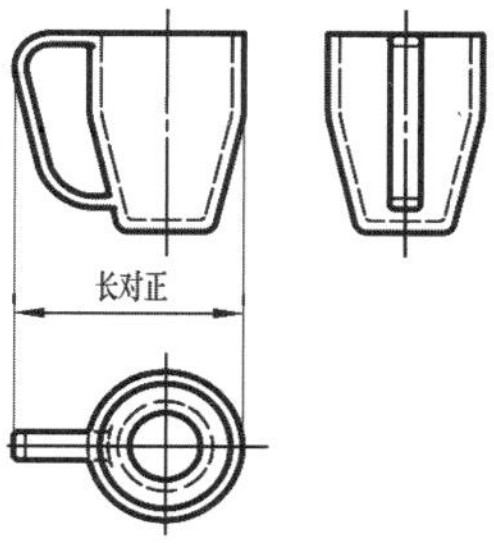 长对正	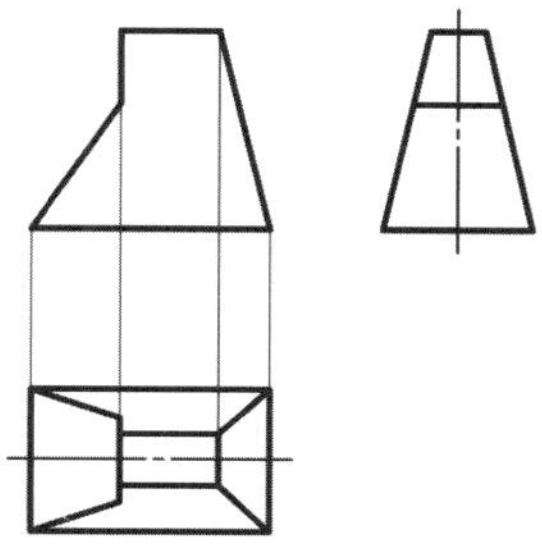
宽相等	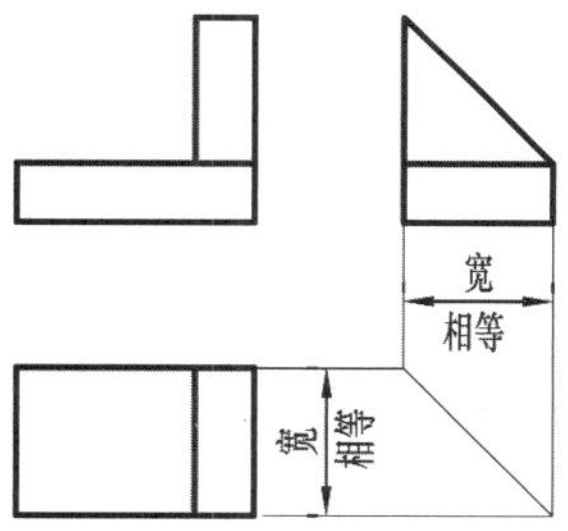 宽相等 宽相等	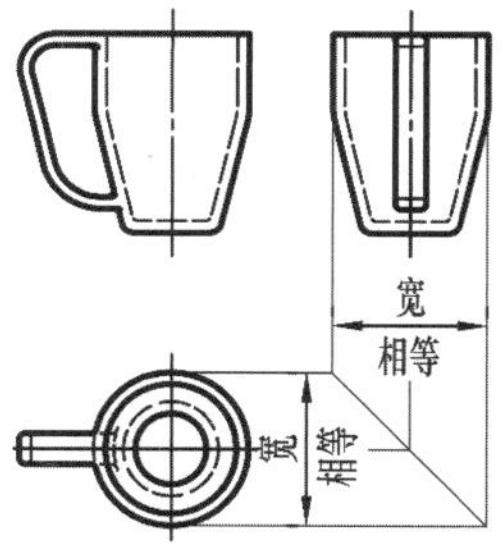 宽相等 宽相等	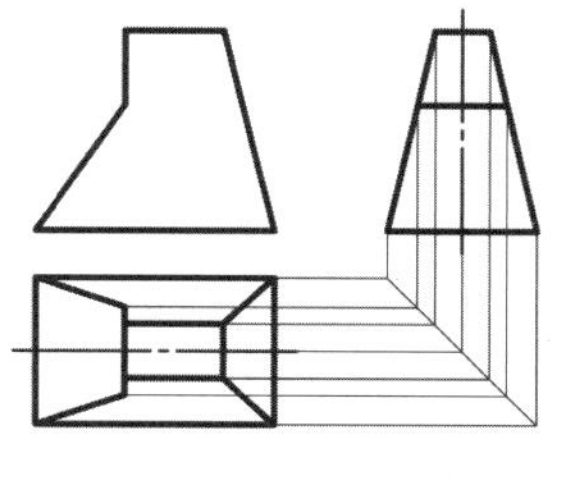
高平齐	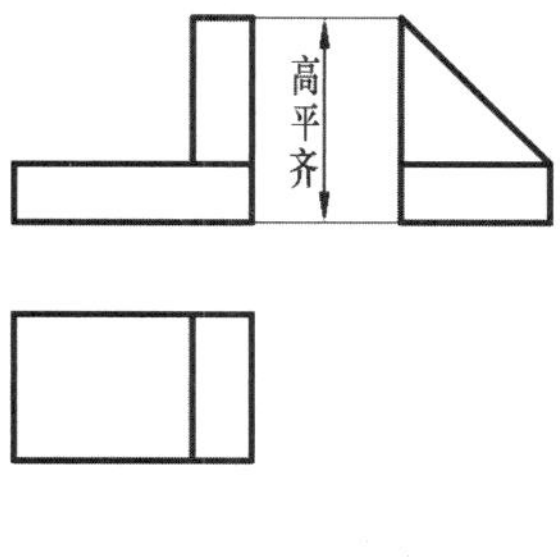 高平齐	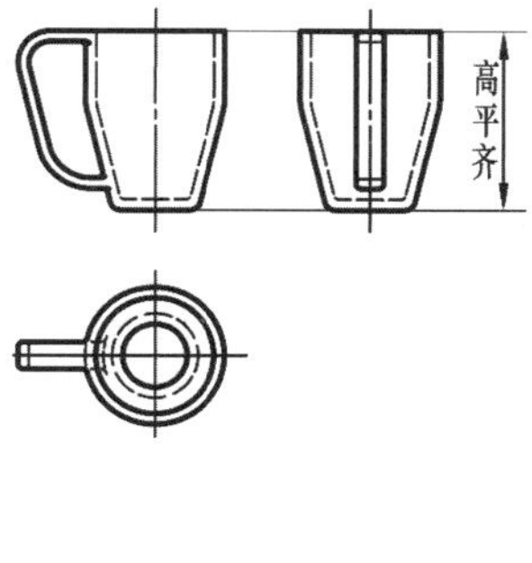 高平齐	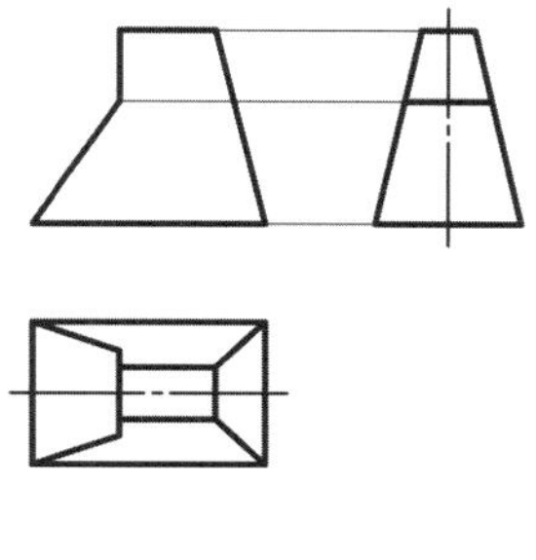

四、画三视图的方法与步骤

（1）分析表2–2给定的沙发模型形体，首先选择主视图。应使主视图能较多地反映形体各部分的形状和相对位置，然后确定左视图和俯视图。

（2）确定三视图的距离关系，即三视图的布局。

先根据形体的大小和复杂程度确定绘图比例，然后选择合适的图纸幅面及格式。一般优先采用1∶1的比例绘制图形，使所表达的形体与实际大小能一一对应。对较小而复杂的形体或较大而简单的形体可采用适当放大或缩小比例绘图。

作图时，应根据“三等”规律，并按第一章所述的作图步骤进行。如先画中心线、底面高度线（*V*、*H*面的投影一起画），确定图距后再画各视图。先打底线后加深，先画曲线后画直线，先画已知线段后画连接线段等。如果不同的图线重合在一起，应按粗实线、虚线、点画线的顺序，用前者优先的方式进行绘制；如粗实线与其他图线重合时，只画粗实线，虚线与点画线重合时，只画虚线。初学时，可逐个视图依次画成。随着作图的不断熟练，也可将三个视图配合起来同时绘制，以加快作图速度。

表2–2　三视图的画图步骤

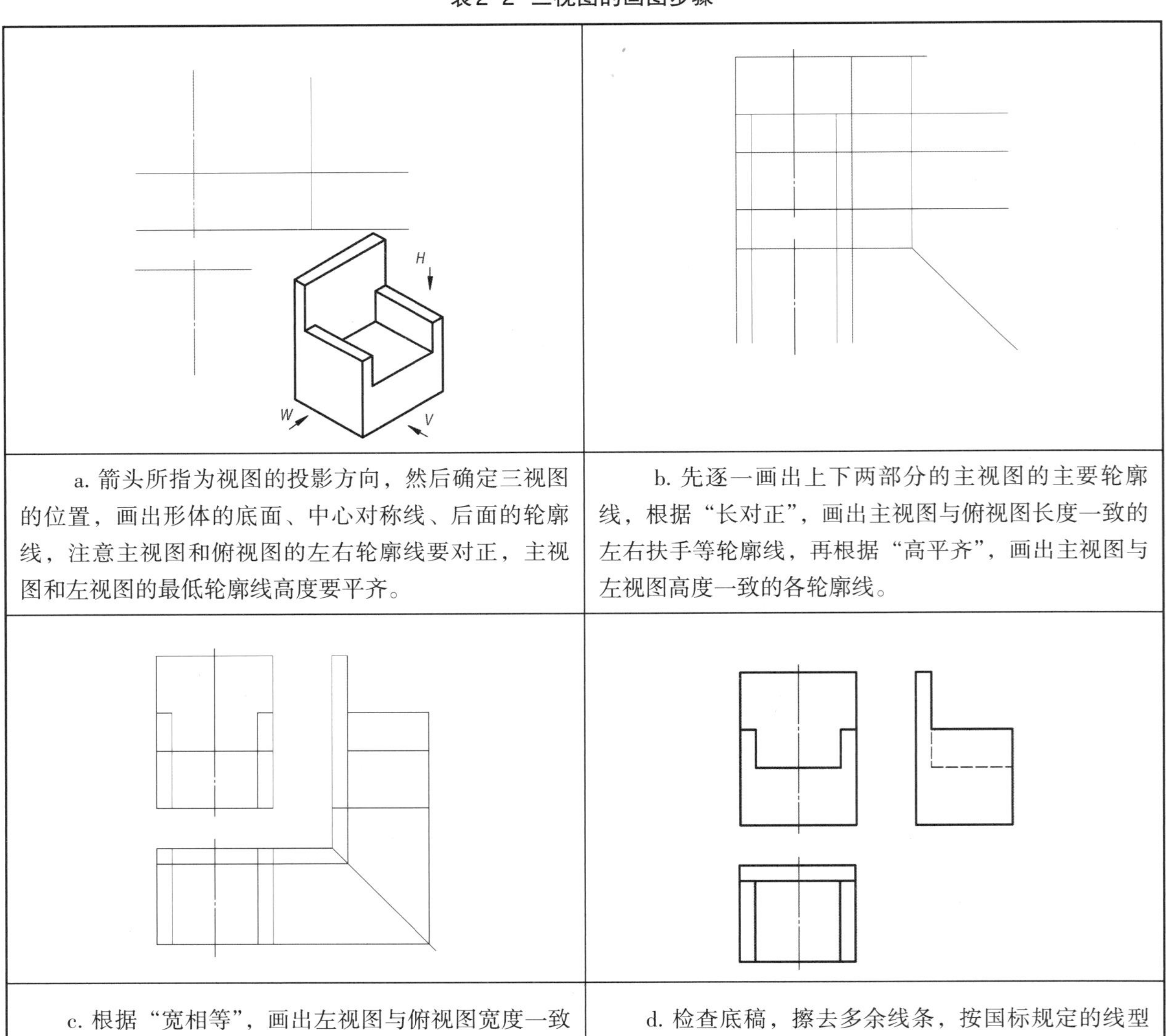

a. 箭头所指为视图的投影方向，然后确定三视图的位置，画出形体的底面、中心对称线、后面的轮廓线，注意主视图和俯视图的左右轮廓线要对正，主视图和左视图的最低轮廓线高度要平齐。	b. 先逐一画出上下两部分的主视图的主要轮廓线，根据“长对正”，画出主视图与俯视图长度一致的左右扶手等轮廓线，再根据“高平齐”，画出主视图与左视图高度一致的各轮廓线。
c. 根据“宽相等”，画出左视图与俯视图宽度一致的背靠等的投影。	d. 检查底稿，擦去多余线条，按国标规定的线型加深图线。

第二节 简单形体的三视图

形体中的平面柱体、锥体、曲面柱体等，因为形状简单，形成也简单，故称其为简单形体。

一、平面形体的三视图

平面形体主要有正棱柱、正棱锥、斜棱柱、斜棱锥等。平面形体是由若干平面围成的，而平面是由若干直（棱）线围成的。因此求出平面形体上每条棱线的投影，即得到了形体的投影，然后判断各棱线的可见性。可见的棱线投影用粗实线绘制，不可见的棱线投影用虚线绘制。

为了图示清晰、叙述简便、看图容易，在此将后续图示中（未加特别注释的情况下）出现的标记特做如下规定（表2–3）。

表2–3 图示中的标记符号

内容	平面	直线	点
空间	*P*、*Q*、*M*	*SA*、*AB*	Ⅰ、Ⅱ、Ⅲ
*H*面投影	*p*、*q*、*m*	*sa*、*ab*	1、2、3
*V*面投影	*p*′、*q*′、*m*′	*s*′*a*′、*a*′*b*′	1′、2′、3′
*W*面投影	*p*″、*q*″、*m*″	*s*″*a*″、*a*″*b*″	1″、2″、3″
可见	标记符号同本表上述所列，如*p*′、*s*′*a*′、*1*″。		
不可见	标记符号加括号，如（*p*′）、（*s*′*a*′）、（*1*″）。		
备注	在形体分析时，Ⅰ、Ⅱ、Ⅲ也表示形体。		

1. 棱柱

有两个相同且平行的多边形的上下底面，所有棱线都垂直于底面的形体，称为直棱柱。若棱柱的底面为正多边形，则称之为正棱柱；棱线倾斜于底面的棱柱称为斜棱柱。

如表2–4所示，分别将正三、四、五、六棱柱放置在三面投影体系当中，为方便投影与画图，使棱柱上、下底面平行于水平投影面（*H*面），其水平投影反映上下底面的实形；每条棱线都垂直于*H*面，故每两条棱线组成的平面都是矩形铅垂面（垂直于*H*面，且在*H*面上的投影具有积聚性）。绘制平面立体的投影，就是画出组成平面形体的所有平面的投影，或画出组成平面形体的棱线的投影。画图时，根据垂直线的投影特性，先画出水平的积聚投影——多边形，再画出其余两投影面上的投影。

表 2-4　棱柱的轴测图与三视图

内容	三棱柱	四棱柱	五棱柱	六棱柱
轴测投影图				
三视图				
共同点	1. 棱线垂直于水平投影面，其水平投影积聚，又因平行于 *W* 面、*V* 面，故 *W* 面、*V* 面的投影反映实长。 2. 所有侧面的H面投影均积聚为一条直线；若侧面积聚的投影平行于 *OX* 轴，则该侧面的 *V* 面投影反映实形；若积聚的投影平行于 *OYH* 轴，则该面的 *W* 面投影反映实形。 3. 上、下底面平行于 *H* 面，其水平投影重合，反映上、下底面的实形，且上底面可见，下底面不可见。			
备注	本表中提及的侧面为棱柱的侧面。			

表 2-4 所列举的是四个直棱柱的棱线垂直于水平投影面的情形，若直棱柱的棱线垂直于正投影面，其投影的特点是类似的。

若直棱柱的棱线垂直于侧投影面，规律是相同的，请读者自行整理三个共同点。

为了便于学习与更好地进行形体的投影分析，特将三棱柱、四棱柱、五棱柱、六棱柱列在表 2-5 中，进一步分析其三视图与空间结构的对应关系。

表2-5 棱柱的投影分析

内容		三棱柱	四棱柱	五棱柱	六棱柱
棱线	三视图	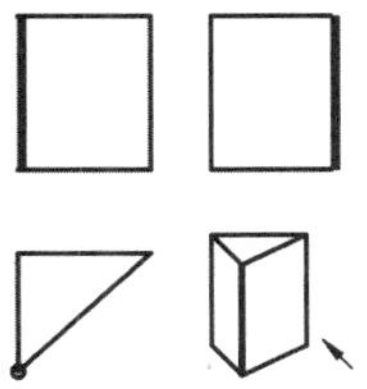	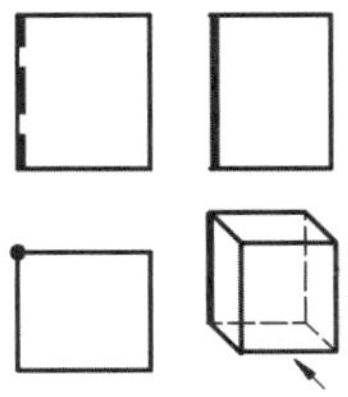	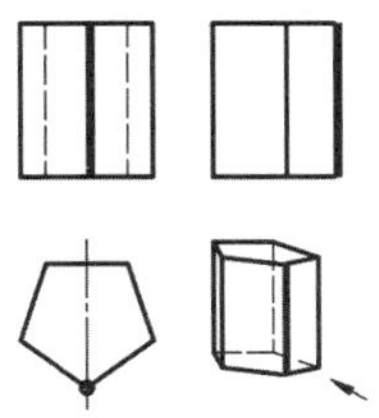	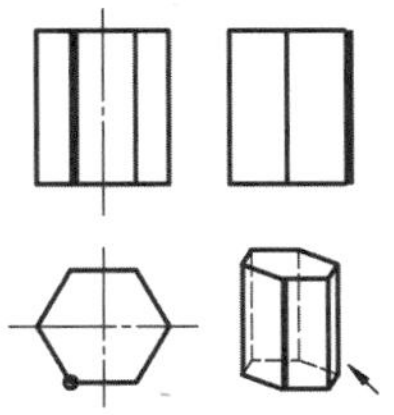
	分析	左前棱线： 因其位置在最左，W面投影可见；因其位置在最前，正面投影可见；三个视图中的投影均可见。	左后棱线： 因其位置在最左，W面投影可见；因其位置在最后，正面投影不可见。	正前棱线： 因其位置在最前，正面投影可见；因其所在侧面的W面投影可见，故其W面投影也可见。	左前棱线： 因其位置在最前，正面投影可见；因其所在的侧面的W面投影可见，故其W面投影也可见。
	三视图	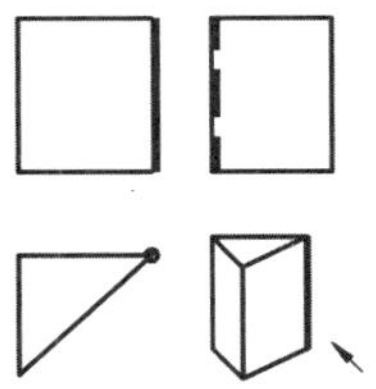	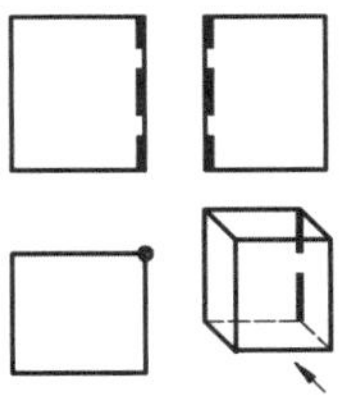	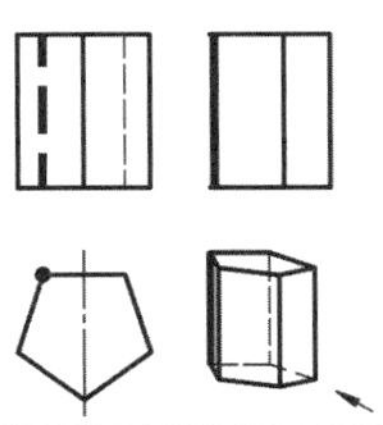	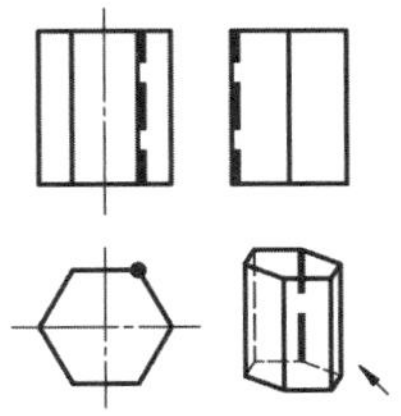
	分析	右后棱线： 位置虽在最后，但因其所在的侧面的V面投影可见，故其V面投影可见；因其位置在最右，W面投影不可见。	右后棱线： 位置在最后，故其V面投影不可见；因其位置在最右，W面投影也不可见。	左后棱线： 因其位置在最后，V面投影不可见；因其所在的侧面的W面投影可见，故其W面投影可见。	右后棱线： 因其位置在最后、最右，其所在侧面的V与W面投影均不可见，故其V与W面的投影也不可见。
侧面	三视图	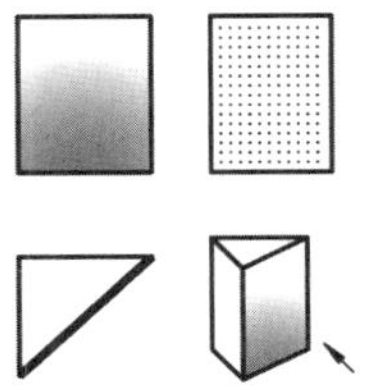	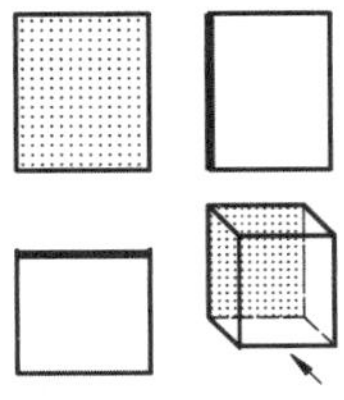	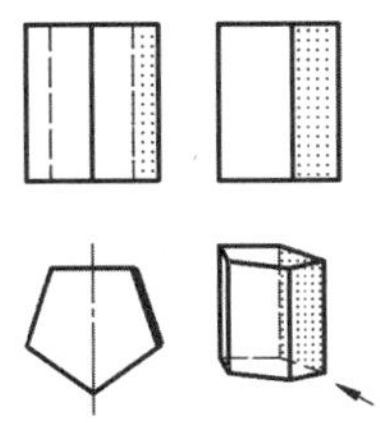	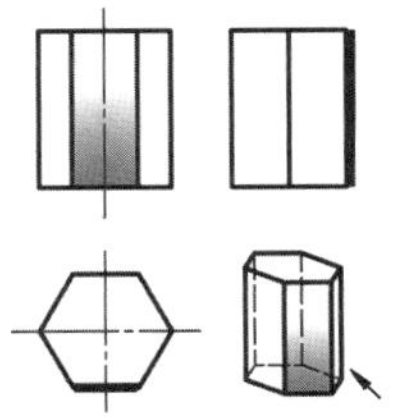
	分析	斜侧面： 不平行于任何投影面，V面、W面的投影是斜侧面的类似形，其V面的投影可见，W面的投影不可见。	后侧面： 平行于V面，在最后，V面的投影反映其实形，但不可见，其余投影积聚。	右后斜侧面： 不平行于任何投影面，V面、W面的投影是侧面的类似形；因其位置在后和右，V面、W面的投影均不可见。	前侧面： 在最前，积聚的水平投影且平行于OX轴，即平行于V面，故在V面的投影可见，且反映实形；因其垂直于W面，故在W面的投影积聚。
备注		本表中箭头所指为主视投影方向，提及的侧面为棱柱的侧面。			

2. 棱锥

棱锥有一个多边形的底面，所有棱线都交于一点——顶点。

表2-6给出了三棱锥的轴测图和三视图的画图方法与步骤。

表2-6 三棱锥的轴测图和三视图的画图方法与步骤

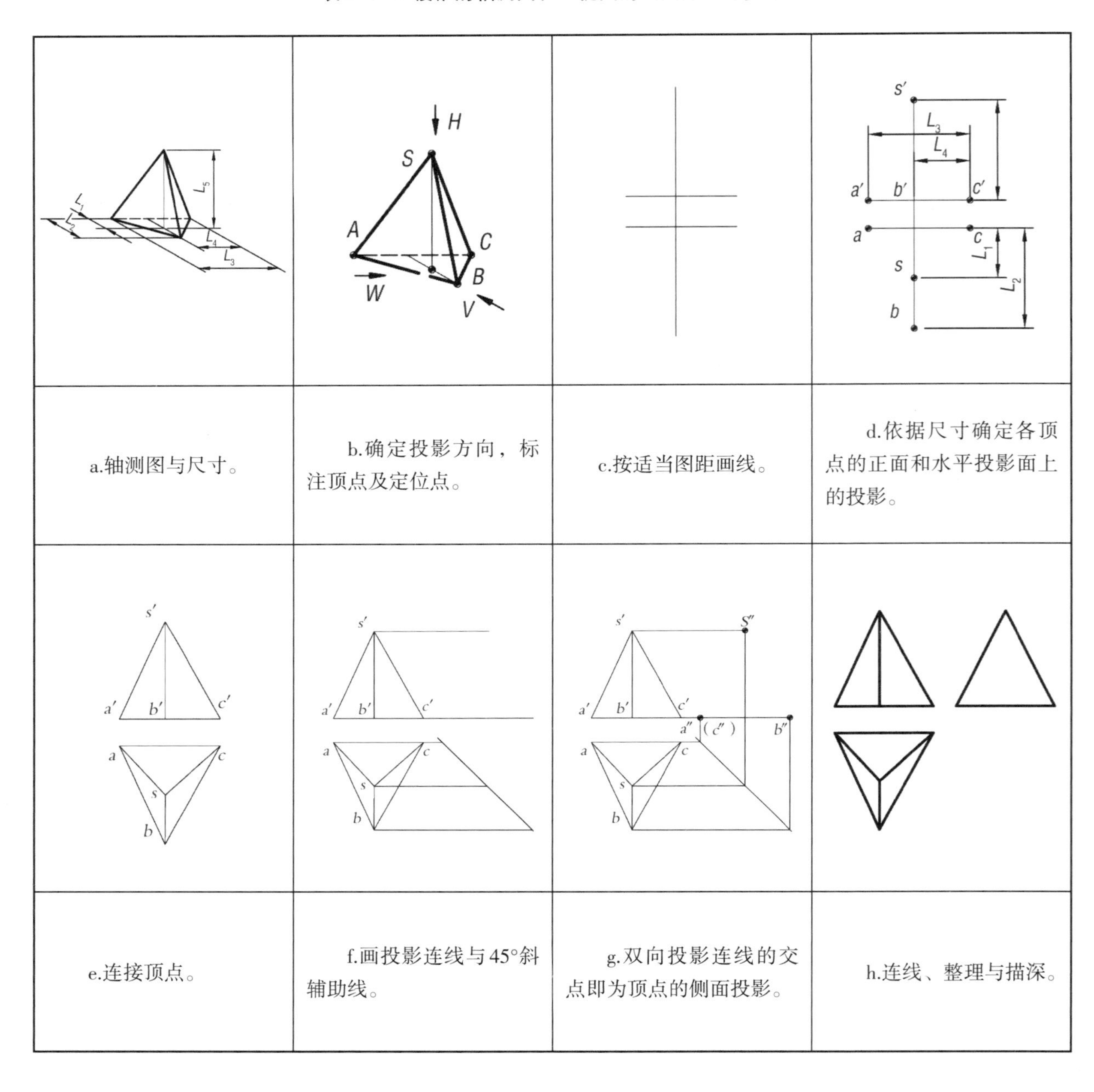

a.轴测图与尺寸。	b.确定投影方向，标注顶点及定位点。	c.按适当图距画线。	d.依据尺寸确定各顶点的正面和水平投影面上的投影。
e.连接顶点。	f.画投影连线与45°斜辅助线。	g.双向投影连线的交点即为顶点的侧面投影。	h.连线、整理与描深。

如表2-7所示，分别将三棱锥、斜三棱锥、不同摆放的两个四棱锥，放置在三面投影体系当中。为方便投影与画图，使棱锥的底面平行于水平投影面（*H*面）。因此，其水平投影反映棱锥底面的实形，底面的另两个投影均积聚为一条直线；每两条棱线组成一个棱面，每个棱面都是三角形形状的平面，且不平行于任何投影面，故其投影都不反映棱面的实形。作投影图时，先画出底面及棱面的水平投影，再画正面投影，最后根据其水平投影和正面投影画出侧面投影。

表2-7 棱锥的轴测图和三视图

内容	三棱锥	斜三棱锥	四棱锥	四棱锥
轴测投影图				
三视图				
共同点	1. 图中所有的侧面不平行于任何投影面，故侧面的投影只能是积聚或者是侧面的类似形（三角形）。 2. 棱锥的底面平行于*H*面，其水平投影是底面的实形；底面几何图形轮廓的水平投影（斜三棱锥除外）均可见，但底面上的其他部位的水平投影均不可见；棱锥底面的另两个投影均积聚为一条直线，积聚的正面投影平行于*OX*轴、积聚的侧面投影平行于*OYW*轴。			
备注	本表中箭头所指为主视投影方向，提及的侧面为棱锥的侧面。			

表2-7所列举的是四个棱锥的底面平行于水平投影面时的情形，若棱锥的底面平行于正投影面或者平行于侧投影面，其投影的共同点是类似的，即都具有相同的规律，只是反映实形、有积聚投影、与之倾斜的投影面不同而已，请读者自行归纳。

为了便于学习与更好地进行形体的投影分析，特将三棱锥、斜三棱锥、四棱锥列在表2-8中，以进一步分析其三视图与空间结构的对应关系。

表2-8 棱锥的投影分析

内容		三棱锥	斜三棱锥	四棱锥	四棱锥
棱线	三视图	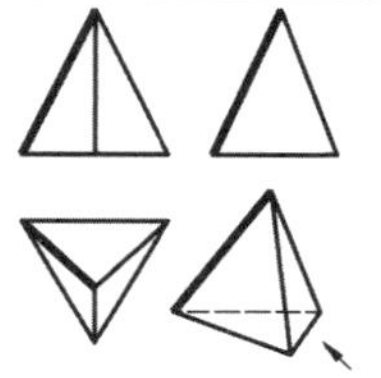	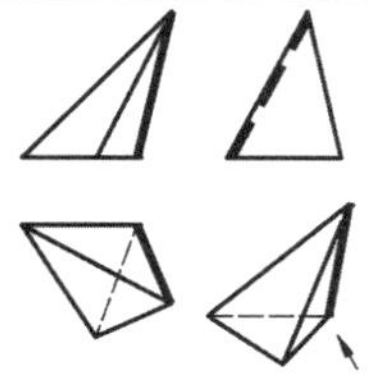	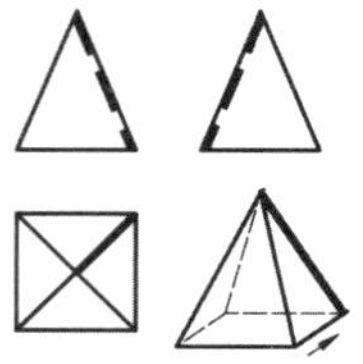	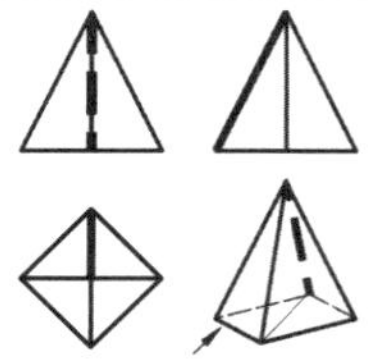
	分析	左棱线： 后、左侧面的交线，所在左侧面的三个投影均可见，故左棱线三个投影也都可见。	右棱线： 后、右侧面的交线；两个侧面V面、H面的投影分别可见，其投影也可见；右侧面的W面投影积聚且位置在右，其W面投影不可见。	右后棱线： 后、右侧面的交线；位置在上，H面投影可见；位置在右，W面的投影不可见；位置在后，V面投影不可见。	后棱线： 后右、后左侧面的交线；位置在上，H面投影可见；位置在后，V面投影不可见；W面投影可见。
棱线和侧面	三视图	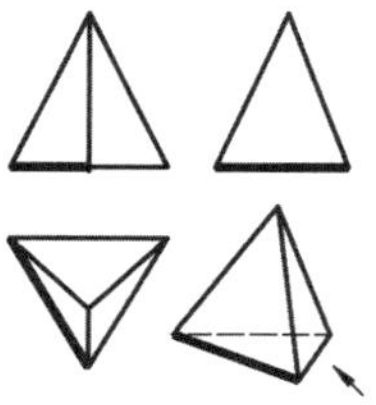	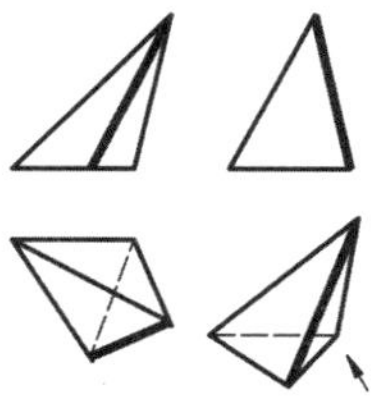	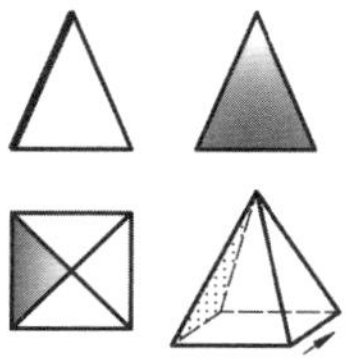	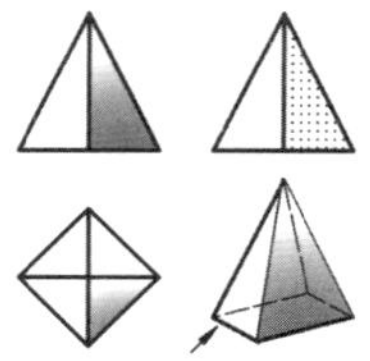
	分析	左底线： 左侧面与底面的交线，所在的左侧面三个投影均可见，故左底线的三个投影也都可见。	前棱线： 左右侧面的交线，所在的左侧面三个投影均可见，故前棱线的三个投影也都可见。	左侧面： 倾斜于W面、H面，在其上的投影为该平面的类似形；位置在左、上，W面、H面投影可见；垂直于V面，V面投影积聚。	右前侧面： 倾斜于三个投影面，三个投影均是该面的类似形；位置在上、前，H面、V面投影可见；位置在右，W面投影不可见。
侧面	三视图	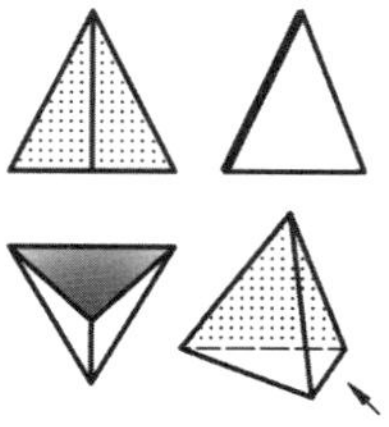	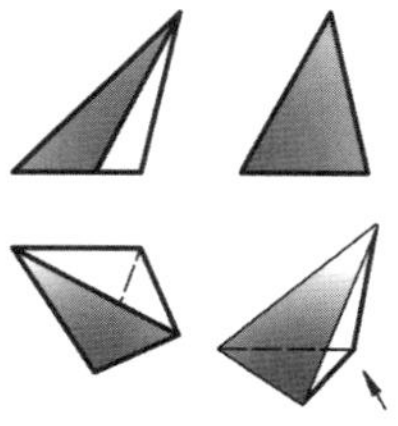	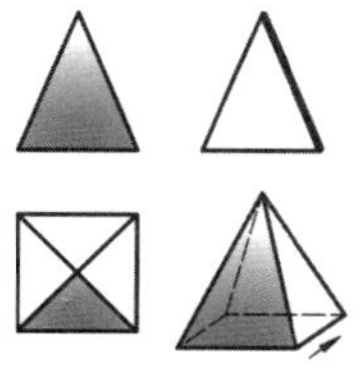	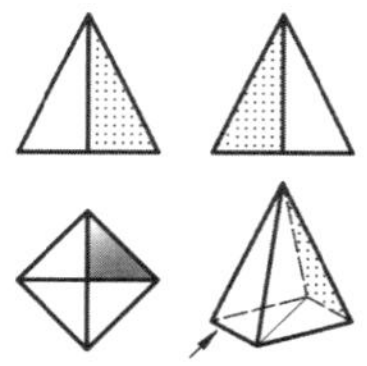
	分析	后侧面： 倾斜于V面、H面，V面、H面投影均是该面的类似形，位置在后，V面投影不可见；位置在上，H面投影可见；垂直于W面，W面投影积聚。	前左侧面： 倾斜于三个投影面，故其三个投影均是该侧面的类似形，其位置在前、上、左，故V面、H面、W面投影均可见。	前侧面： 倾斜于V面、H面，在V面、H面投影为该平面的类似形，位置在前、上，V面、H面投影可见；垂直于W面，W面投影积聚。	右后侧面： 倾斜于三个投影面，故其三个投影均是该平面的类似形，位置在上，H面投影可见；位置在后、右，故V面、W面投影不可见。
备注		本表中箭头所指为主视投影方向，提及的侧面为棱锥的侧面。			

二、曲面形体的三视图

1. 圆柱

圆柱是一个以两条平行的直线为母线和导线，母线绕导线做圆周运动所形成的曲面形体。因此，圆柱的上、下底面都是圆，素线（母线的任意一瞬时位置）是直线。

为方便投影与画图，将圆柱的上、下底面平行于投影面，圆柱的轴线垂直于投影面，故圆柱的轴线在该投影面上的投影积聚为一点，圆柱面在该投影面上的投影积聚为圆。作投影图时，应先画图柱的中心线，确定圆柱的积聚投影——圆，再画出其余两个投影。

如图2−4a所示圆柱的投影，圆柱的轴线垂直于H面，其轴线的H面投影积聚；圆柱的每条素线都是直线，都与轴线平行，都垂直于H面，都积聚，故水平投影的圆也是圆柱表面在H面上的积聚投影；其水平投影的圆反映上、下底面的实形；另两个投影，是两个大小一致的矩形。图2−4b与图2−4c所示圆柱的投影，轴线分别垂直于V面和W面，且分别在V面和W面的投影积聚为圆，另两个投影是两个大小一致的矩形。

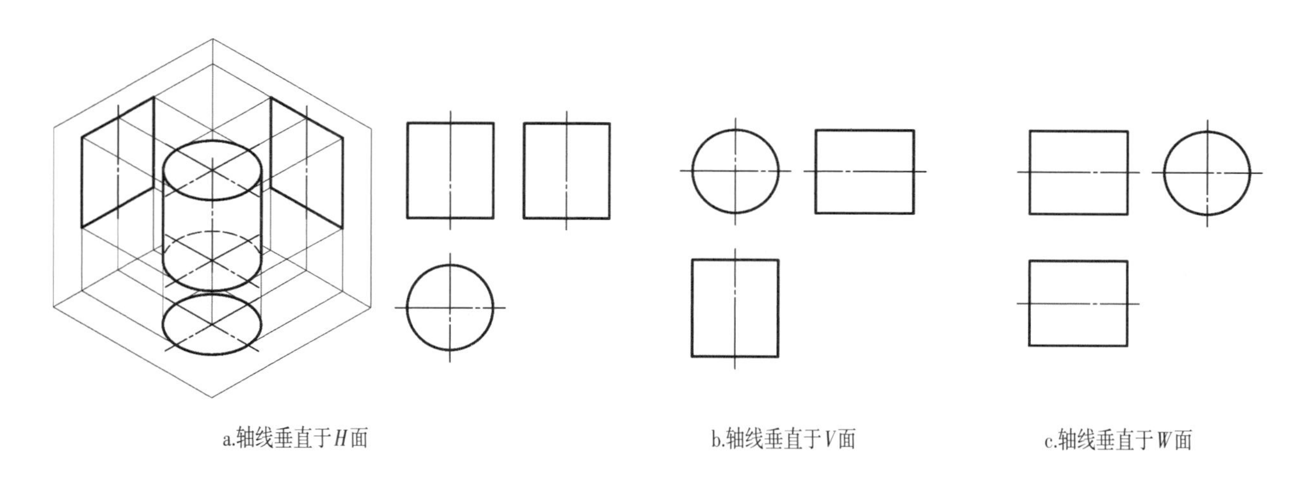

图2−4 圆柱的轴测图和三视图

圆柱的两个为矩形的投影，图形一致，却是不同的轮廓线的投影，分析见表2-9（表中仅列出圆柱轴线垂直于H面的情形，垂直于其他投影面的情形请读者自行分析）。

表2-9 圆柱轮廓线的投影分析

内容	主视轮廓线	左视轮廓线	上底圆
轴测示意图	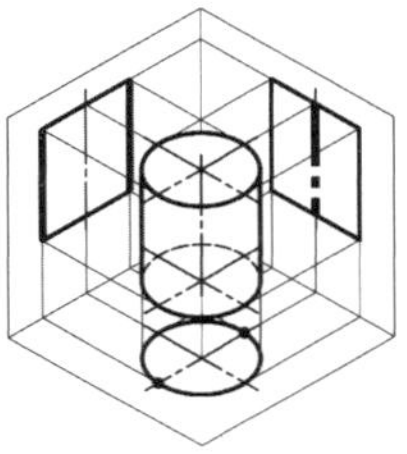	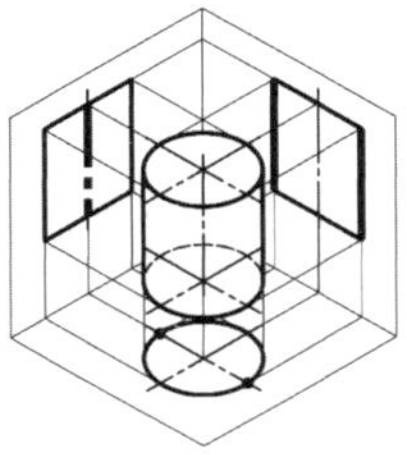	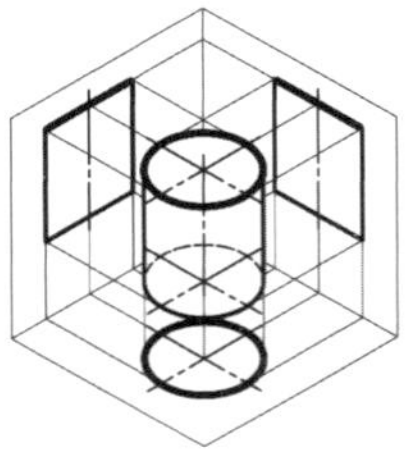
三视图中的轮廓线	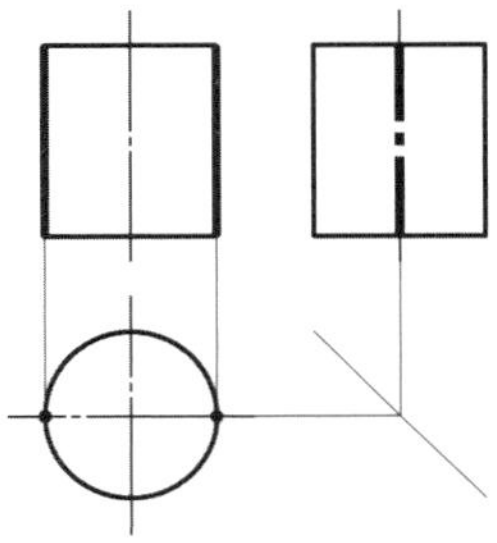	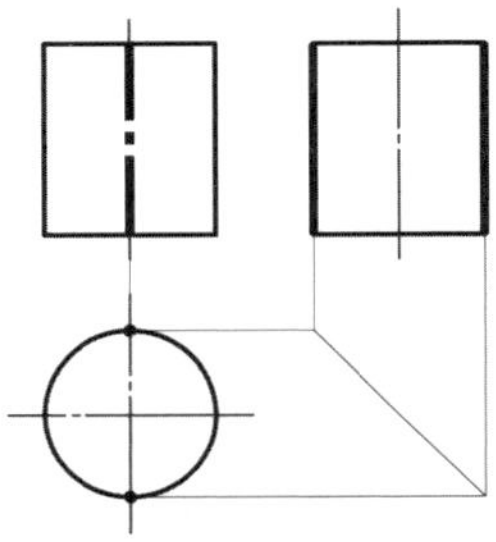	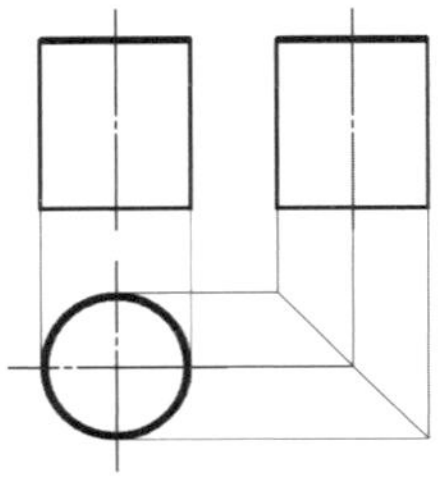
说明	主视图中矩形的左右边： 是向V面投影时平行于V面的圆柱左右轮廓线的投影； 其水平投影积聚于圆的最左与最右点处； 其侧面投影与圆柱的轴线重合，左轮廓线可见，右轮廓线不可见。	左视图中矩形的前后边： 是向W面投影时平行于W面的圆柱前后轮廓线的投影； 其水平投影积聚于圆的最前与最后点处； 其正面投影与圆柱的轴线重合，前轮廓线可见，后轮廓线不可见。	上底面： 平行于水平投影面，其水平投影是圆，可见，且反映上底面的实形，与下底面的水平投影重合，另两个投影各积聚为一条直线。

2. 圆锥

圆锥是一个分别以两条相交的直线为母线和导线，母线绕导线做圆周运动所形成的曲面形体。因此，圆锥的底面是圆，素线（母线的任意一瞬时位置）是直线。

为方便投影与画图，将圆锥的轴线垂直于投影面，故圆锥的轴线在该投影面上的投影积聚为一点；圆锥的底面平行于投影面，圆锥底面在该投影面上的投影为圆。作投影图时，应先画圆锥的中心线，确定圆锥底面的投影——圆，再画出其余两个投影。

如图2−5a所示圆锥的投影，轴线垂直于*H*面，其轴线的*H*面投影积聚；圆锥的底面平行于*H*面，故圆锥的水平投影为圆；另两个投影，是两个大小一致的等腰三角形。图2−5b与图2−5c所示圆锥的投影，其轴线分别垂直于*V*面和*W*面，且分别在*V*面和*W*面的投影为圆，另两个投影是两个大小一致的等腰三角形。

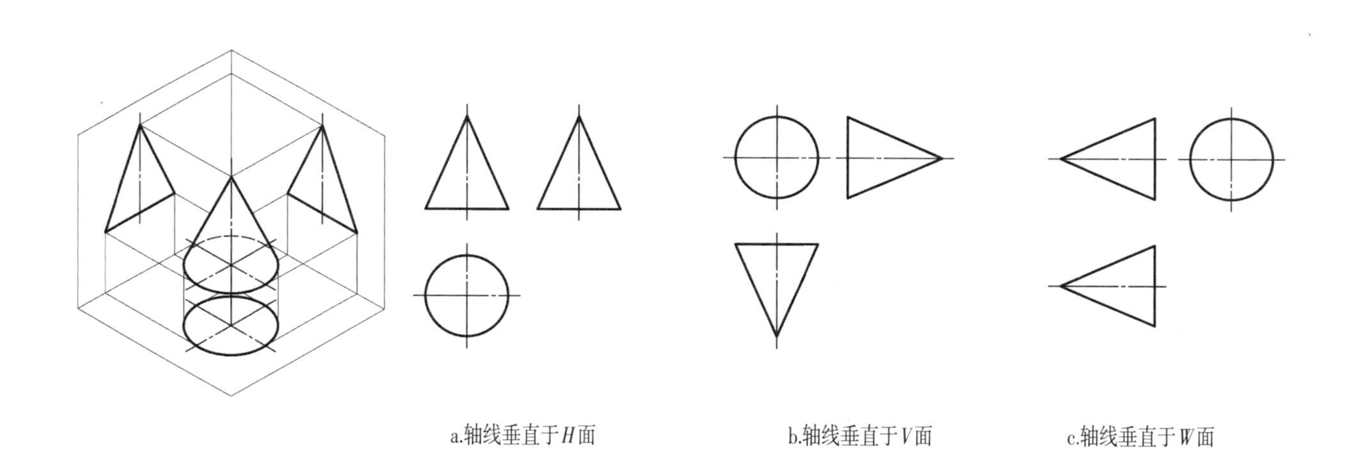

图2−5 圆锥的轴测图和三视图

圆锥的两个为等腰三角形的投影，图形一致，却是不同轮廓线的投影，分析见表2-10（表仅列出圆锥轴线垂直于H面的情形，垂直于其他投影面的情形请读者自行分析）。

表2-10 圆锥轮廓线的投影分析

内容	主视轮廓线	左视轮廓线	底圆
轴测投影示意图			
三视图中的轮廓线			
说明	主视图中等腰三角形的左右两腰： 是向V面投影时平行于V面的圆锥左右轮廓线的投影； 其水平投影与圆的前后对称中心线重合，且可见； 其侧面投影与圆锥的轴线重合，左轮廓线可见，右轮廓线不可见。	左视图中等腰三角形的前后两腰： 是向W面投影时平行于W面的圆锥前后轮廓线的投影； 其水平投影与圆的左右对称中心线重合，且可见； 其正面投影与圆锥的轴线重合，前轮廓线可见，后轮廓线不可见。	底面： 平行于水平投影面，其水平投影是圆，反映底面的实形； 底圆的轮廓线可见，其余部分不可见； 底面的另两个投影各自积聚为一条直线。

3. 球

球是一个以圆为母线，以其直径为轴线回转半周所形成的曲面形体。

图2-6 所示为一球的投影。球的三面投影均为大小相等的圆，其直径等于球的直径。但3个投影面上的圆是球上3个不同方向最大轮廓线的投影。正面投影是平行于*V*面最大圆的投影，水平投影是平行于*H*面的最大圆的投影，侧面投影是平行于*W*面最大圆的投影（分析见表2-11）。作投影图时，应先确定球的中心点在三个投影面上的投影，画球的中心线，再画出3个与球直径相等的圆。

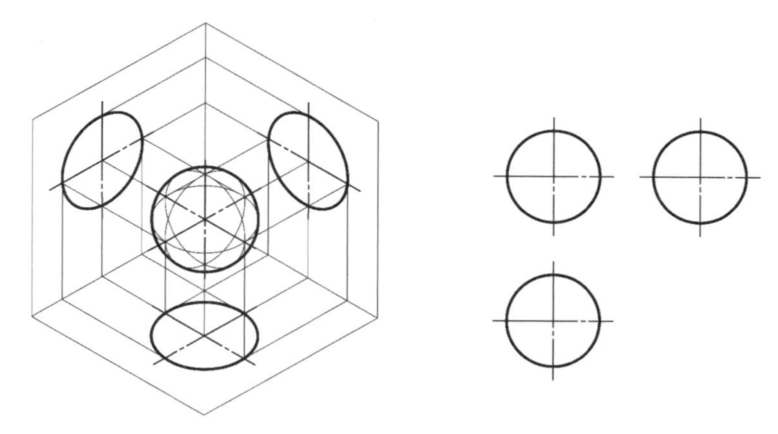

图2-6 球的轴测图和三视图

表2-11 球轮廓线的投影分析

内容	主视轮廓线	左视轮廓线	俯视轮廓线
轴测投影示意图			
三视图中的轮廓线			
分析与说明	主视轮廓线 上下轮廓线：俯视图中：上下轮廓线的水平投影与前后对称中心线重合，上轮廓线可见，下轮廓线不可见。 左右轮廓线：左视图中：左右轮廓线的侧面投影与前后对称中心线重合，左轮廓线可见，右轮廓线不可见。	左视轮廓线 前后轮廓线：主视图中：前后轮廓线的正面投影与左右对称中心线重合，前轮廓线可见，后轮廓线不可见。 上下轮廓线：俯视图中：上下轮廓线的水平投影与左右对称中心线重合，上轮廓线可见，下轮廓线不可见。	俯视轮廓线 前后轮廓线：主视图中：前后轮廓线的正面投影与上下对称中心线重合，前轮廓线可见，后轮廓线不可见。 左右轮廓线：左视图中：左右轮廓线的侧面投影与上下对称中心线重合，左轮廓线可见，右轮廓线不可见。

4. 圆环

圆环是一个以圆为母线绕与圆共面，且位于圆外的一直线旋转一周所形成的曲面形体。圆母线上离轴线较远的半圆旋转形成圆环的外环曲面，离轴线较近的半圆旋转形成圆环的内环曲面。

表2-12所示为一圆环及内环、外环、1/2圆环与1/4圆环的投影。圆环的三面投影均有圆，其投影共有四个圆：圆环的水平投影是三个同心圆，最大与最小两个圆是圆环轮廓线在H面上的投影，是环面上最大圆和最小圆的投影，图中点画线圆是母线圆的圆心轨迹的投影，也是内环与外环的分界线；正面投影中两小圆表示最左、最右平行于V面的素线（母线在瞬时位置时的名称）圆的投影，也是前后圆环的分界线；正面投影中的上下两条公切线表示母线上最高、最低轨迹圆的投影，这两个轨迹圆在H面上的投影与母线圆的圆心轨迹在H面上的投影重合。

表2-12 圆环、内环与外环、1/2圆环与1/4圆环的三视图

内容	轴测图	视图	说明
圆环	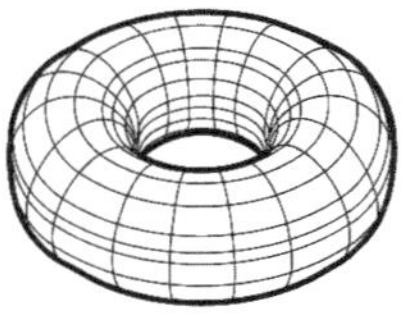	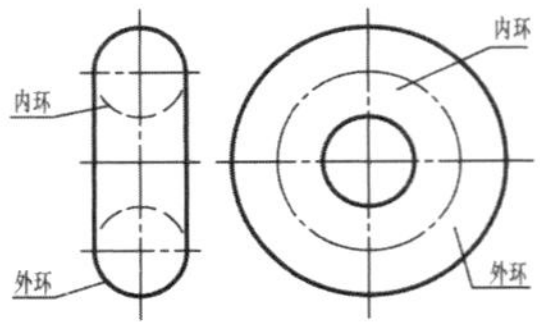 内环 外环 内环 外环	圆环、圆环的内环与外环，俯视图与主视图的图形完全一致。
外环	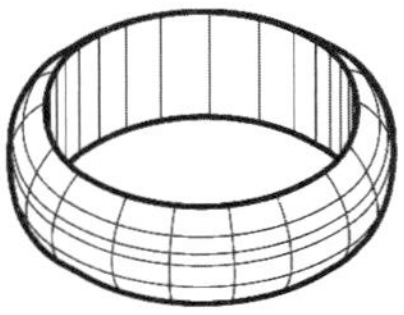	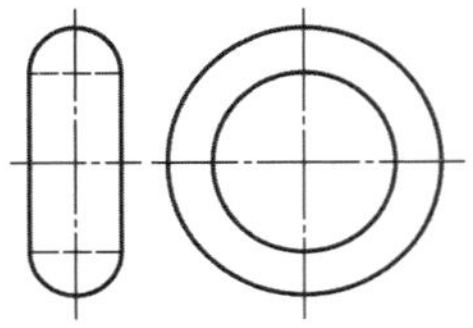	
内环	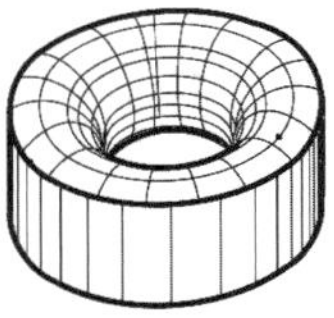	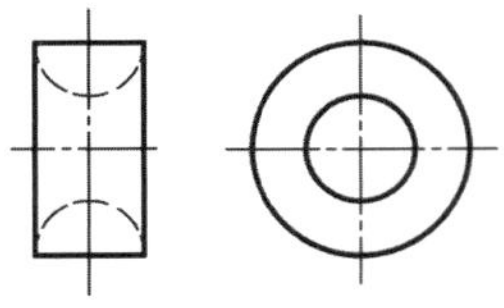	
1/2圆环	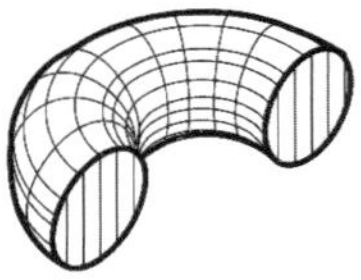	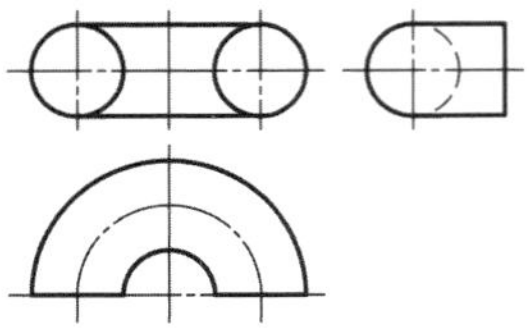	
1/4圆环		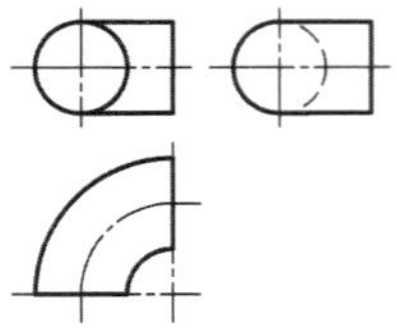	

第三节 形体切割后的投影与分析

一、切割后的平面形体

在实际设计中，有些造型直接采用基本几何形体，而更多的设计则采用许多不同的几何形体进行叠加和切割，进而组成了一种全新的形体。因此，设计造型需要掌握切割后的平面形体。在此需特别指出的是，平面形体被平面切割后，仍然是平面形体，即组成平面形体的各表面均是由直线围成的平面图形，没有曲线。

根据三视图的投影规律，各形体对应的结构的投影也必须符合“长对正、宽相等、高平齐”的投影规律。例如，棱柱上的棱线，在V面的投影高度若是10 mm，其W面的投影高度也一定是10 mm，且高平齐；在V面的投影长度若是20 mm，其H面的投影长度也一定是20 mm，且长对正。根据这一投影规律，利用点的从属性（点属于直线，点的投影也必属于直线的同名投影，直线可以用两点表示，同理可推直线属于平面，直线上的两点必属于平面）就可以求出切割后的各种形体的投影。

用平面切割形体，平面与形体就会有交线产生，该交线通常被称为截交线。

1. 棱锥切割体

例题2−1 求作图2−7所示三棱锥切割体的投影。

分析：利用切割后的表面是平面，且该平面在V面的投影有积聚性的特点。切割后的三棱锥棱线的投影高度在V面已给出，其V面与W面的投影高度平齐；同理，切割后三棱锥棱线的投影长度在V面已给出，其V面与H面的投影长度对正。因此只要逐一确定棱线在不同视图中的投影位置，然后按顺序连接，就可以求出切割后的三棱锥的投影。作图步骤参见表2−13。

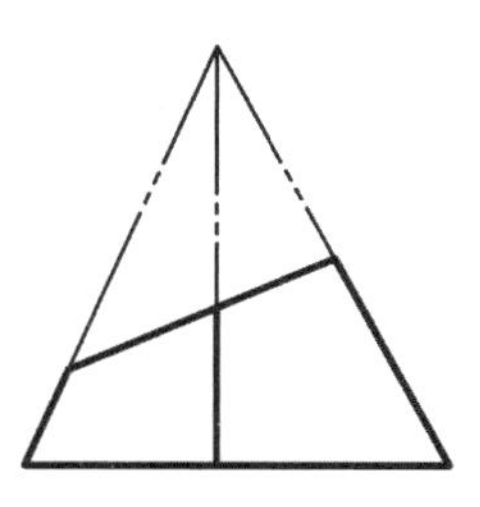

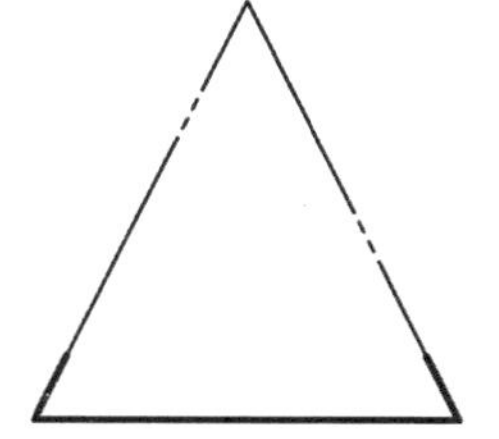

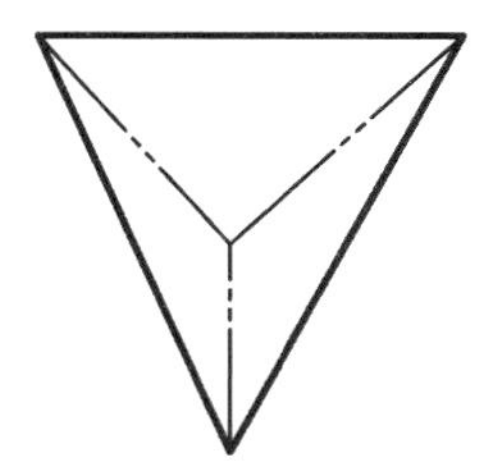

图2−7 求切割后的三棱锥的投影

表2-13 求切割后的三棱锥投影的作图步骤

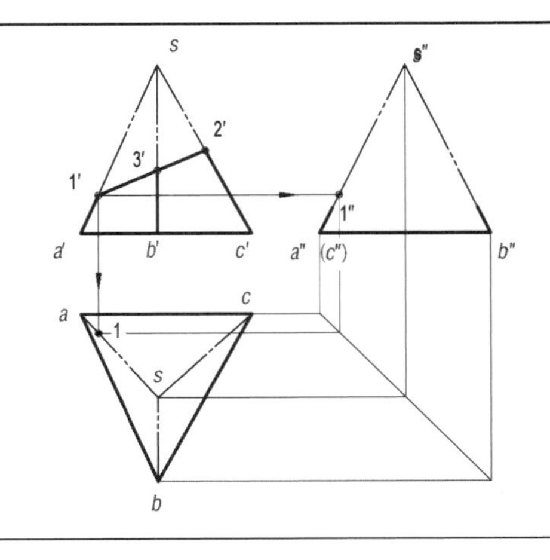	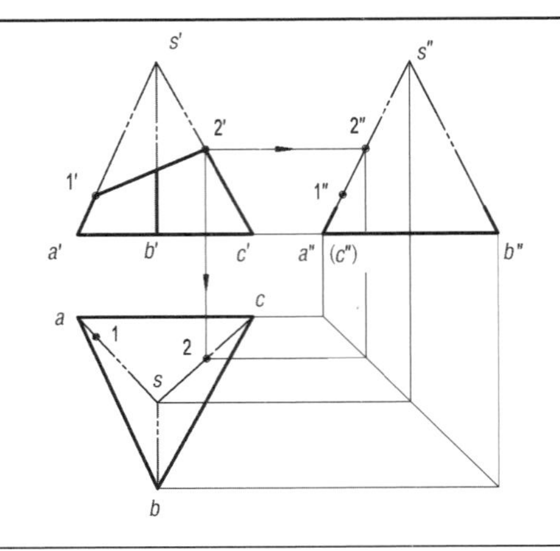
a. 命名各棱线，并确定其投影，Ⅰ、Ⅱ、Ⅲ点分别属于直线 SA、SC、SB 上的点，直接在主视图中注出。 求Ⅰ点的投影：Ⅰ点属于直线 SA，Ⅰ点的投影必属于 SA 的同名投影，过 $1'$ 向水平投影面作投影连线交于 sa 得其水平投影1，过 $1'$ 向侧面投影面作投影连线交于 $s''a''$ 得其侧面投影 $1''$。	b. 求Ⅱ点的投影：Ⅱ点属于直线 SC，Ⅱ点的投影必属于 SC 的同名投影，过 $2'$ 向水平投影面作投影连线交于 sc 得其水平投影2，向侧面投影面作投影连线交于 $s''c''$ 得其侧面投影 $2''$。
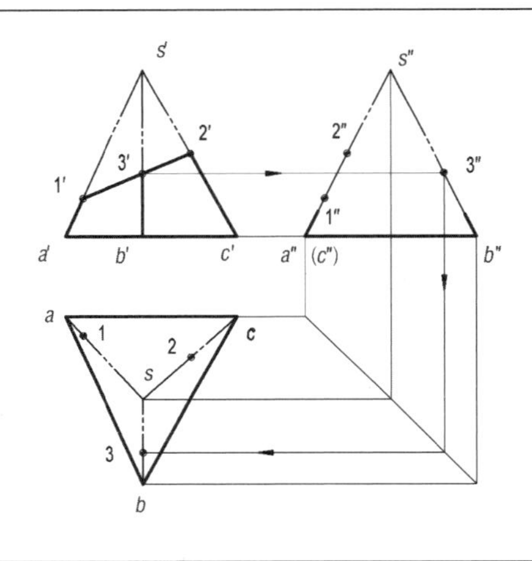	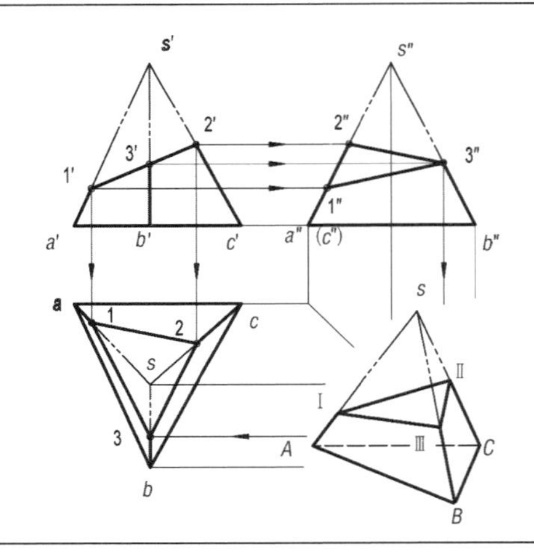
c. 求Ⅲ点的投影：Ⅲ点属于直线 SB，Ⅲ点的投影必属于 SB 的同名投影，向侧面投影面作投影连线交于 $s''b''$ 得其侧面投影 $3''$；而Ⅲ点的水平投影需利用侧面投影 $3''$ 求出（因为Ⅲ点属于直线 SB，直线 SB 的正面投影与水平投影在同一投影连线上，Ⅲ点的水平投影必须借助 SB 的 W 面投影才可以求出）。	d. 整理加深。 作图的原则是点属于直线，其点的投影就属于该直线的同名投影。

例题2−2 求作图2−8所示切割后的四棱锥的投影。

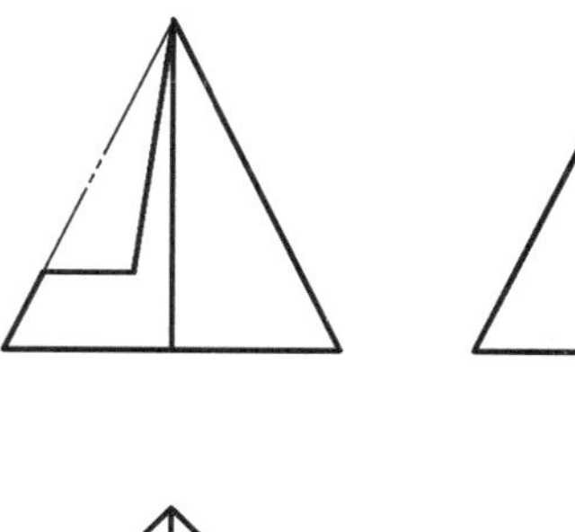

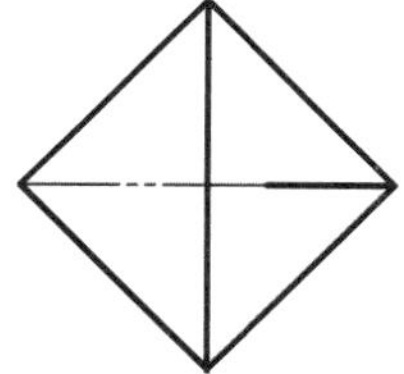

图2−8 求切割后的四棱锥的投影

分析：本题的分析方法与例题2−1的分析方法一致，作图的原则是点属于直线，其点的投影就属于直线的同名投影。切割后的四棱锥的投影长度与高度在V面已给出，其V面与H面的投影长度对正，V面与W面的投影高度平齐。只要逐一确定棱线在不同视图中的投影位置，然后按顺序连接，就可以求出切割后的四棱锥的投影。

本题是用两个切割平面进行了两次切割，若按完整切割进行分析，则：一个平面与四棱锥的底面平行，切割后，移去的是四棱锥，留下的是四棱台；另一个平面倾斜于四棱锥的底面，切割后，移去的是棱锥，留下的也是棱锥，只是移去的与留下的和原来的具体形体的形状不同而已（因为该切割面经过锥顶）。本题在水平切割面处将该形体分成两部分，分两次作图，最后将两部分结合并加以整理，即可求出求作的投影。

作图步骤如表2−14所示：

（1）作水平切割面之下部分的投影，见表2−14a；

（2）作水平切割面之上部分的投影，见表2−14b；

（3）在一个投影图上，将（1）与（2）的作图过程重复，进行判断与整理，将投影线加深，见表2−14c；

本例题也可以利用平行投影的平行特性及求作棱线切断点的投影的方法，将判断与整理相结合，求出切割后的四棱锥的投影，见表2−14d。

表2-14　求切割后的四棱锥投影的作图步骤

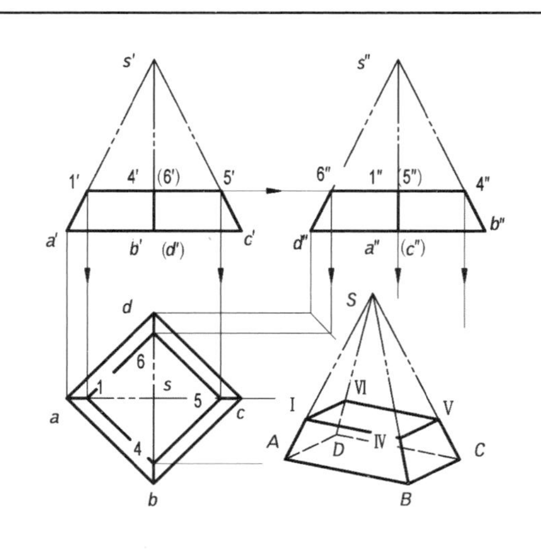

a. Ⅰ、Ⅳ、Ⅴ、Ⅵ四点表示的是上部分四棱锥的底面，过1′、5′点向H面作投影连线得1、5点，再向W面作投影连线得1″、5″点；过4′、6′点向W面作投影连线得4″、6″点，再过4″、6″点向H面作投影连线得4、6（因为点4′、6′与点4、6在同一投影连线上，必须在W面取得两点的宽度才可以求出4、6点）。

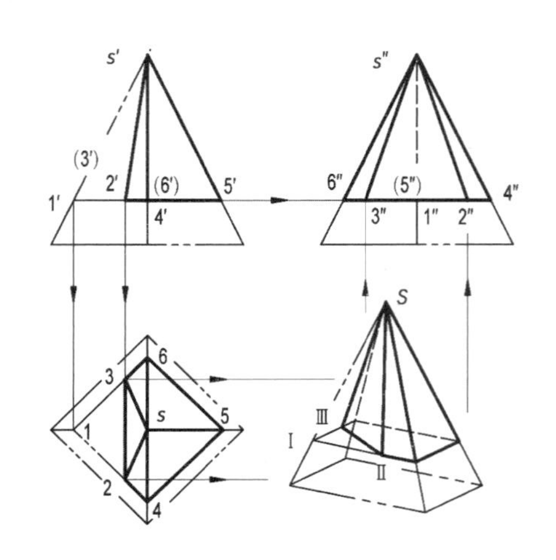

b. Ⅱ、Ⅲ点在底面上，Ⅱ点属于棱锥底线ⅠⅣ上的点，Ⅲ点属于棱锥底线ⅠⅥ上的点，通过作投影连线即可求出其投影，但需先求出Ⅱ、Ⅲ点的H面投影2、3，然后再利用Ⅱ、Ⅲ点H面投影的宽度求出其W面的投影2″、3″。

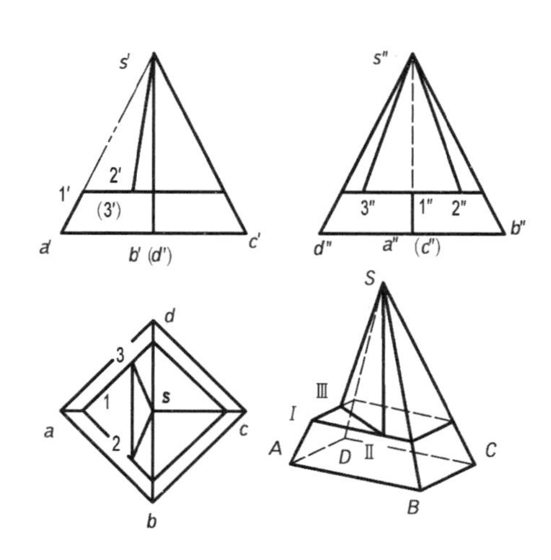

c. 将a、b结合在一起，应考虑到斜切割面右边没有被切割，也就没有切割面的投影。

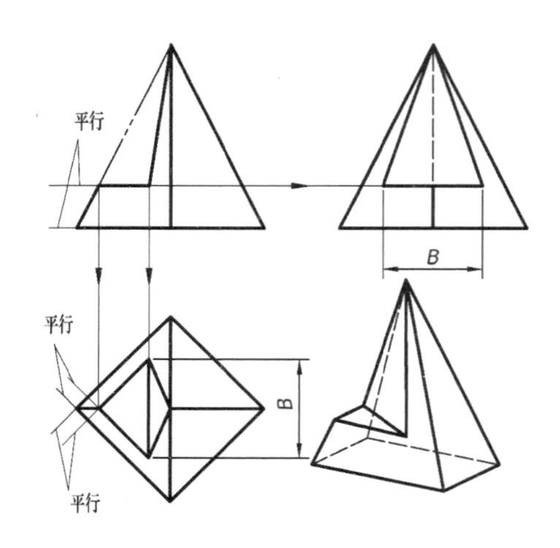

d. 利用平行投影的平行特性及求作棱线切断点的投影的方法，经判断与整理，也可以求出其投影。

2. 棱柱切割体

例题2−3 求作图2−9所示切割后的五棱柱的投影。

分析：从本题给出的视图分析，可以将三视图所表达的结构分成上下两部分（见左视图），分别作图后，再将两部分叠加在一起，整理、判断可见性，即可做出本题。

应首先认识到五棱柱棱线的水平投影积聚，棱线上的切割点的水平投影不用求；切割后的五棱柱的棱线在V面、W面上的投影高平齐，只要逐一确定棱线在不同视图中的投影位置，即可求出棱线在V面的投影。作图步骤参见表2−15。

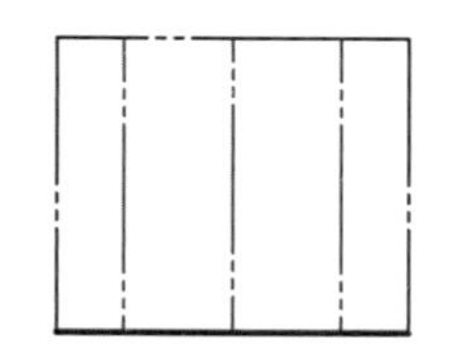
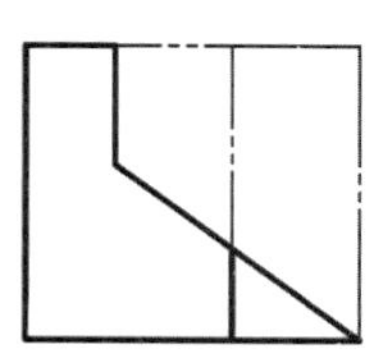
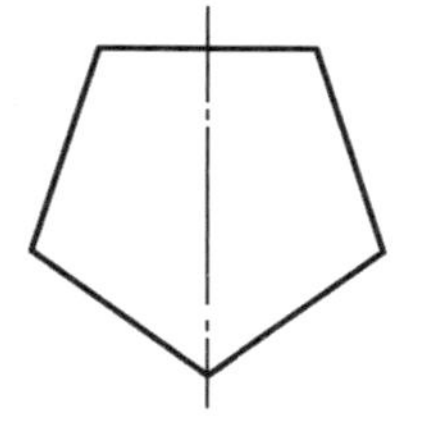

图2−9 画五棱柱切割体的投影

表2−15 求切割后的五棱柱投影的作图步骤

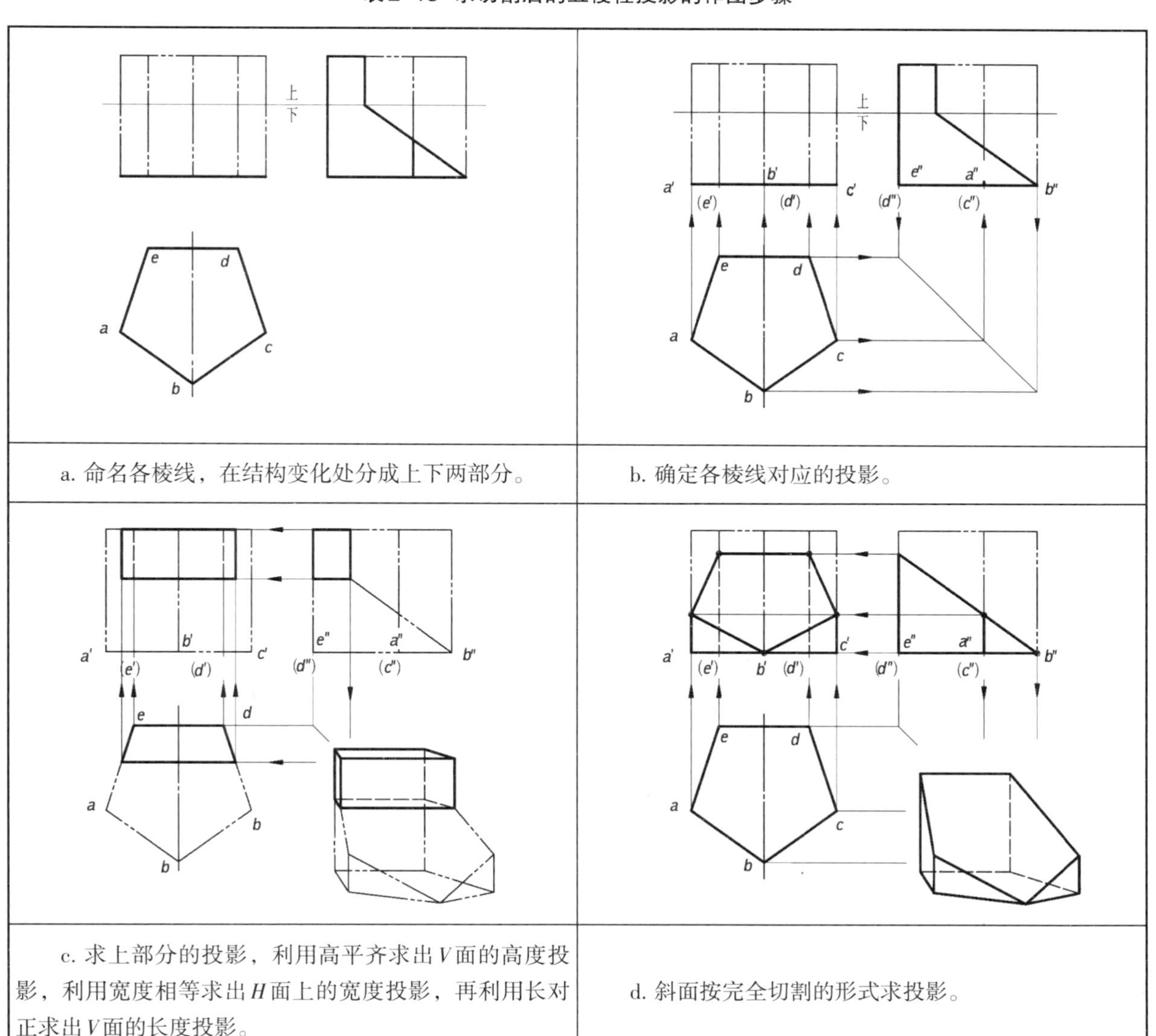

a. 命名各棱线，在结构变化处分成上下两部分。	b. 确定各棱线对应的投影。
c. 求上部分的投影，利用高平齐求出V面的高度投影，利用宽度相等求出H面上的宽度投影，再利用长对正求出V面的长度投影。	d. 斜面按完全切割的形式求投影。

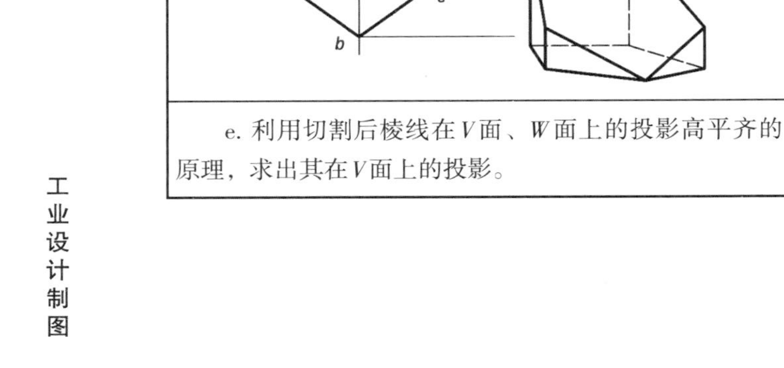	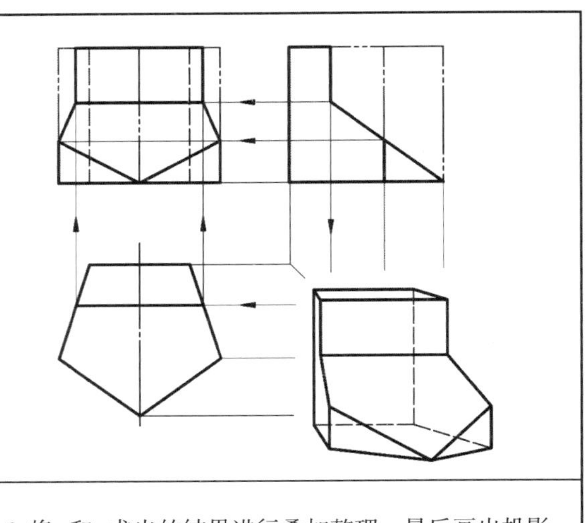
e. 利用切割后棱线在V面、W面上的投影高平齐的原理，求出其在V面上的投影。	f. 将c和e求出的结果进行叠加整理，最后画出投影。

例题2−4 求作图2−10 所示切割后的六棱柱的投影。

分析：从本题给出的视图分析，形体的俯视图具有积聚性，前后对称，左右不对称。因此可以将视图所表达的结构分成左右两部分（从主视图分析），分别作图后，再对两部分综合分析，整理、判断可见性，即可求出本题的投影。左边的结构是六棱柱的一半，即半个六棱柱，上下底面是水平面，且相互平行；右边的也是六棱柱的一半，下底面与左边的半个六棱柱同底，只是上底面倾斜，三条棱线的高度已给定。由此可见，本题的关键是左右两部分的结合面。实际上，完整的六棱柱是柱体，沿着六棱柱的中心对称面将六棱柱一分为二的形体也是柱体。

本题也可以将其结构分成上下两部分，作图简便，请读者自行分析及作图。作图步骤参见表2−16。

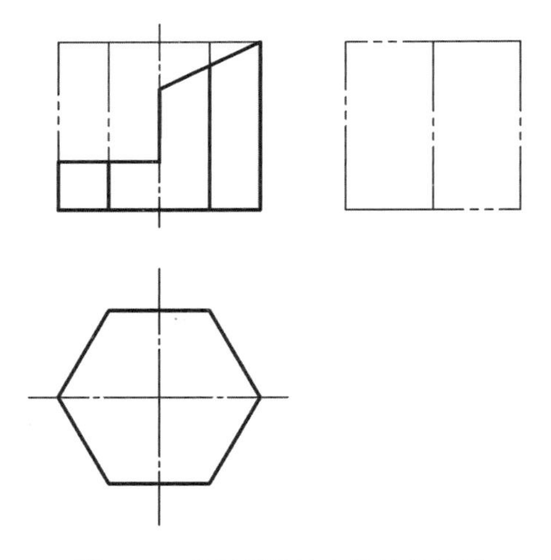

图2−10 求切割后的六棱柱的投影

表2-16 求切割后的六棱柱投影的作图步骤

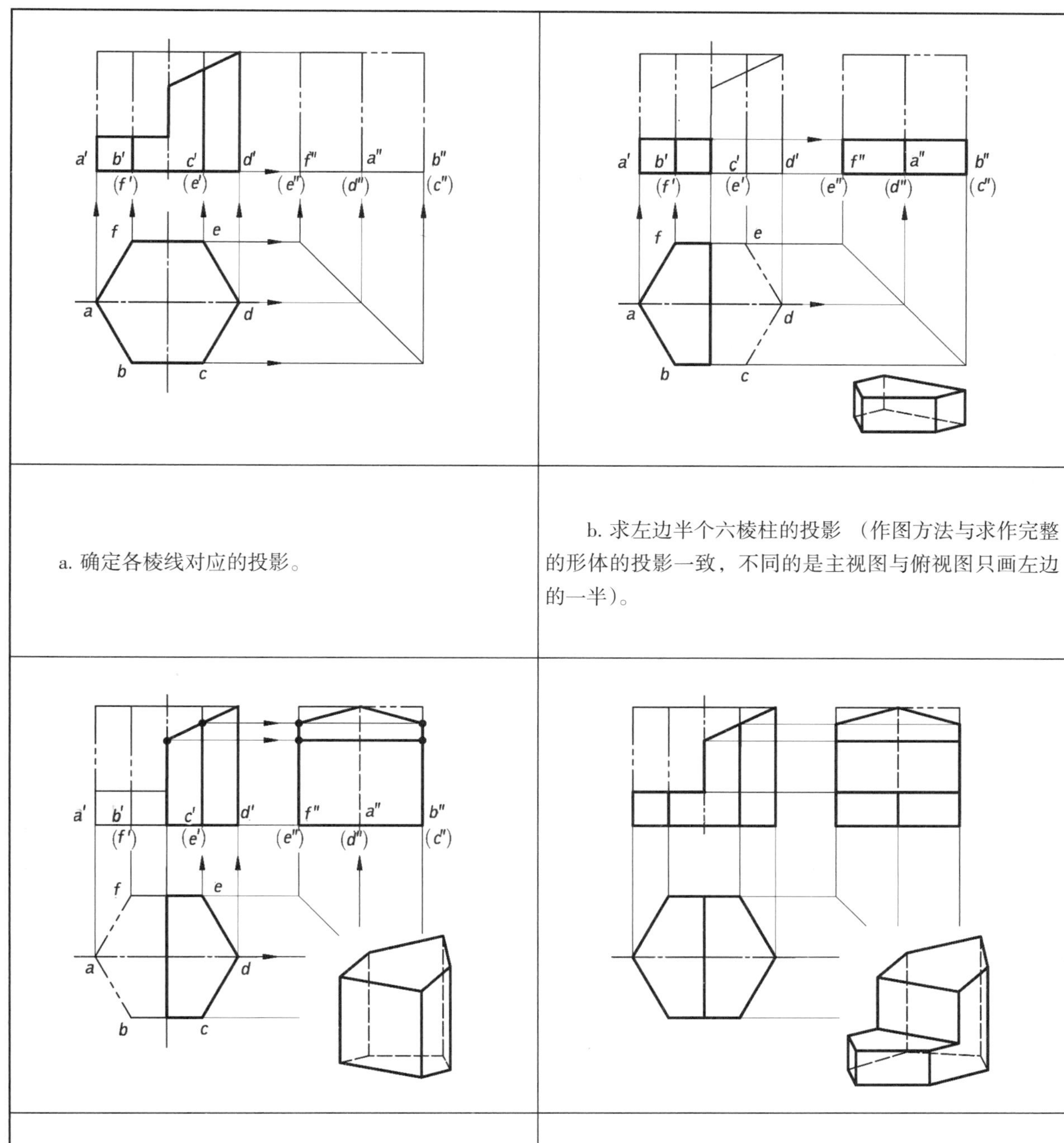

a. 确定各棱线对应的投影。	b. 求左边半个六棱柱的投影（作图方法与求作完整的形体的投影一致，不同的是主视图与俯视图只画左边的一半）。
c. 求右边半个六棱柱的投影：倾斜的上底面在V面的投影积聚，与下底面的水平投影重合，利用棱线在V面、W面上的投影高平齐的原理，即可求出各棱线的侧面投影。	d. 综合判断与整理，作出投影。

二、切割后的曲面形体

1. 圆柱切割体

将圆柱用平面进行切割，其平面共有三种情况：

（1）垂直于圆柱的轴线；

（2）平行于圆柱的轴线；

（3）倾斜于圆柱的轴线。

由于切割平面与圆柱的相对位置不同，切割后的圆柱也有所不同（表2-17）。

表2-17 被平面切割后的圆柱的轴测图和三视图

内容	切割平面平行于轴线	切割平面垂直于轴线	切割平面倾斜于轴线
轴测图			
三视图			
交线形状	矩形	圆	椭圆
说明	因为切割平面平行于母线，所以交线是直线，又因为被切割的是圆柱体，所以其交线是矩形平面图形。	因为切割平面与圆柱的轴线垂直，同时与已知圆柱的底面平行，交线是圆，切割前是长圆柱体，切割后成为短圆柱体，而形状未发生改变。	切割平面倾斜于轴线，交线不再是圆，而是圆的近似形——椭圆。

例题2−5　求作图2−11所示组合切割后的圆柱的投影。

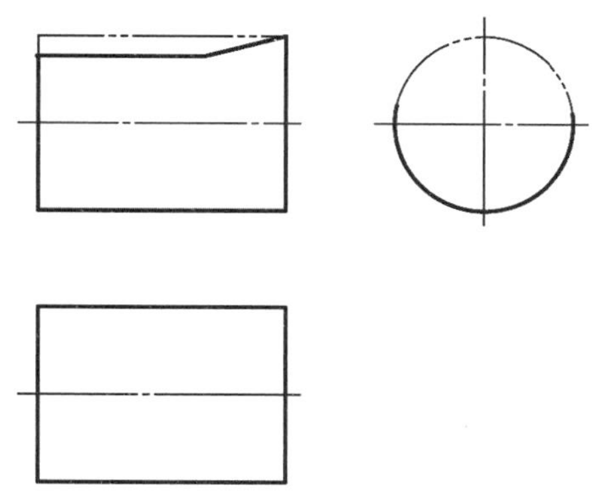

图2−11　求圆柱组合切割后的投影

分析：本题两个切割平面对圆柱进行的切割：一个平面与圆柱的轴线平行，其切割面的形状是矩形；另一个平面倾斜于圆柱的轴线，其切割面的形状是椭圆，因为圆柱没有被完整切割，只是部分被切割，故其切割面的形状只是椭圆的一部分。最后将两部分结合与整理，即可求出要求的投影。

作图步骤（表2−18）：

（1）　在V面投影中的两切割平面转折（两积聚的切割平面的焦点）处，将圆柱分成左右两部分；

（2）先取左部分，求出其投影，见表2−18a；

（3）再取右部分，由于切割的是部分圆柱，所以圆柱上切割面的图形是椭圆的一部分，见表2−18b；

（4）　将表2−18a、表2−18b求出的结果进行整理，最后求出该题的投影，见表2−18c。

表2−18　求圆柱组合切割后投影的作图步骤

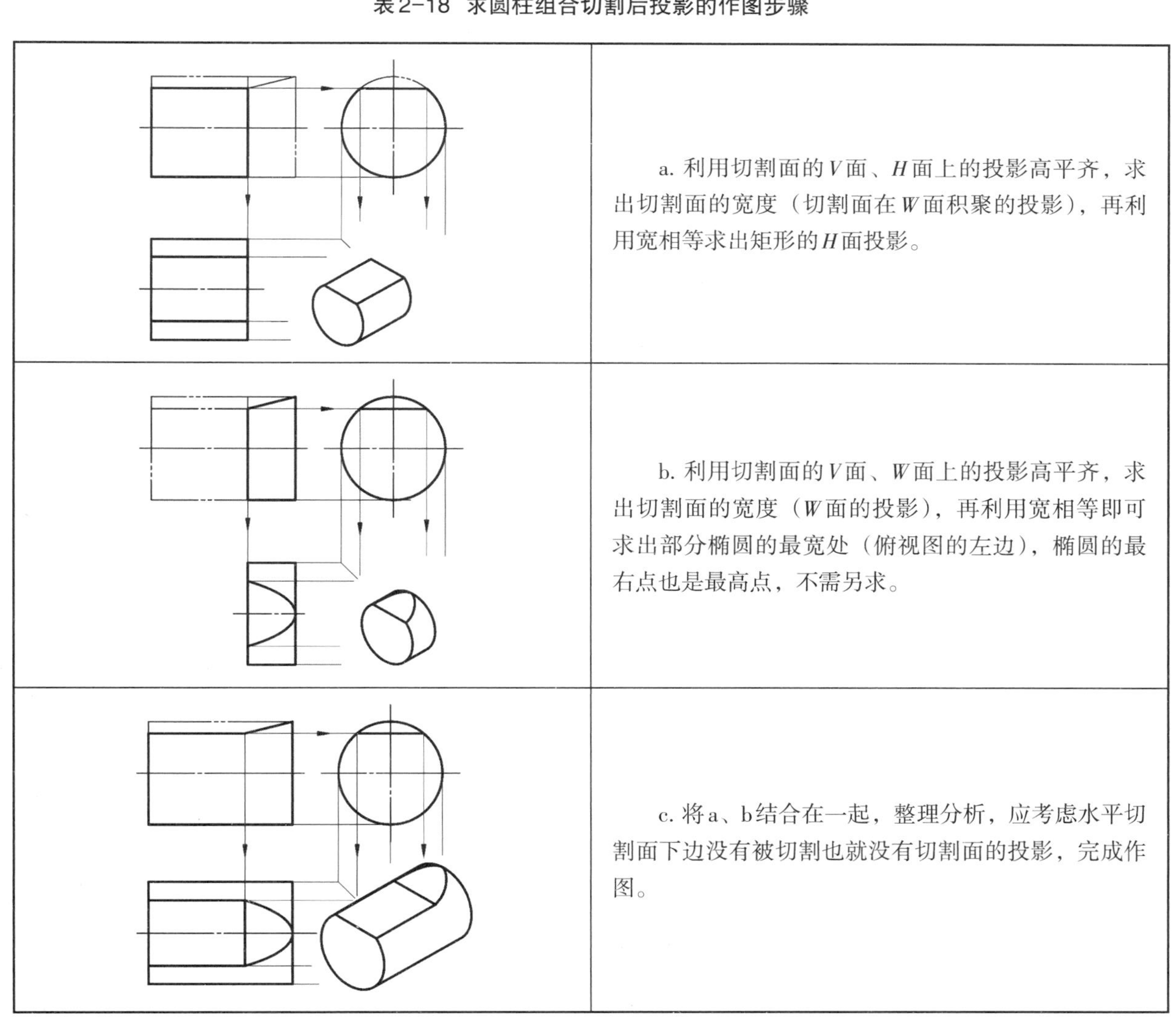

a. 利用切割面的V面、H面上的投影高平齐，求出切割面的宽度（切割面在W面积聚的投影），再利用宽相等求出矩形的H面投影。

b. 利用切割面的V面、W面上的投影高平齐，求出切割面的宽度（W面的投影），再利用宽相等即可求出部分椭圆的最宽处（俯视图的左边），椭圆的最右点也是最高点，不需另求。

c. 将a、b结合在一起，整理分析，应考虑水平切割面下边没有被切割也就没有切割面的投影，完成作图。

2. 圆锥切割体

将圆锥用平面进行切割，共有五种情况，见表2−19。

表2−19　切割后的圆锥的轴测图和三视图

内容	轴测图	三视图	交线形状	被切割后的平面形状
与轴线垂直 β=90°	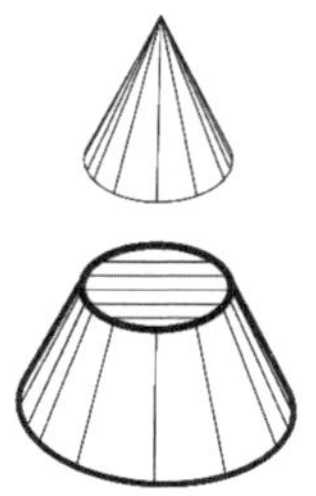	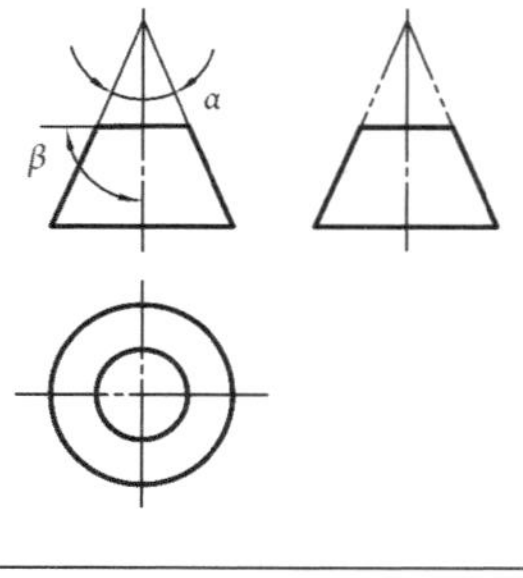		圆
与轴线倾斜 $\beta>\alpha/2$	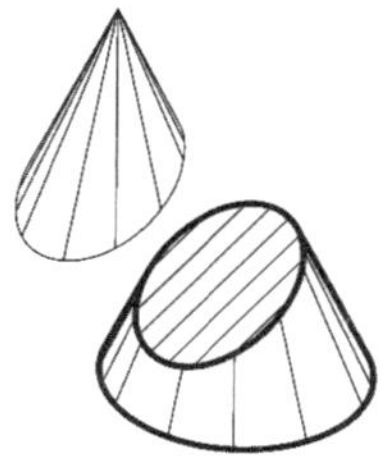	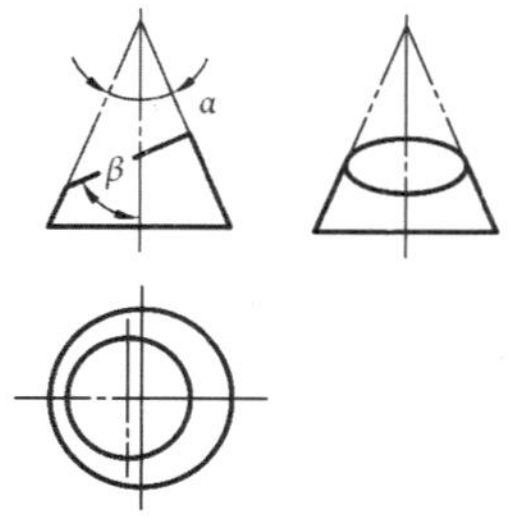		椭圆
与轴线平行	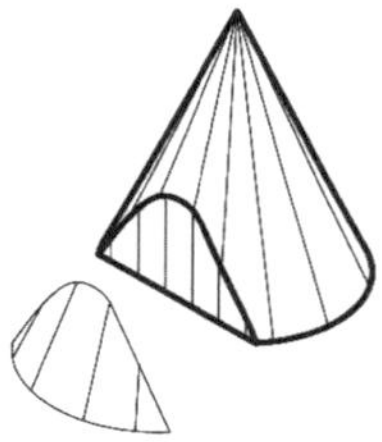	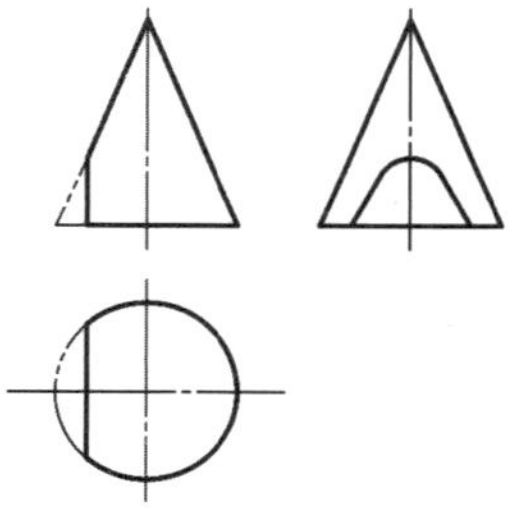		双曲线与直线围成的图形
与一条轮廓线平行 $\beta=\alpha/2$	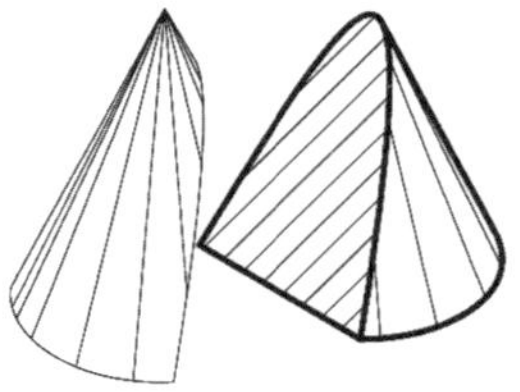	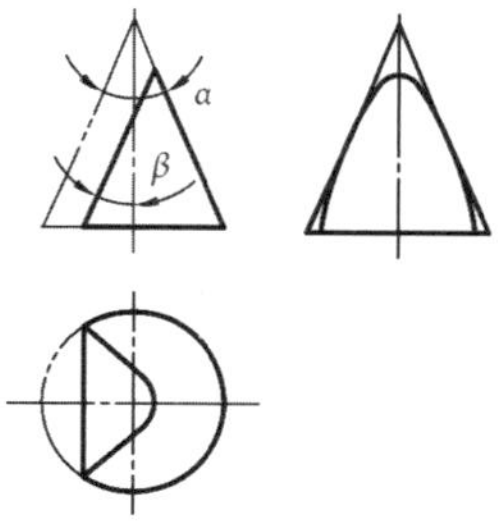		抛物线与直线围成的图形
经过锥顶 $\beta<\alpha/2$	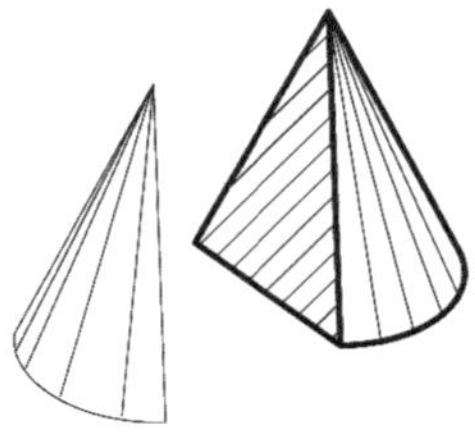	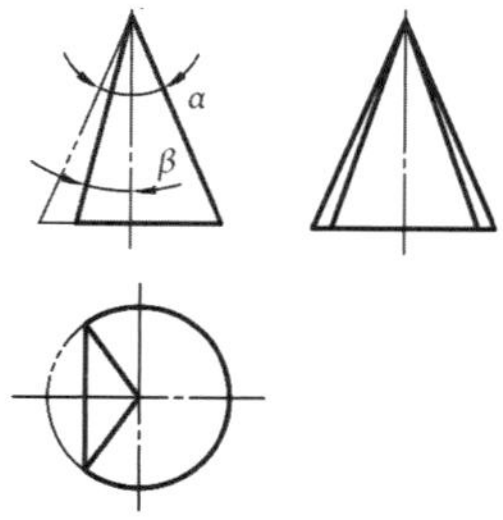		等腰三角形

例题2-6 求图3-12所示被铅垂面切割后圆锥的投影图。

分析：本题铅垂面的水平投影积聚，铅垂面与圆锥交线的水平投影属于铅垂面与圆锥公共部分的积聚的水平投影，即交线的水平投影是已知的；同时圆锥是一个分别以两条相交的直线为母线和导线，母线绕导线做圆周运动所形成的曲面形体，因此，圆锥的底面是圆，素线是直线，根据圆锥曲面形成的原理，圆锥表面上的任意一点都可以与圆锥的锥顶连接成一条直线，将该直线延长与圆锥底圆相交，同时做出该直线的另两个投影，再利用点的所属性，即可求出点的投影。用这种方法求出若干点后再按顺序圆滑连接即是本题的求作方法，作图过程参见表2-20。

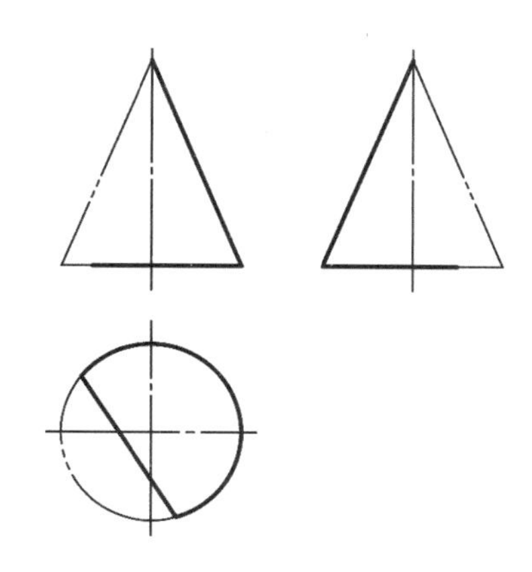

图2-12 求被铅垂面切割后圆锥的投影

表2-20 求被铅垂面切割后圆锥的投影的步骤

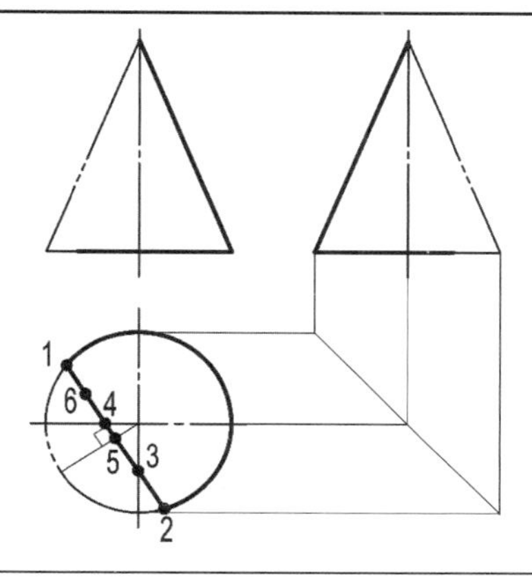	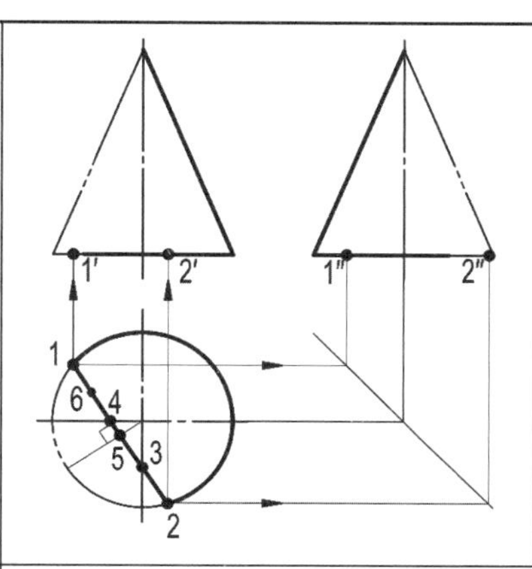	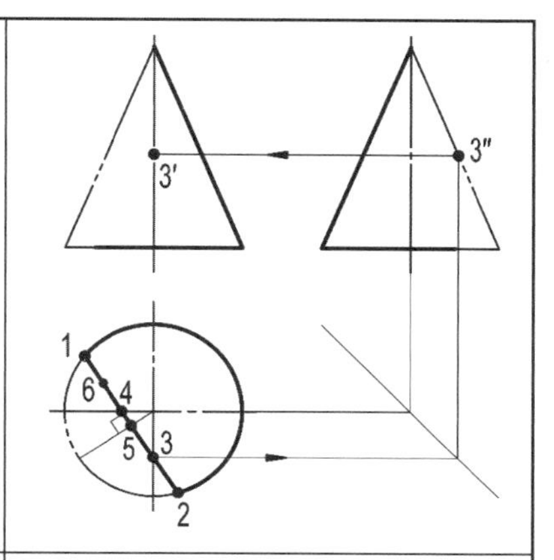
a. 确定交线上的Ⅰ、Ⅱ、Ⅲ、Ⅳ、Ⅴ、Ⅵ点的水平投影，其中Ⅰ、Ⅱ、Ⅲ、Ⅳ属于圆锥表面特殊位置的点，Ⅰ、Ⅱ点属于底圆，Ⅲ点属于前左视轮廓线，Ⅳ点属于左主视轮廓线；Ⅴ点是截交线上的最高点；Ⅵ点属于一般位置上的点。	b. Ⅰ、Ⅱ点在圆锥的底面上，直接画线即可求出。	c. Ⅲ点属于前左视轮廓线，依次画线即可求出。
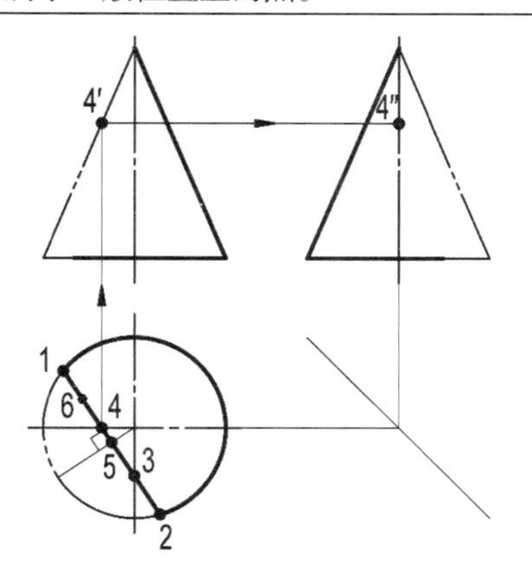	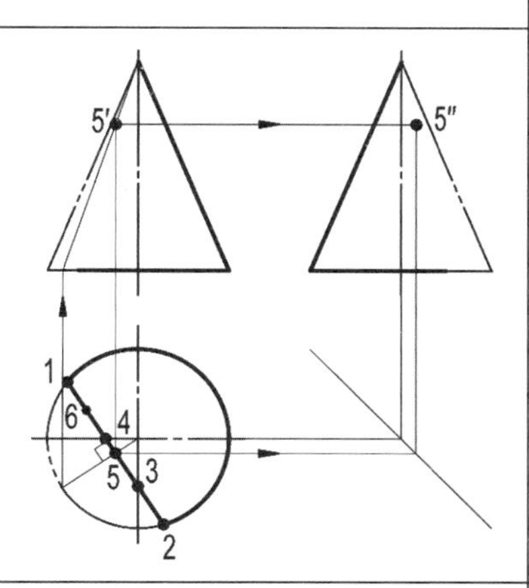	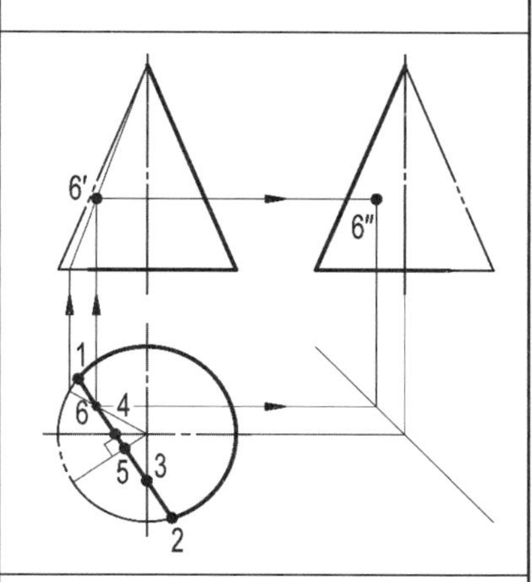
d. Ⅳ点在圆锥左主视轮廓线上，依次画线即可求出。	e. 过锥顶作垂直于铅垂面的辅助线（素线），得5点，求出辅助线的正面投影后，再利用点的所属性及投影规律，依次求出Ⅴ点的另两个投影。	f. 锥顶与6点连线并延长至底圆，得辅助线（素线），求出辅助线的正面投影后，再利用点的所属性及投影规律，依次求出Ⅵ点的另两个投影。

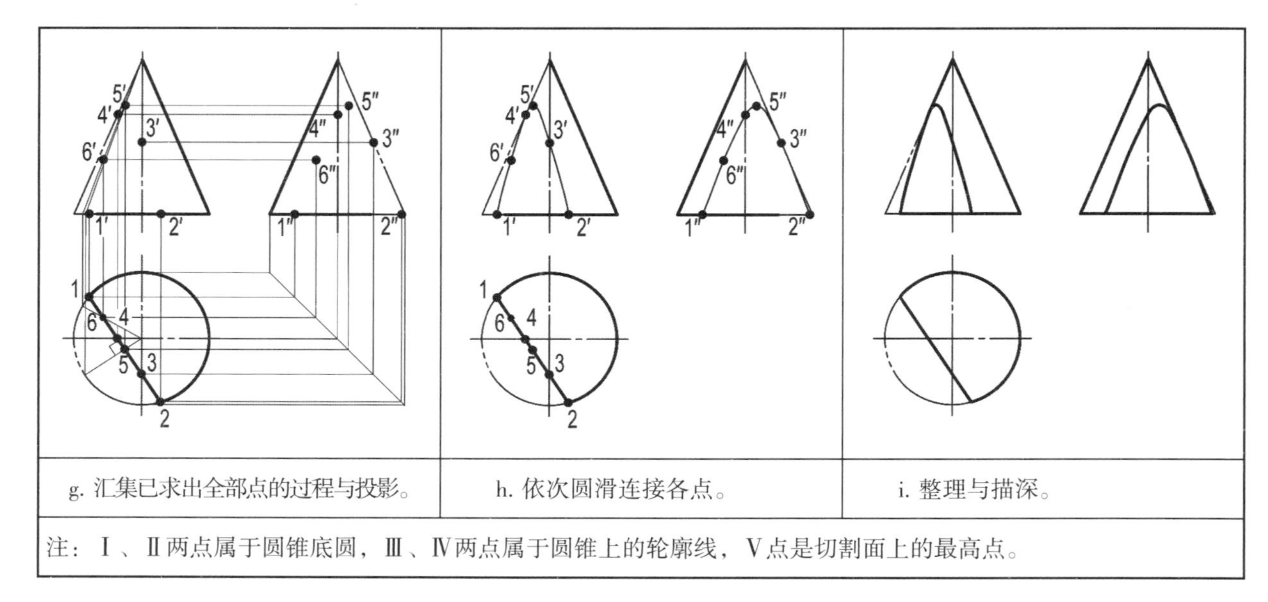

g. 汇集已求出全部点的过程与投影。	h. 依次圆滑连接各点。	i. 整理与描深。
注：Ⅰ、Ⅱ两点属于圆锥底圆，Ⅲ、Ⅳ两点属于圆锥上的轮廓线，Ⅴ点是切割面上的最高点。		

3. 球体切割

用平面切割球，球被切割平面切割后的图形（截交线）都是圆。若该圆平行于投影面，则其投影一个是圆，另两个是圆平面的积聚投影（图2−13）。若该圆平面垂直于投影面，则其投影一个是圆平面的积聚投影，另两个是圆的类似形——椭圆，题目与作图过程参见表2−21。

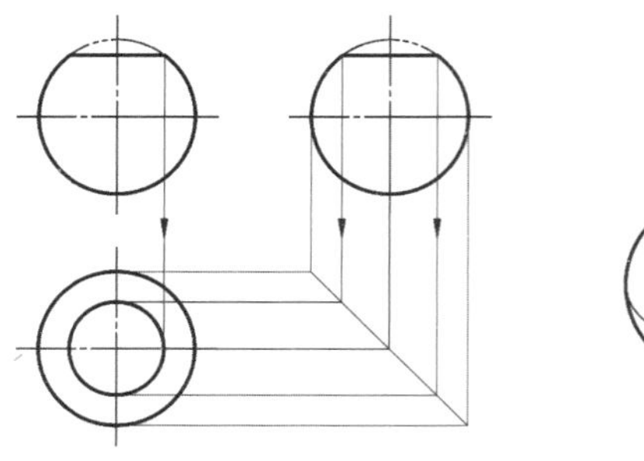

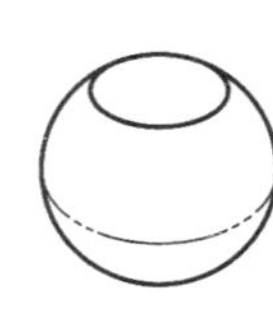

图2−13 切割球的平面是水平面

表2−21 求切割球的平面是正垂面时投影的作图过程

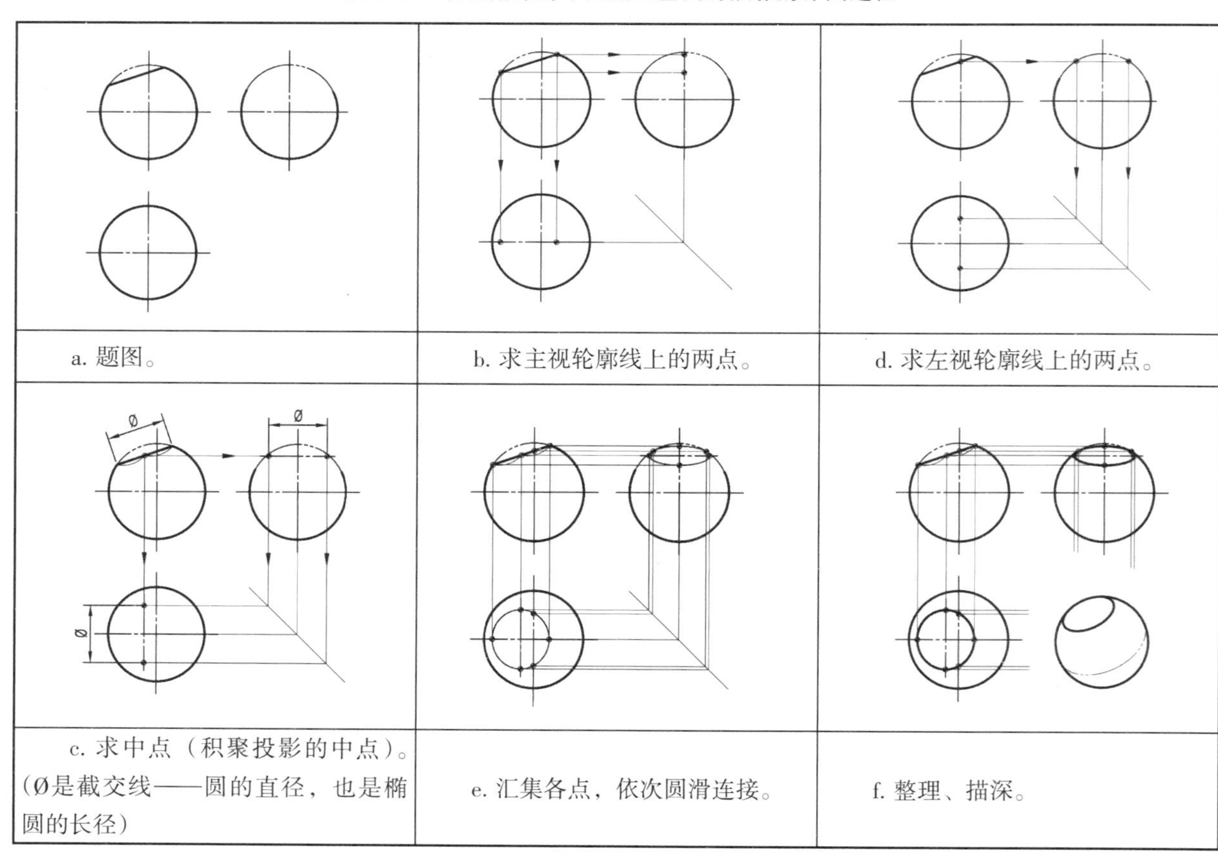

a. 题图。	b. 求主视轮廓线上的两点。	d. 求左视轮廓线上的两点。
c. 求中点（积聚投影的中点）。（Ø是截交线——圆的直径，也是椭圆的长径）	e. 汇集各点，依次圆滑连接。	f. 整理、描深。

第四节 相交两形体

两个形体相交，就会在两形体表面的公共处产生交线。形体相交，也称形体相贯，其交线也称相贯线。求交线的投影，也就是求相贯线的投影。

交线的共有性：交线是参与相交的两个形体表面的共有线，同时也是两形体表面的分界线。

交线的闭合性：一般情况下交线是闭合的。有时由于参与相交的形体具有相连的共有平面或曲面，或者有相切的曲面，致使其交线没有闭合，但多数交线是空间闭合形式的。

交线的形状：与参与相交形体的形状、大小及相对位置有关。交线有时是直线，有时是平面曲线，一般情况下是闭合的空间线。

交线的作图方法：由于形体的交线具有以上性质，所以说，求作交线的投影的实质就是求作两个形体表面上的共有点，再将若干个共有点根据交线的形状用直线或曲线连接即可（一般情况下，用曲线需圆滑地进行连接）。

一、两回转体轴线正交或重合

图2−14a展示出了两圆柱的相交情况。

分析：两圆柱的直径不等且正交，俯视图中大圆柱积聚，交线在大圆柱积聚的投影上；左视图中小圆柱积聚，交线在小圆柱积聚的投影上；故只需求出交线在主视图（非圆视图）中的投影即可。求交线在主视图中的投影的作图步骤如下（参见图2−14）：

（1）主视图中两圆柱主视轮廓线的交点即为交线上的点（共四点：左右对称点和上下对称点）。

（2）利用俯视图中的交线与大圆积聚的投影重合，及交线的共有性——小圆柱的俯视轮廓线与积聚的大圆柱的交点既是交线上的最前点（俯视图中显而易见，值得指出的是本图所示的图形结构也是前后对称的，故其对称点是交线上的最后点）也是左右交线上的最右点和最左点。然后向V面作投影连线，连线与小圆上的俯视轮廓线的V面投影的交点即是所求的点。

（3）将主视图中确定的交线上的三点，用粗实线圆弧圆滑地连接。因本图所示的图形结构是左右对称的，再将右边的交线画出，见图2−14b，其轴测图见图2−14c。

图2−15展示出了两曲面形体轴线正交的情况。图2−15a是两圆柱正交且轮廓相切时的相交情况，图2−15b是圆柱与圆锥正交且圆锥的轮廓线与圆柱相切时的相交情况。交线是平面曲线，在本

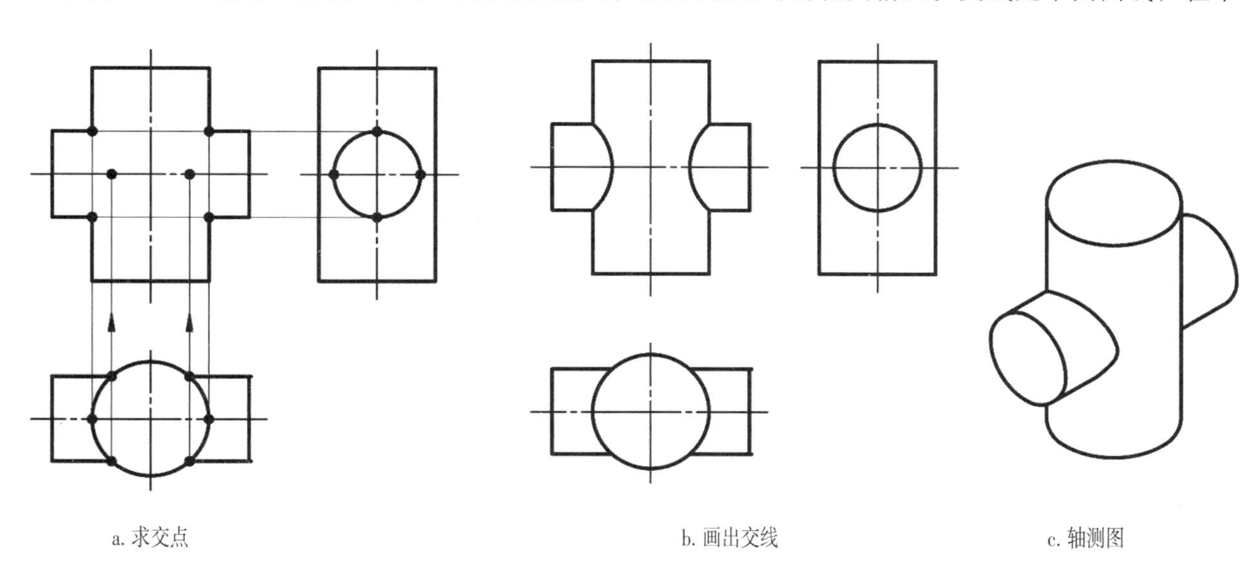

a. 求交点　　b. 画出交线　　c. 轴测图

图2−14 轴线正交两圆柱

图示情况下的相交形体的轴线均有积聚性，圆柱的投影也积聚，交线的投影与圆柱的积聚投影重合。在两轴线平行的投影面上交线是相交的两段斜线。

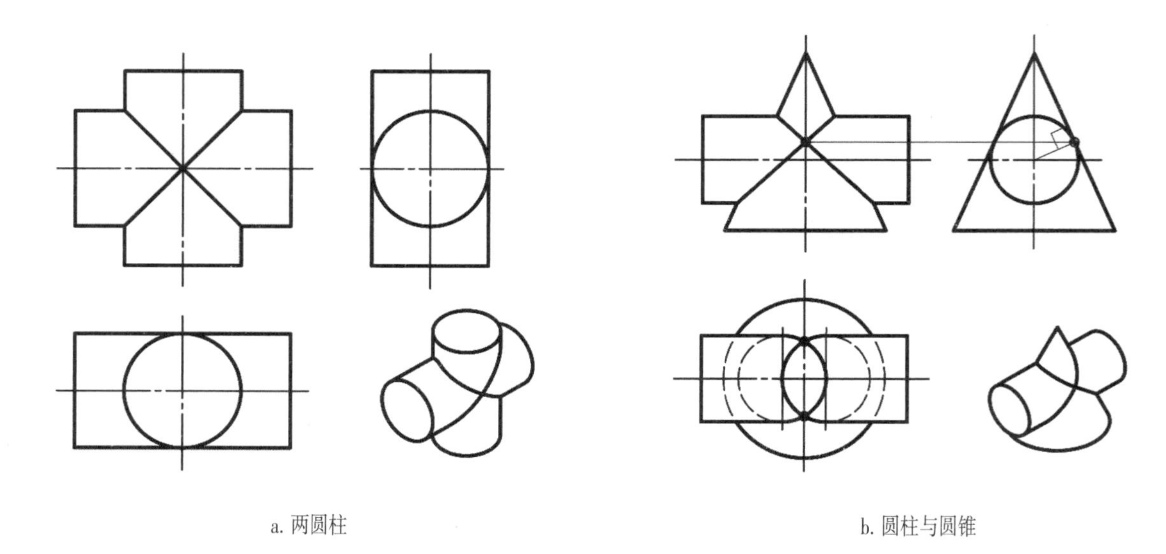

a. 两圆柱　　b. 圆柱与圆锥

图2-15 两轴线正交轮廓线相切的形式

当圆柱或圆锥与球同轴相交时，其交线是圆，如图2-16所示。

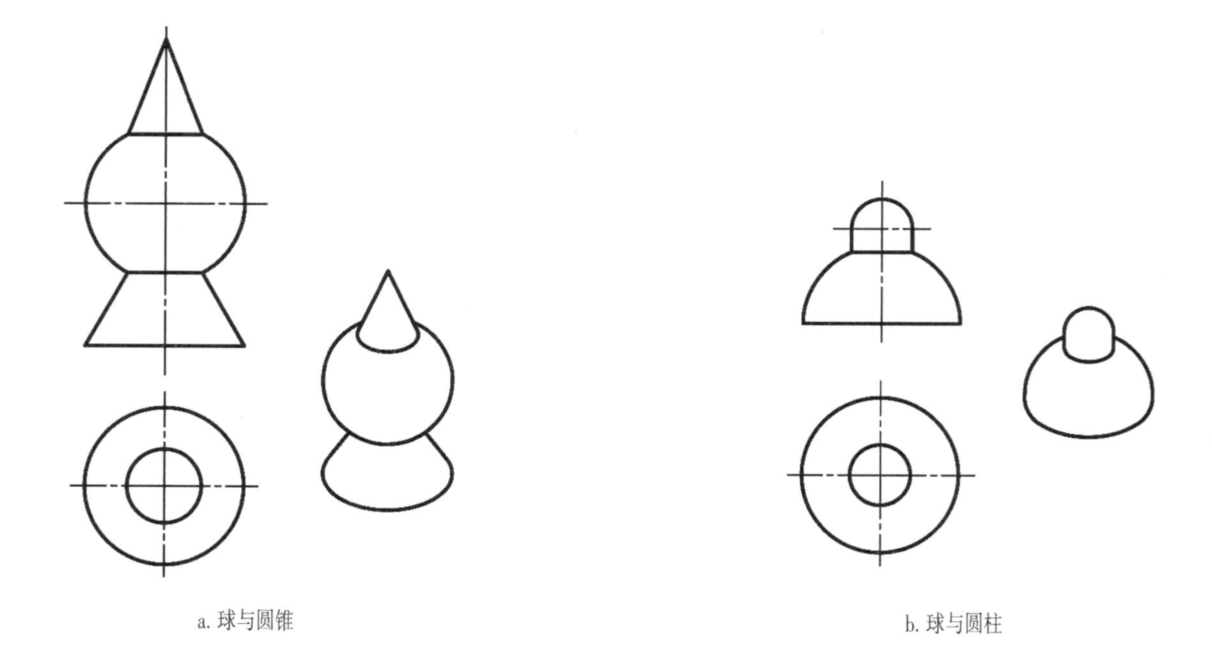

a. 球与圆锥　　b. 球与圆柱

图2-16 圆锥、圆柱与球同轴相交

二、平面体与曲面体相交例题

例题2−7 求作图2−17所示的相交的圆锥与三棱柱交线的投影。

分析：三棱柱的水平投影积聚，圆锥轴线的水平投影也积聚。本题是利用三棱柱的棱线与圆锥轴线的积聚投影同时出现在一个投影面上的投影特点，求两个形体的交线。

本题三棱柱与圆锥的交线有两种情形：一种是三棱柱上与圆锥轴线平行的侧面与圆锥相交，交线的形状是双曲线，三棱柱的侧面为正平面的*V*面投影反映交线的实形，三棱柱的侧面为侧平面的*W*面投影也反映交线的实形，其余两个投影都积聚；另一种是三棱柱的侧面（此面为铅垂面）经过圆锥的轴线，交线是两条直线。四条交线的连接点分别属于三棱柱的棱线和圆锥的锥顶。三棱柱的棱线的水平投影积聚，积聚的水平投影与属于圆锥表面上的点重合；三棱柱侧面上的与棱线平行的直线其水平投影也积聚，积聚的水平投影也与属于圆锥表面上的点重合。这样，求三棱柱与圆锥的交线就转化为求圆锥表面上的点，利用点的所属性：点属于圆锥表面，一定属于圆锥表面上的素线（素线是属于圆锥表面，且经过锥顶的直线）（注：本题的分析方法也适合于棱柱的投影有积聚性，圆锥的轴线投影没有积聚性的情形，参见图2−18，请读者自行求解）。

图2−17作图步骤，参见表2−22。

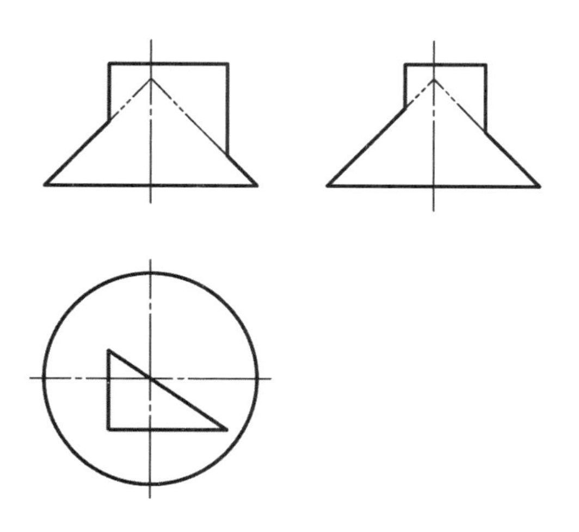

图2−17 棱线与轴线的投影均积聚的两体相交

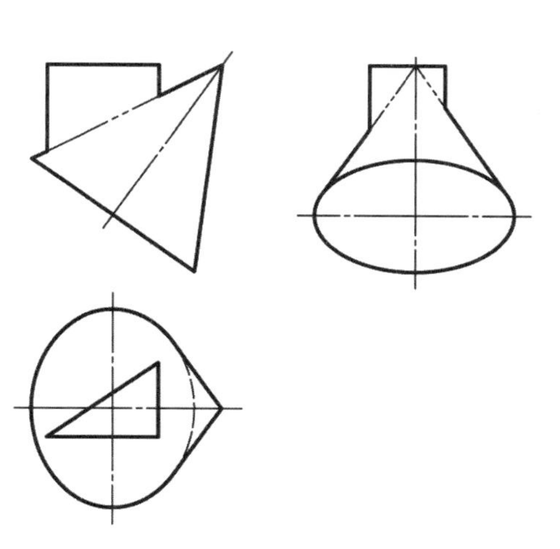

图2−18 仅棱线的投影积聚的两体相交

表2-22 求三棱柱的棱线与圆锥轴线平行且水平投影均积聚的两体交线

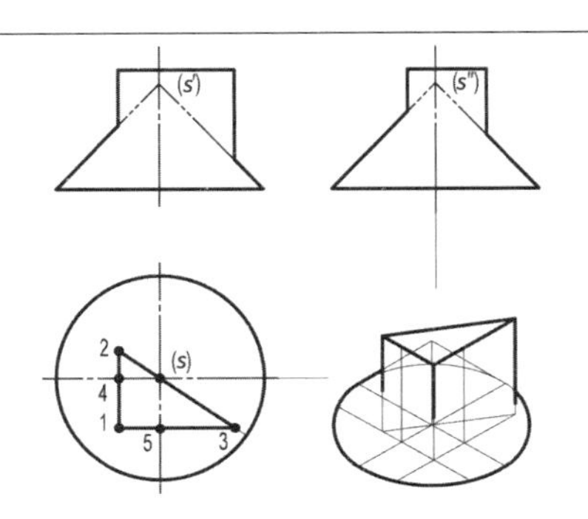	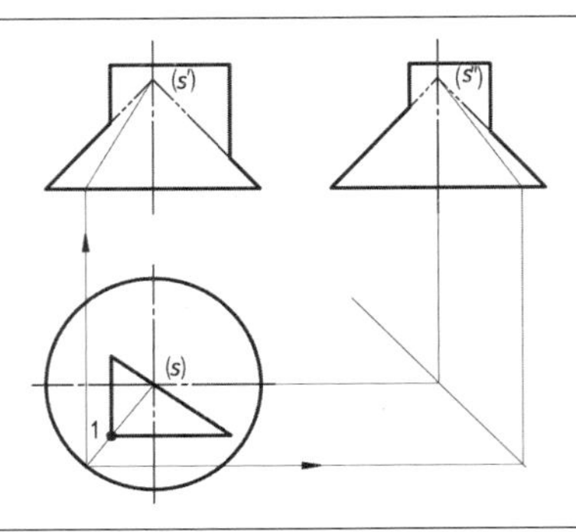
a. 命名圆锥顶点与各棱线积聚的水平投影*s*、1、2、3，及圆锥轮廓线与棱柱侧面交点的水平投影4、5。	b. 先求Ⅰ点的其他投影。 首先过Ⅰ点的水平投影1与圆锥的顶点*s*连接并延长，依次求出该线的其他投影（该线属于圆锥表面过Ⅰ点的素线）
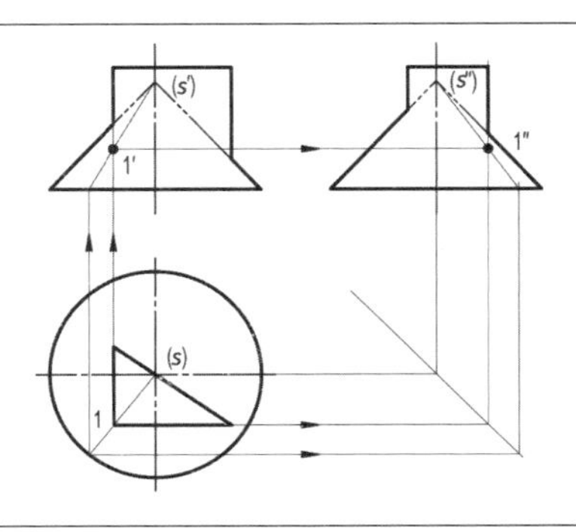	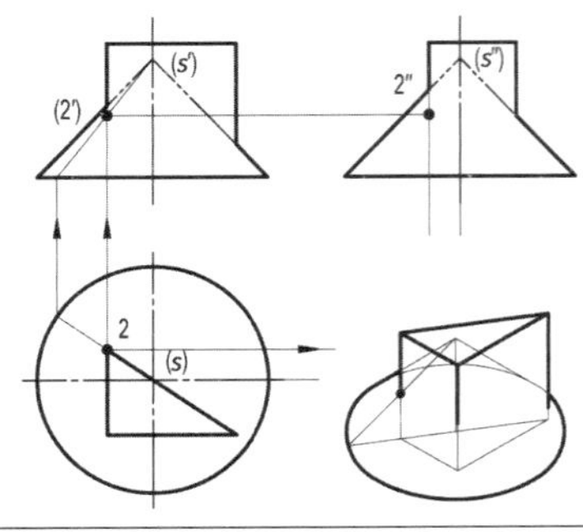
c. 依据点的所属性：点属于直线，点的投影就属于该直线的投影，求出Ⅰ点的另两个投影1′、1″。 判断可见性： *V*面投影：Ⅰ点在圆锥的主视轮廓线之前，且属于棱柱的前侧面，故1′可见； *W*面投影：Ⅰ点在圆锥的左视轮廓线之左，同时属于棱柱的左侧面，故1″可见。	d. 求Ⅱ点的其他投影。 求解过程同b与c。 判断可见性： *V*面投影：Ⅱ点在圆锥主视轮廓线之后，故2′不可见； *W*面投影：Ⅱ点在圆锥的左视轮廓线之左，且属于棱柱的左侧面，故2″可见。
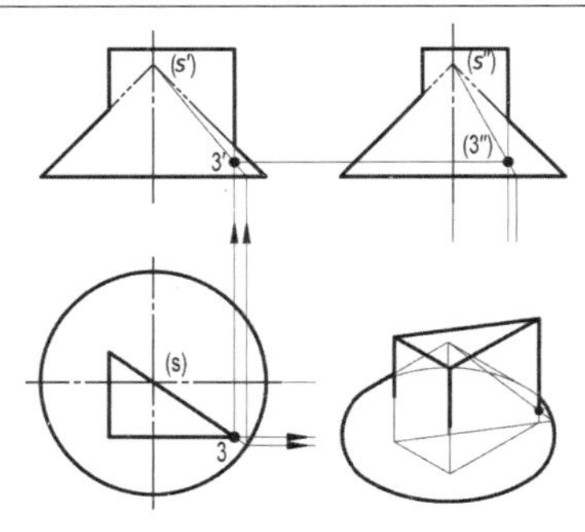	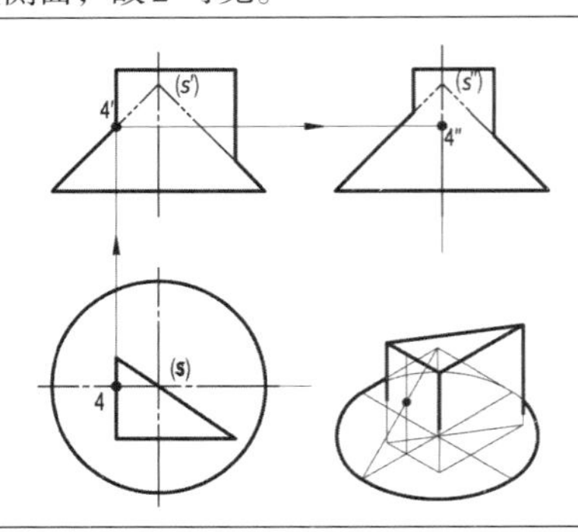
e. 求Ⅲ点的其他投影。 求解过程同b与c。 判断可见性： *V*面投影：Ⅲ点在圆锥的主视轮廓线之前，且属于棱柱的前侧面，故3′可见； *W*面投影：Ⅲ点在圆锥的左视轮廓线之右，故3″不可见。	f. 求Ⅳ点的其他投影。 Ⅳ点属于圆锥的轮廓线，不用作辅助线直接按照投影规律即可求出。 判断可见性： *V*面投影：Ⅳ点在圆锥的主视轮廓线上，4′是可见的;与棱柱上的侧平面积聚的*V*面投影重合,4′不可见;因为是积聚的投影，虽然不可见，但标注时一般不加括号； *W*面投影：Ⅳ点在圆锥的左视轮廓线之左，且属于棱柱的左侧面，故4″可见。

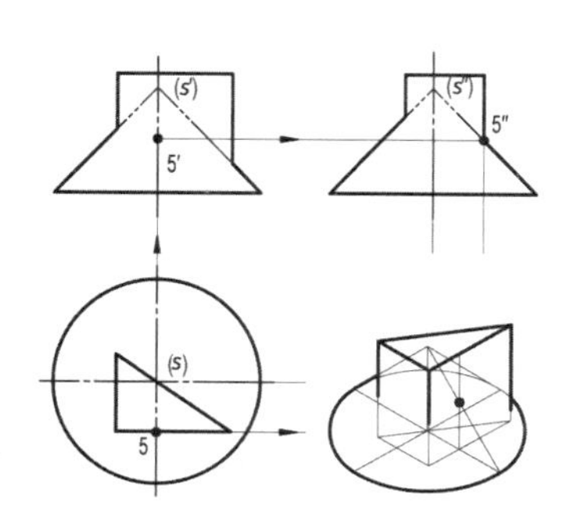

g. 求V点的其他投影。

求解过程同f。

判断可见性：

*V*面投影：*V*点在圆锥的主前视轮廓线之前，且属于棱柱最前面，故5′可见；

*W*面投影：*V*点属于圆锥的左视轮廓线，5″是可见的;与棱柱上的正平面积聚的*W*面投影重合,5″是不可见的；因为是积聚的投影，虽然不可见，但标注时一般不加括号。

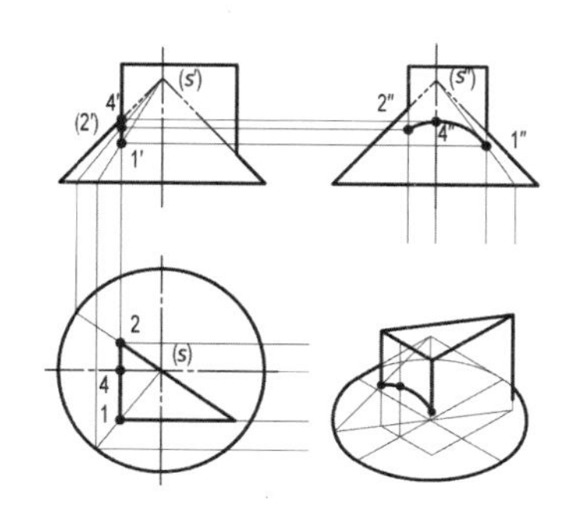

h. 求侧平面上的交线的投影。

I、IV、II点属于三棱柱侧平面上的点，依据c、f、d的求解过程，将I、IV、II点的同名投影依次连接：

*V*面，棱柱的侧平面投影积聚，I、IV、II点的*V*面投影也积聚其上，故用直线连接，并根据可见性分析，可见的用粗实线连接，不可见的用虚线连接；由于可见线在前，根据画线顺序，1′、4′用粗实线连接，2′、4′不画虚线；

*W*面，侧平面反映实形，交线也反映实形，因交线的形状是双曲线，将1″、4″、2″用曲线圆滑地连接。

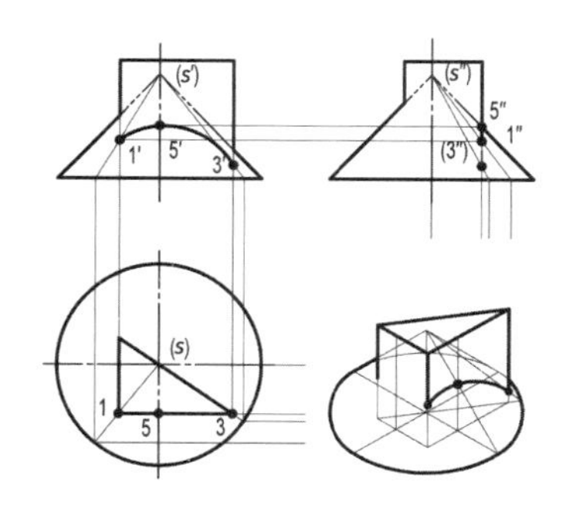

i. 求正平面上的交线的投影。

I、V、III点属于三棱柱正平面上的点，依据c、g、e的求解过程，将I、V、III点的同名投影依次连接：

*V*面投影：正平面反映实形，交线也反映实形，因交线的形状是双曲线，将1′、5′、3′用曲线圆滑地连接；

*W*面投影：属于三棱柱上的正平面投影积聚，I、V、III点的*W*面投影也积聚其上,故用直线连接，并根据可见性分析，可见的用粗实线连接，不可见的用虚线连接。

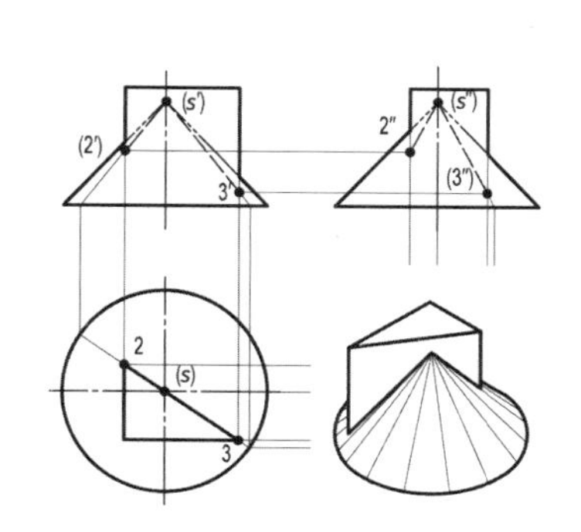

j. 求铅垂面上的交线的投影。

II、S、III点属于三棱柱侧面，该侧面垂直于*H*面（即铅垂面），且包含圆锥的轴线，故交线的形状是圆锥表面的两条素线，依据d、e的求解过程，将II与S、S与III点的同名投影依次用直线连接：

*V*面投影：该平面位于三棱柱的后面，故交线均不可见；

*W*面投影：该平面位于三棱柱的右面，故交线也均不可见。

<table>
<tr>
<td>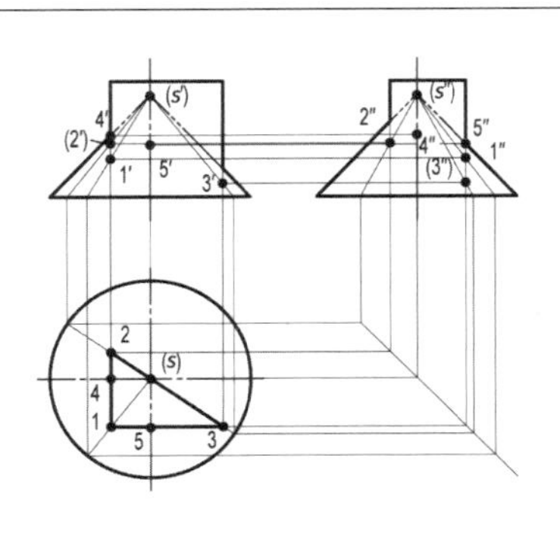
</td>
<td>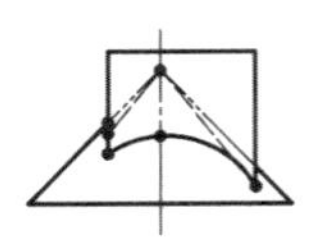 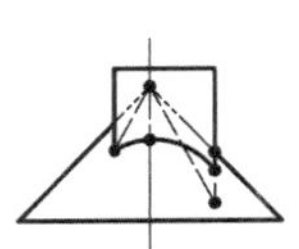 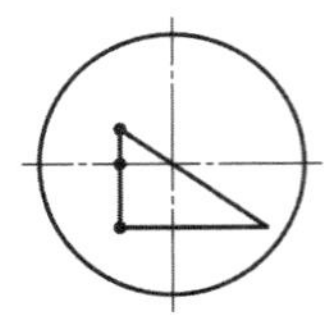 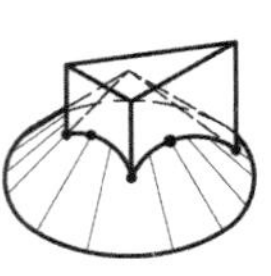</td>
</tr>
<tr>
<td>k. 将前面点的作图过程集中。</td>
<td>l. 最终效果图。</td>
</tr>
<tr>
<td colspan="2">注：本表轴测图中，圆锥的轴线与包含I点的三棱柱上的棱线，在视图中不难发现它们不是一条线，轴测投影也不重合，仅仅是两图线的距离很近。</td>
</tr>
</table>

复习思考题:

1. 基本形体都包含哪些形体?
2. 了解曲面体轮廓线的名称与投影有何意义?
3. 求作切割体的投影时，若感到太抽象怎么办？最好的办法就是自制模型。

第三章

分析画图看图

画组合形体三视图，是依照投影规律，将空间的几何形体表现在平面上，是由空间三维到平面二维的过程。这一过程可以培养学生的图形表达能力。看图则是根据形体的若干个视图，通过分析想象出该形体的空间形状，是一个由平面到空间的思维过程，这个过程可以培养学生的空间思维能力。画图与看图是相互逆向思维的过程，通过画图逐渐学会看图，通过看图学会空间构思，继而将构思表现在设计中，以培养一定的设计能力。

本章介绍组合形体三视图的画法、看图方法及尺寸标注。详细介绍如何绘制组合形体三视图；如何利用形体分析法和线面分析法看懂组合形体三视图，正确地构思组合形体间的空间结构和位置关系；如何利用已给出的两个投影图，画出其第三个投影图。通过本章的学习，要求掌握正确地绘制组合形体三视图的方法和看懂组合形体三视图，及合理正确地标注尺寸。

第一节 画组合形体

正确的画图方法可以确保绘图质量。有些具有一定绘画基础的初学者，往往凭着感官印象直接绘制组合形体的三视图。简单的组合形体表达比较容易，但结构复杂的组合形体，如果不按一定的绘图方法，直接绘制其投影图，则很容易画错。因此画图时，要严格遵守国家标准，按投影规律绘制三视图。应分清主次，先画主要部分，再画其余部分；先画具有形状结构特征的投影，再画余下的投影。为了正确、完整、清晰地表达组合形体，应该对组合形体的结构特点进行分析，再按一定的方法和步骤进行画图。

一、组合形体的组合方式

由基本形体通过一定的方式组合后形成新的形体，称为组合形体。通常，组合形体的形成方式可分为三种：叠加型、切割型和混合型（既有叠加、又有切割的形式）。

1. 叠加型

叠加型是将若干个基本形体以叠加的形式进行组合的方式。

（1）相错叠加

若形体叠加时相邻两个表面错开，即两个表面不共面，不属于同一个表面，此时该图形中间有两个表面的分界线，即属于相错叠加（图3-1）。

（2）平齐共面叠加

若形体叠加时相邻两个表面位于同一平面，平齐、中间无间隔，两个表面属于同一个表面，此时该面上没有两个表面的分界线，即属于平齐共面叠加（图3-1）。

（3）相交叠加

形体叠加时，并不都是相错叠加和平齐共面叠加。当其中有一个形体上有斜面时，其叠加的图形中就有分界线，见图3-2（本图为图3-1所示形体采用另一个投影方向画出的三视图）。叠加时两个柱体的左面就属于非共面、非相错的叠加，故两体中间有分界线。

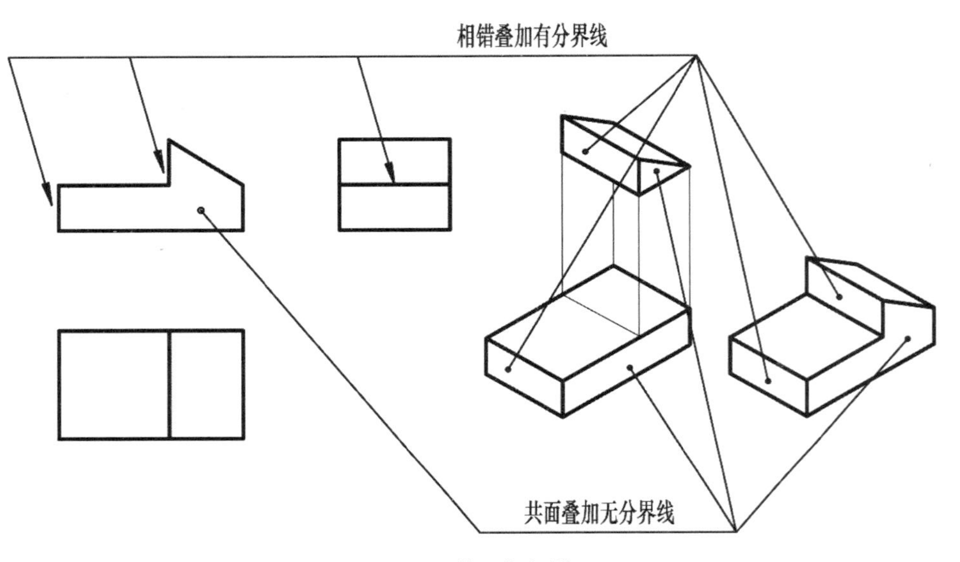

图3-1 共面与相错

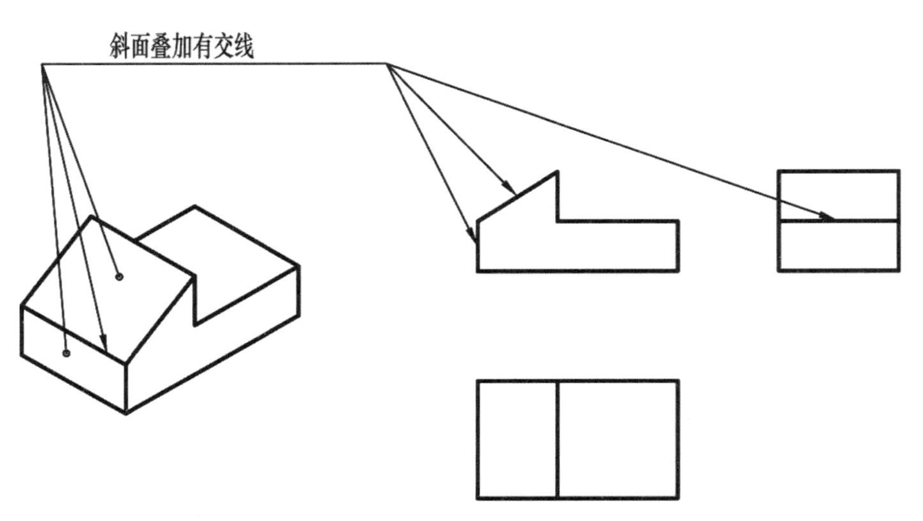

图3-2 相交叠加

在分析与画图时，要分清是相错叠加，还是平齐共面叠加。同时，要分清是曲面形体叠加还是平面形体叠加，虽然都是叠加，但有很大的不同。图3－3是两平面形体叠加的几种情况，图3－4是两曲面形体叠加的几种情况。

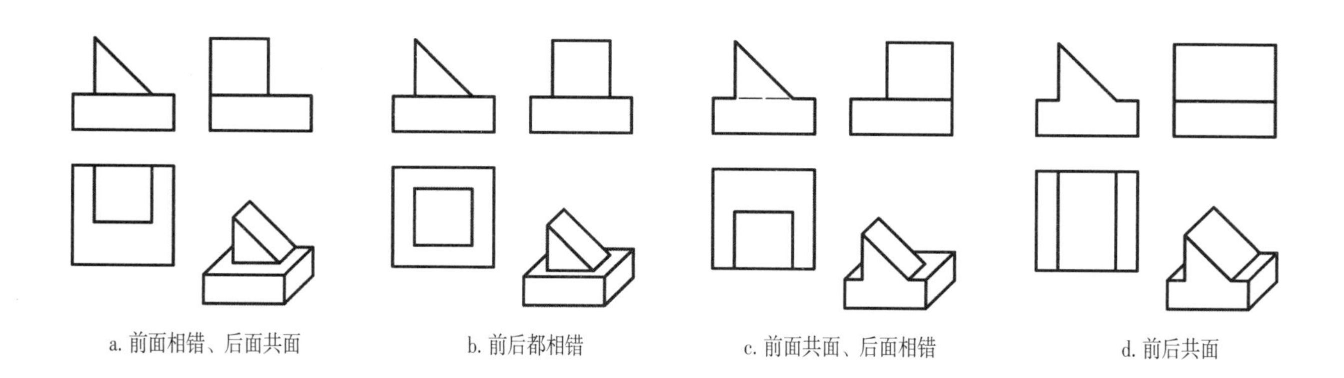

图3－3 两平面形体叠加的几种不同形式

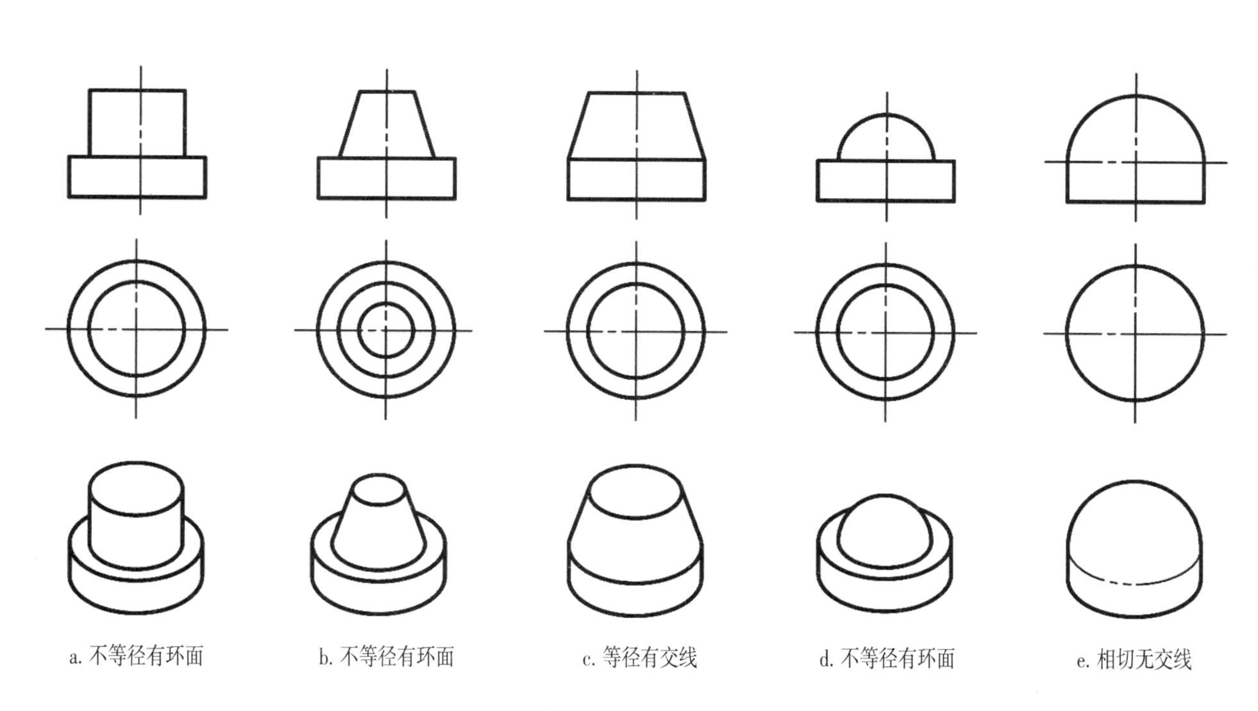

图3－4 两曲面形体叠加的几种不同形式

2. 切割型

切割型是基本形体以切割形式形成新的形体的方式。

图3-1中的形体也可以用切割的方式形成，形成过程如图3-5所示。

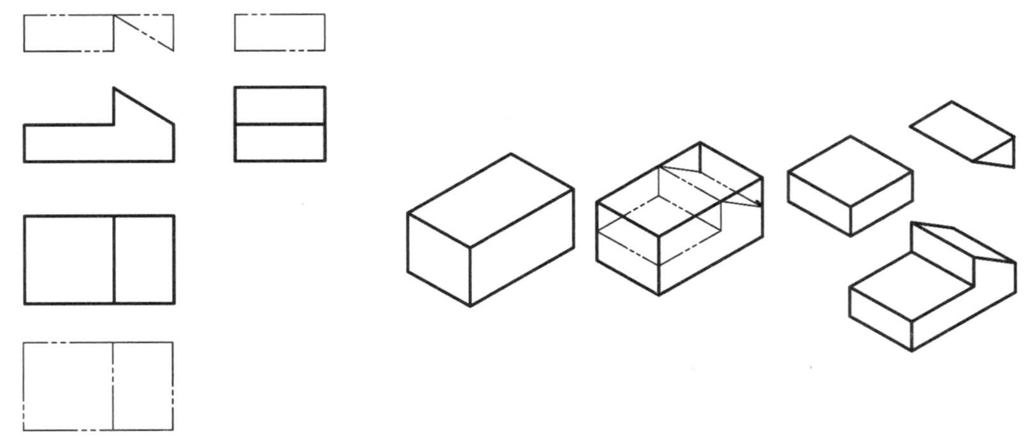

图3-5 切割型分析方法

3. 复合型

复合型是由叠加与切割方式同时参与形成形体的方式。多数形体的组合与形成都可以认为是复合型的，参见图3-6。

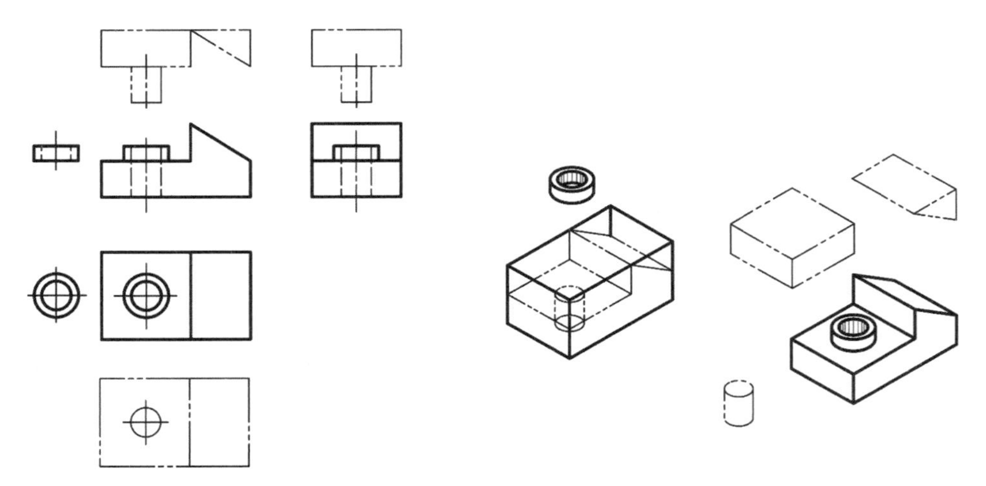

图3-6 复合型分析方法

二、画组合形体的方法

1. 分析

为了便于画图，首先应对组合形体进行分析。

由于组合形体的形状比较复杂，因而，首先应将组合形体分解成若干个简单形体。这些简单形体可以是基本形体，也可以是被切割的基本形体，或者是基本形体的简单组合。然后针对这些形体的形状特点、相对位置和连接关系进行分析，进而确定各形体的组合形式。

如图 3-7a 所示的形体可以看成上中下三个形体的组合，三个形体形状一致，但尺寸不同。分析时可以按图 3-7b 的叠加方式，也可以按图 3-7c 的挖切成形形式。从图 3-7d（还需要进一步整理）与图 3-7e 可以看出，虽然组合体成形的分析方法不同，但最后所绘制的三视图是完全一致的。

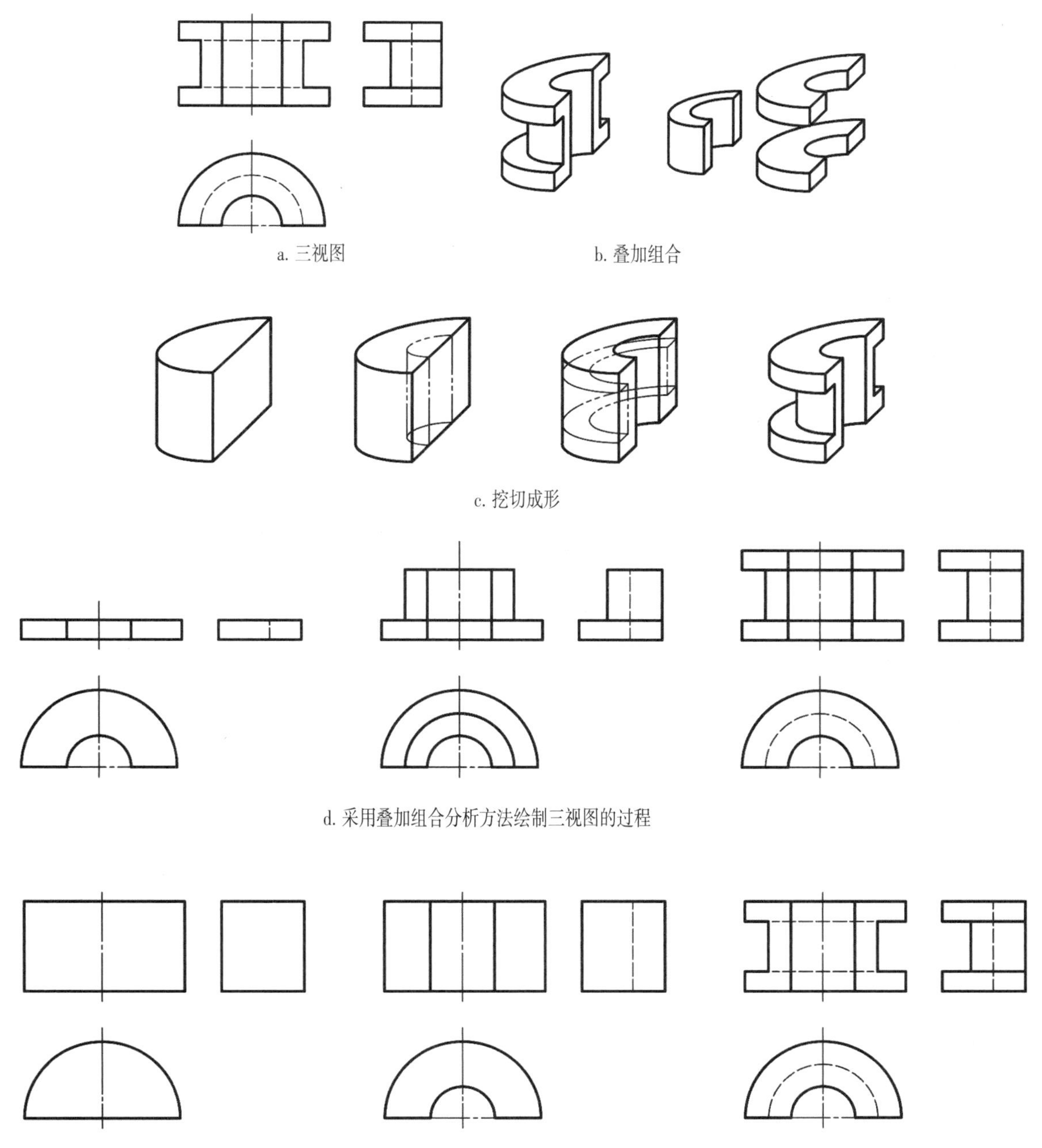

图3-7 成形分析与画图

2. 选择主视图的投影方向

画图时，应该首先确定主视图。因为在三视图中，主视图是最主要的视图，主视图一经确定，其他视图也就随之确定。确定主视图需要考虑以下两个因素：

一是在投影体系中的摆放位置。通常应使组合体的主要表面、棱线、轴线等处于特殊位置，使其更多的投影具有积聚性、平行性和真实性，以达到方便看图的目的。

二是主视图的投射方向问题。一般情况下都要求主视图尽可能多地表达组合形体的形状特征和相互位置，即把各组成部分的形状及相互位置关系安排在主视图上表示出来。将较大形体或具有水平结构特征的形体放在主视图的下方（在工程上，还需考虑产品、设备或零件的安装位置、主要加工位置，以便于看图、加工、安装及检验等）。另外，在选择主视图时，需要考虑在其他视图中的虚线尽可能少地出现，使图形更加清晰。

总结上述画组合形体的三面投影应注意的问题，可归纳为以下几点：

（1） 使主视图尽可能多地反映组合体的形状特征；

（2） 尽量将组合形体（工业产品或零件）以自然状态的位置安放与投影；

（3） 尽可能减少组合体投影中的虚线，以使图形清晰。

前面表2–2所示的简易沙发三视图，按自然摆放可以有两个主视投影方案：一个是将简易沙发的正面作为主视图的投影方向，另一个是将沙发的侧面作为主视图的投影方向（图3–8）。请读者自行分析两个方案各自的侧重点是什么。

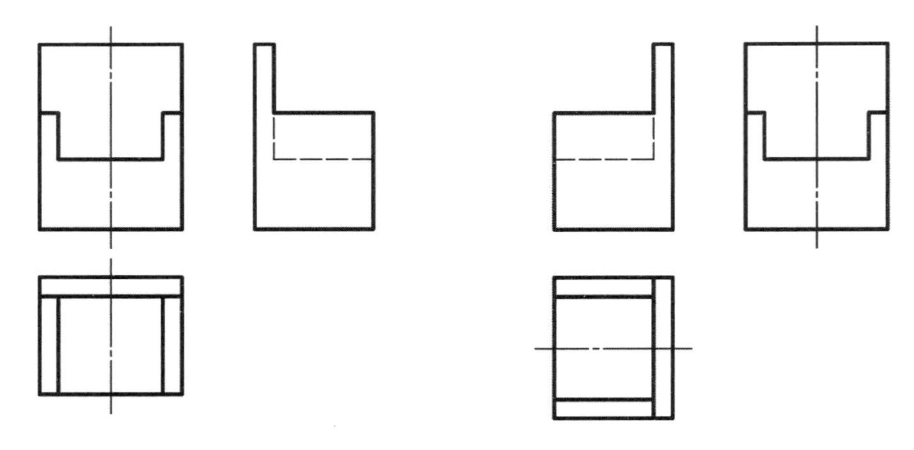

图3–8 不同主视投影方案的比较

3. 画图举例

例题3-1　画出图3-9a所示组合形体的三视图。

（1）分析

选择主视的投影方向，如图3-9a所示。为了反映形体的形状特征和相对位置，按图示三个投影方向选择分析：

① 选择A向作为主视的投影方向，长度尺寸太小（如图3-9f中的左视图），会导致视图布局不合理；

② 选择B向作为主视的投影方向，具有整体的轮廓且下大上小，符合一般意义上的视觉与实际稳定性强的特征，且最长的尺寸与三视图的长度方向一致；

③ 若选择C向作为主视投影方向，轮廓是矩形，三棱柱结构清晰，但不符合大结构在下小结构在上的一般放置规则（见图3-9e中的俯视图）。

比较A、B、C三个投影方向，B向更为合理，所以确定选择B向作为主视图的投影方向。

（2）作图步骤

①布置三个投影图的位置，并画出底板的三个投影，见图3-9b；

②在底板的对应位置上，画出未切割的三棱柱的投影，见图3-9c；

③ 在三棱柱投影的基础上，确定切割位置与形状，三棱柱的水平投影具有积聚性，故先画三棱柱被切割处的水平投影，根据投影规律画出其他视图中对应的投影，见图3-9d和图3-9e；

④ 检查,最终完成组合体的三视图，见图3-9f。

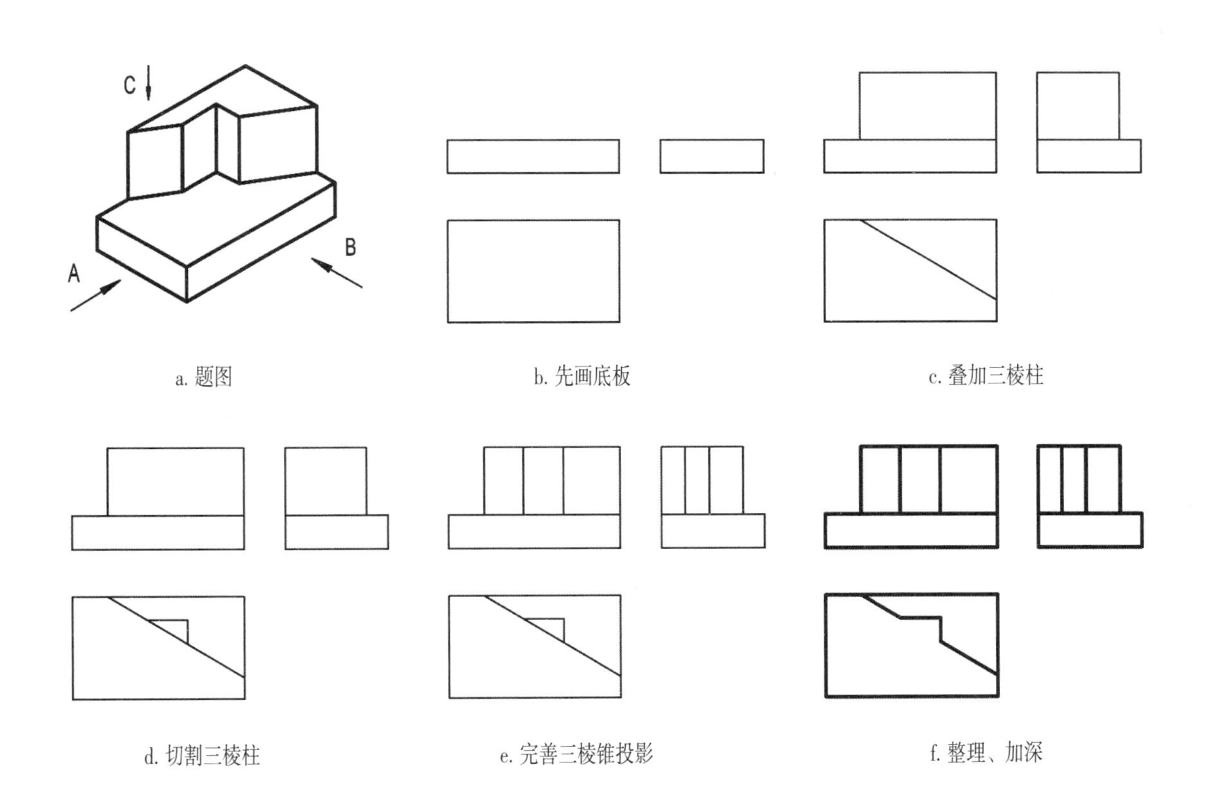

图3-9　画组合形体三视图

例题3-2 画出图3-10a所示的组合形体三视图。

分析：图3-10a所示形体，其形状特点是平面体，是切割与叠加共同参与而形成的形体，画三视图时可按图3-10b～图3-10e所示的步骤完成。

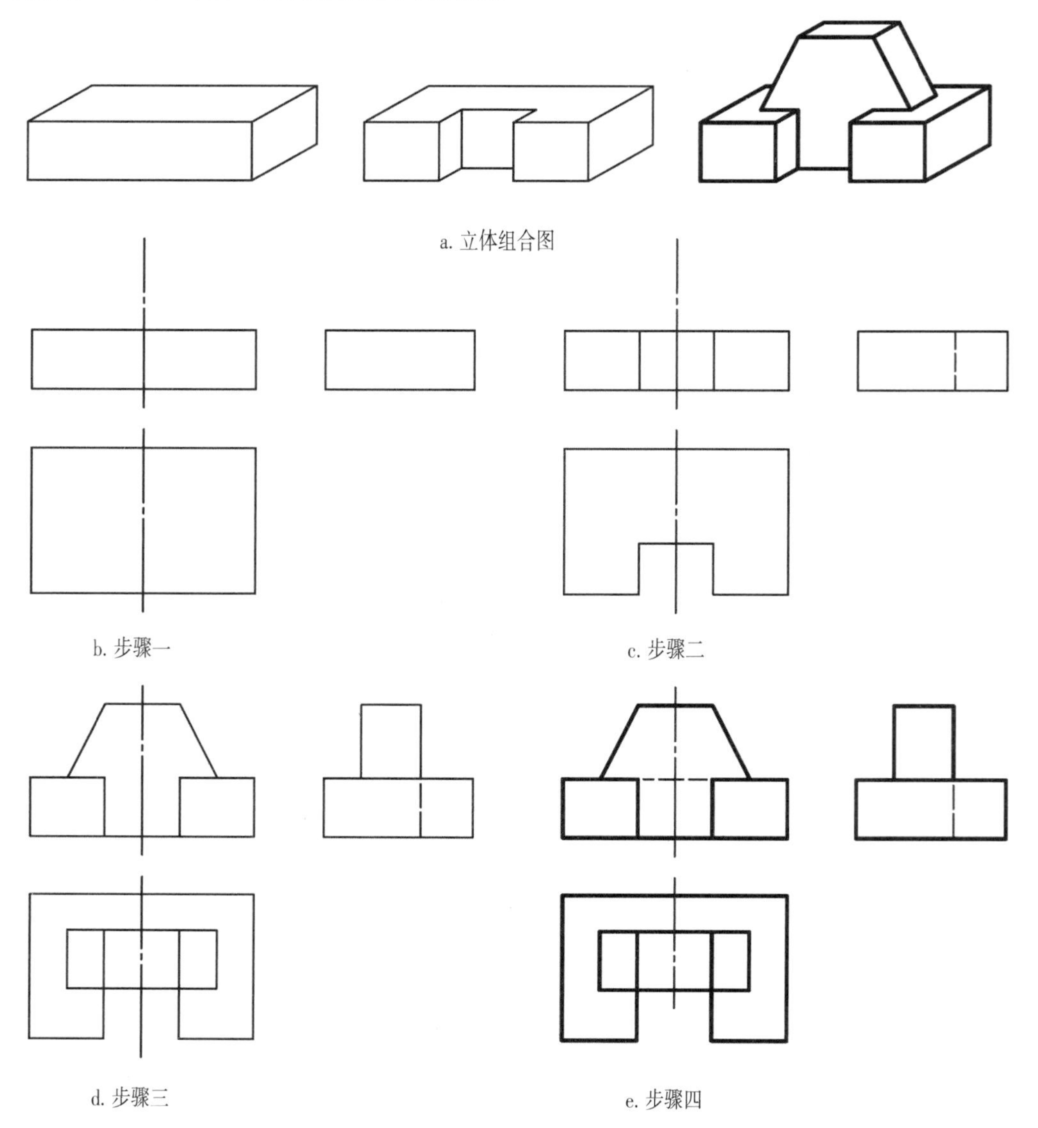

a. 立体组合图

b. 步骤一

c. 步骤二

d. 步骤三

e. 步骤四

图3-10 形体的三视图

例题3-3 画出图3-11a所示的组合形体的三视图。

（1）分析

选择主视的投影方向，如图3-11a所示。为了反映被切割的形体的形状特征和相对位置，可有六种方案供选择，在此仅列出三种方案：

①选择A向作为主视的投影方向，虽孔与圆弧形状清晰，但形体结构特征不明显（见图3-11f中的俯视图）。

②选择B向作为主视的投影方向，虽具有整体的轮廓（下部是矩形，上部是梯形）特征（见图3-11f中的左视图），但导致三视图的布局不合理（主视图与左视图的水平布局、主视图与俯视图的垂直布局距离都太大）。

③若选择C向作为主视投影方向，切割后的形体左低右高，形体的结构形状较显著，且结合处在左视图中为可见结构。

比较A、B、C三个投影方向，C向更为合理，所以确定选择C向作为主视图的投影方向。

（2）作图步骤

如图3-11a所示的组合形体，可以按切割型的方式组合而成。

①最初的形体为四棱柱，见图3-11b；

②第一次切割掉的形体是四棱柱，留下的仍然是棱柱；切割后的棱柱垂直于正面，正面的投影积聚，且正面的投影也是切割后的棱柱前后两个底面的真实形状的投影，见图3-11c；

③第二次切割掉的形体是三棱柱，留下的形体见图3-11d；

④第三次切割掉的形体是圆角三角形的两个柱体，见图3-11e；

⑤第四次切割掉的形体是圆柱体，在形体中的结构称为通孔，见图3-11f。

图3-11g中的粗实线轮廓三视图即为最终的三视图。

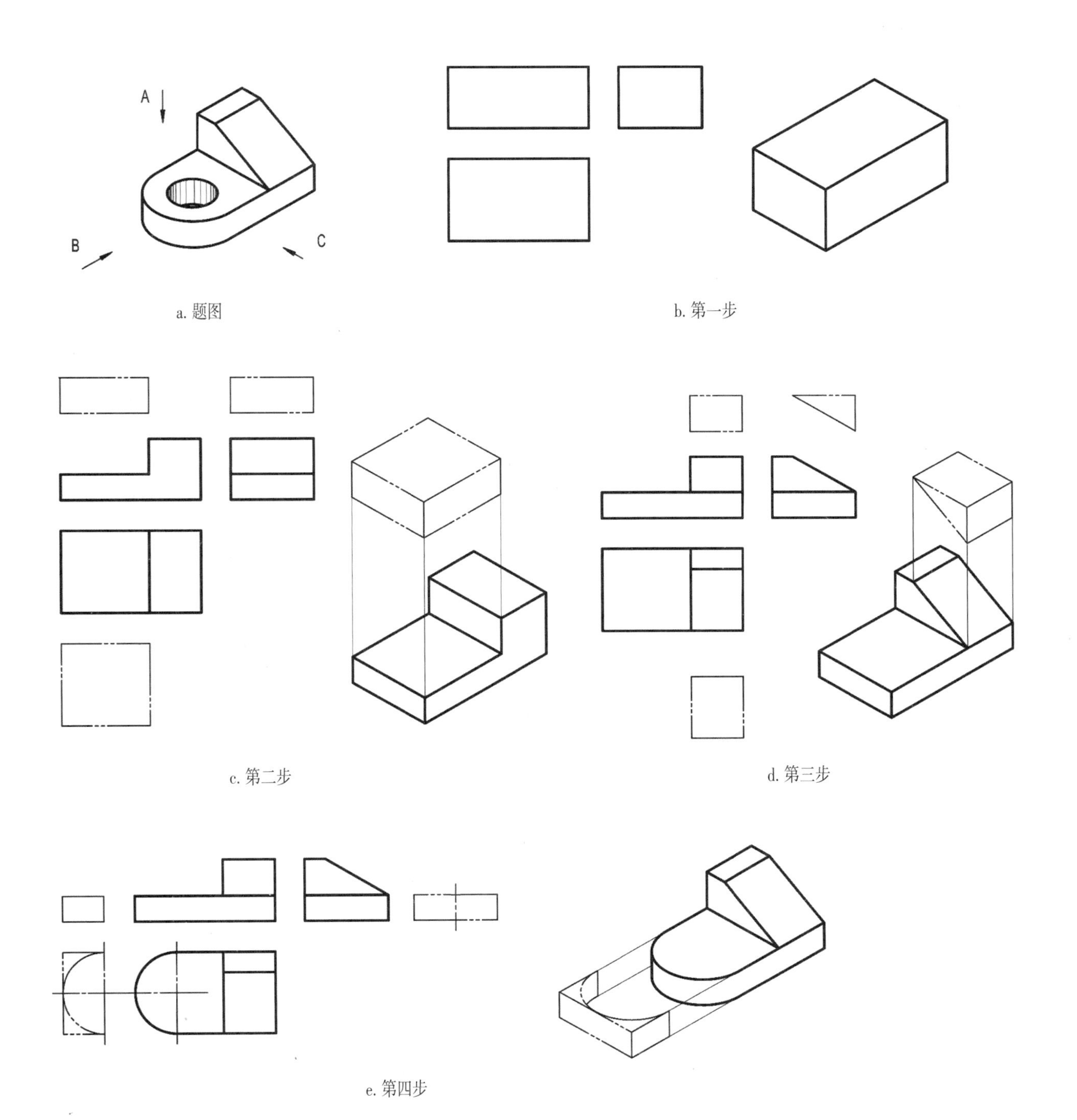

a. 题图

b. 第一步

c. 第二步

d. 第三步

e. 第四步

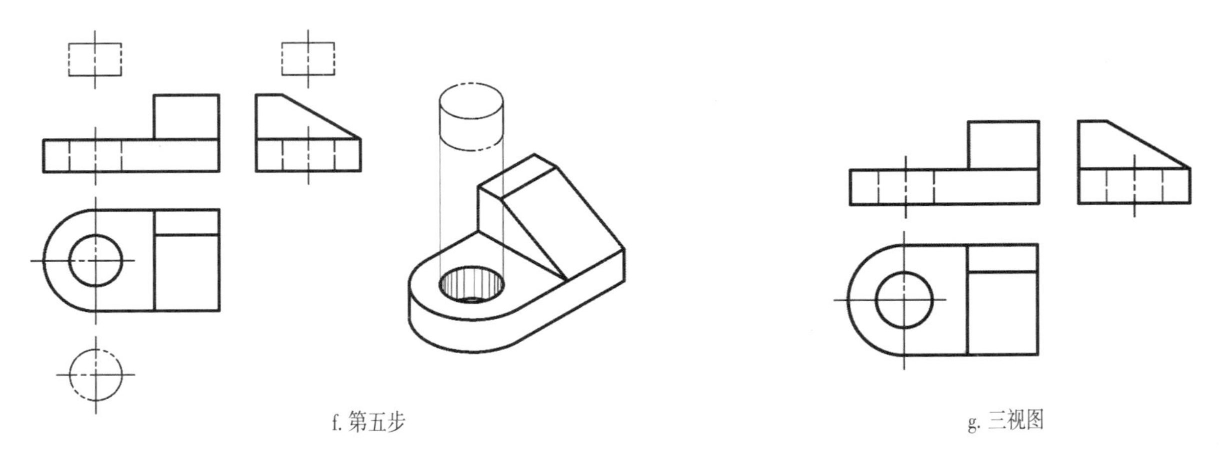

f. 第五步　　g. 三视图

图3-11 组合形体三视图的画图步骤

为了更清楚展示例题3-3中A、B、C三个主视投影方案的视图效果，可参见图3-12。

例题3-4　画出图3-13a所示的组合形体的三视图。

请读者自行分析图3-13a所示结构，分解图3-13b所示的组合形体三视图的画图步骤。

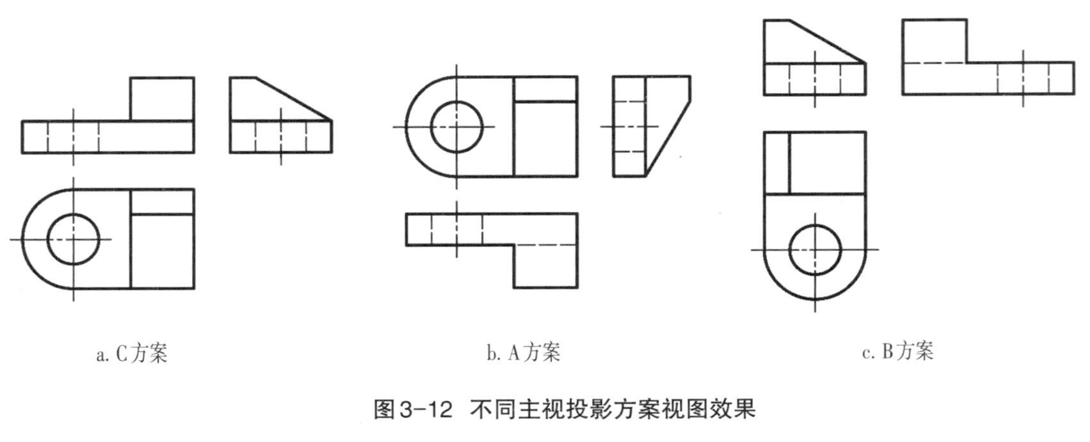

a. C方案　　b. A方案　　c. B方案

图3-12 不同主视投影方案视图效果

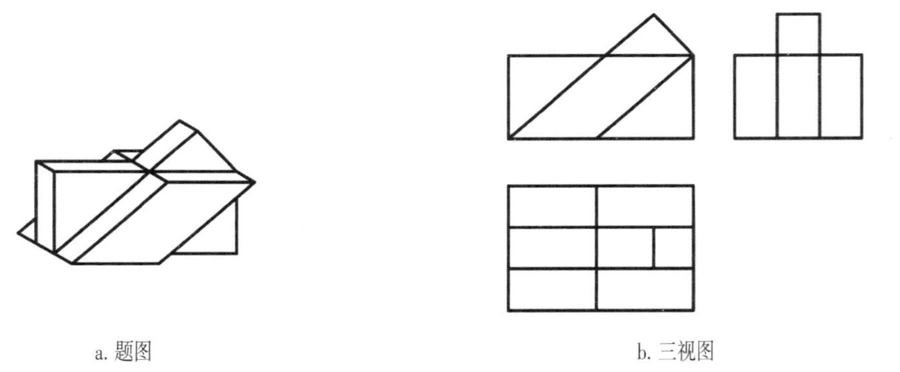

a. 题图　　b. 三视图

图3-13 读画组合形体的三视图

例题3-5　画出图3-14a所示的组合形体的三视图。

（1）分析

图3-14a所示的组合形体，可以认为是由复合型的组合方式组合而成的组合形体。上部结构为四棱柱的切割体（在四棱柱上进一步切割，切割掉的形体是梯形柱体），切割后的形体仍然是某一图形的柱体（图形与汉字凹形状相似）。下部结构为圆柱的切割体，圆柱体被切割三次：图示后面被平行于轴线的平面切割，交线是矩形；圆柱的正下方被切去了一个矩形槽，交线是平行于轴线的

两个矩形（对称）和一个垂直于轴线的圆的一部分；圆柱的前上处（图示凹形棱柱的前面）又被挖去与凹字形棱柱等长的矩形槽，其交线的形状同圆柱的下方切割的形状一致（只是前后未相通）。

选择主视的投影方向：

①若选择A向作为主视的投影方向，虽然具有一定的轮廓特征，但是其结构的对称性在主视图中没有表现出来，两个组合形体中切割结构的形状特征也没有表现出来。

②选择B向作为主视投影方向，结构对称，切割后的棱柱积聚，圆柱上两个被切割的结构也积聚，且圆柱的轴线垂直于水平投影面。同时，主视图中只有孔和形体最后面的切割面不可见。

比较A向视图和B向视图可知，二者都可以反映出形体轮廓和结构特征，只是侧重点有所不同。本例选择B向作为主视图的投影方向。

主视图确定以后，俯视图和左视图的投影方向也就确定了。

（2）作图步骤

①画圆柱部分的三面投影，见图3−14b；

②在圆柱上画切割槽，见图3−14c和图3−14d；

③画凹字形棱柱，见图3−14e；

④画圆孔，检查无误后，完成组合形体的三视图，见图3−14f。

视图中的点画线，可以表示回转体的轴线、圆的对称中心线、对称面的投影等。如本例中，视图上垂直于 OX 轴的点画线，既表示了整体左右对称面的投影，也表示了圆柱的回转中心线的投影。在画图和看图时，初学者往往容易忽视或漏画这些图线，应当引起注意。

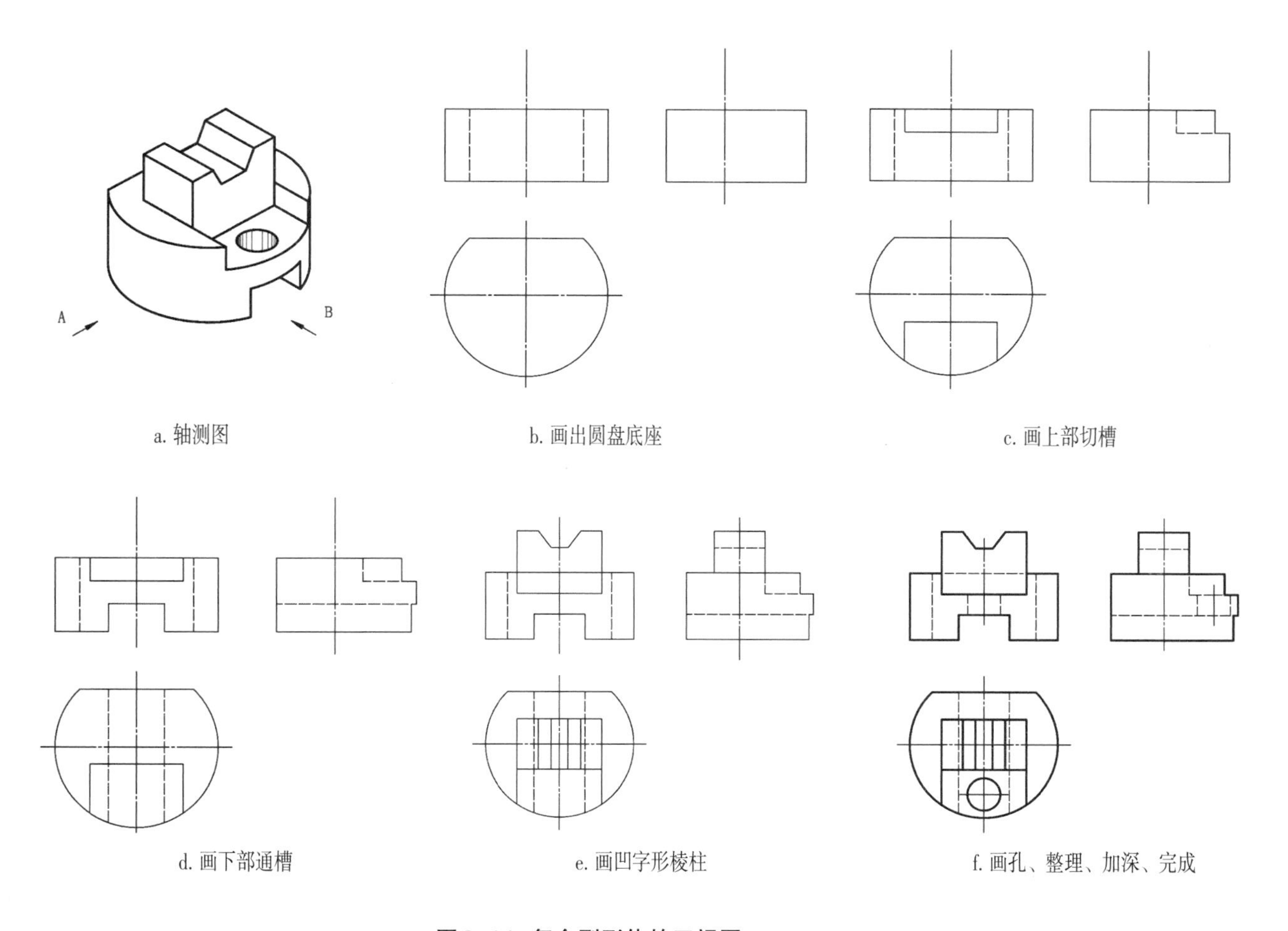

图3−14 复合型形体的三视图

例题3-6 画出图3-15a所示的薄壁形体的三视图。

分析：如图3-15a所示的薄壁形体，整个形体的结构都是薄壁形状的延续，也可以认为既有切割，也有叠加，是复合型的方式组合（图3-15b）。若不按薄壁型形体进行分析，而按一般的叠加型和切割型的组合方式也可以，请读者自行分析。

本例中的主视投影方向，A向、B向与C向都可以选择。选择A向，形体的薄壁型结构的形状可以在主视图中得到表达，将表达薄壁型结构的特征作为首选；选择B向，形体平面结构的复杂形状可以在主视图中得到表达，将表达形状的特征作为首选；选择C向，带孔耳板凸出于主体结构的特征在主视图中得到表达，将两耳板的凸出结构特征作为首选。换言之，A向、B向与C向都可以选择，只是表达的侧重点有所不同。本题选B向为投影方向，绘制的三视图见图3-15c～图3-15f。C向与A向作为主视投影方向绘制的三视图参见图3-15g和图3-15h。

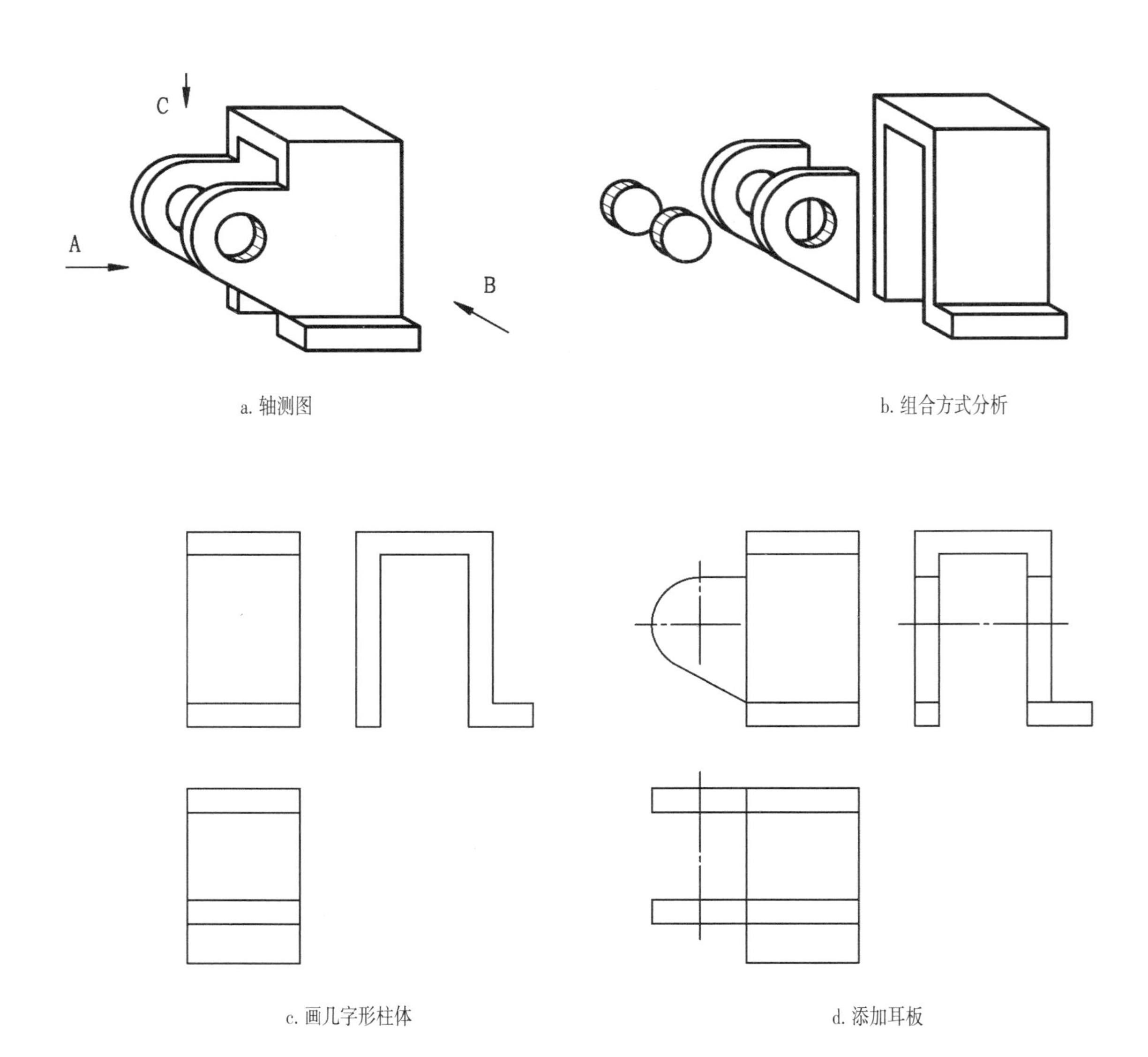

a. 轴测图

b. 组合方式分析

c. 画几字形柱体

d. 添加耳板

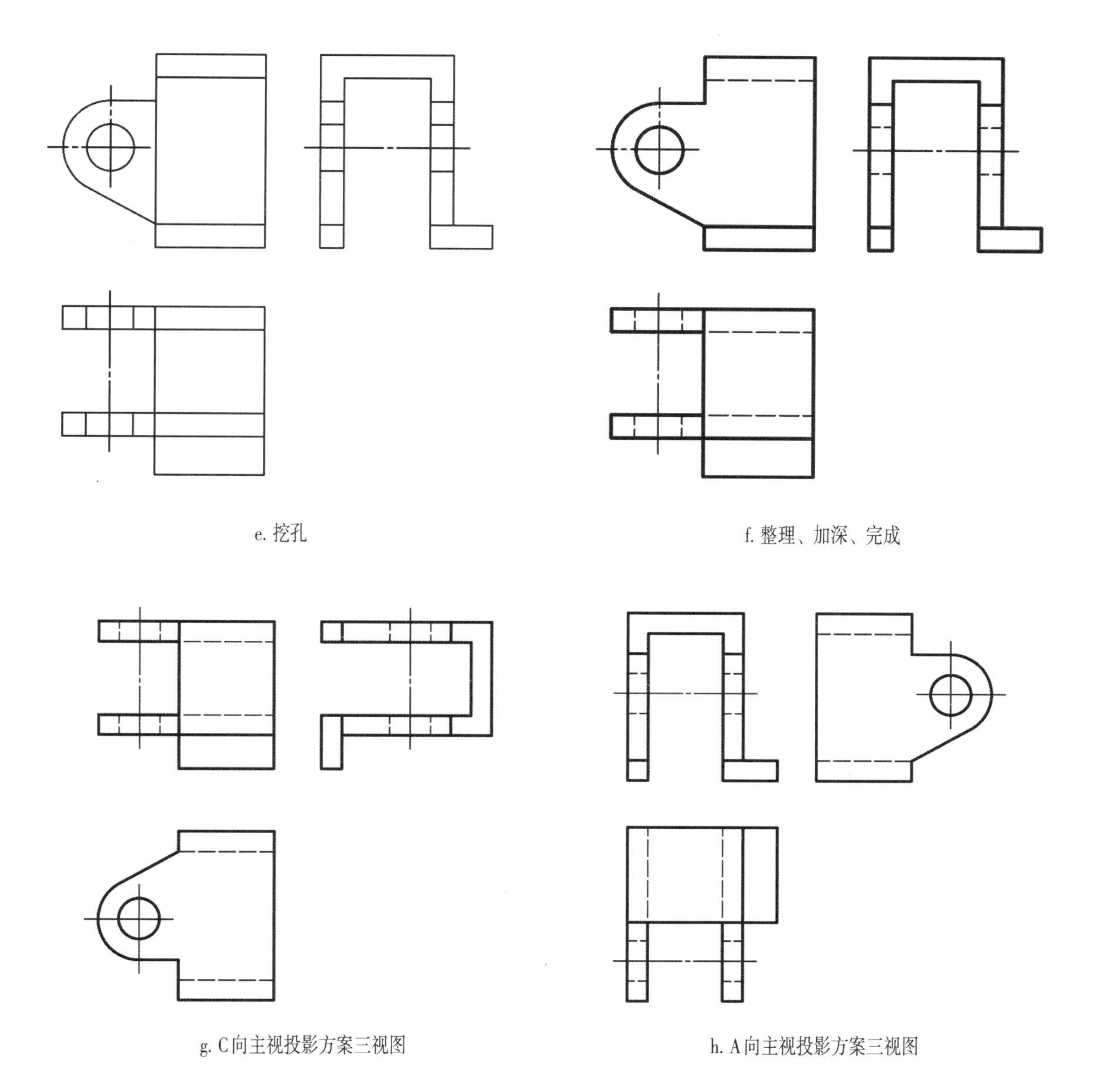

图3-15 薄壁形体的三视图及组合方式

第二节 看图与分析

与画图时一样，看图的基本方法也是采用形体分析法和线面分析法。通过对视图上各图形的分析，和对组成组合形体的各个基本形体或简单形体的投影分析，正确理解各图形所表达的形状。同时,要将各个抽象出的简单形体之间的相互关系分析清楚。

看图和画图一样，需要运用投影的基本特性和投影规律，同时依据一定的看图的基本方法。长对正、宽相等、高平齐，是三视图形成时固有的投影规律，是画三视图的理论基础，是投影规律的精髓所在，是画三视图时所必须遵守的理论依据，同时也是看三视图时所必须遵守的理论依据。

一、从有形体投影特征的图开始——形体分析法

1. 利用结构特征分析

看图时要善于抓住反映形体的形状特征的视图。形体的形状特征反映最充分的那个视图，就是特征视图。例如三棱柱的投影，三角形就是形体三棱柱最具特征的一个投影。主视图一般都能反映出组合形体的形状特征，所以，看图时一般从主视图入手，再联系其他视图，就能很快地想象出物体的结构与形状。

如图3−16a所示，若从给出的三视图来看，似乎没有一个结构的投影图具有形状特征。但如果将该形体的视图分成上下两部分，形体结构的投影特征则非常明显：

上部分的形体是棱线垂直于侧立投影面的六边形棱柱，其侧面投影是该六边形柱体的积聚投影，也是该六边形的两底面的真实形状的投影，见图3−16a中的形体Ⅰ；

下部分结构是底板，其形体结构是棱线垂直于水平投影面的六边形棱柱。该六边形棱柱的水平面的投影积聚，俯视图中的最大轮廓是该六边形棱柱（底板）上下底面的真实形状，见图3−16a中的形体Ⅱ。

组合形式见图3−16b，形体的空间结构见图3−16c。

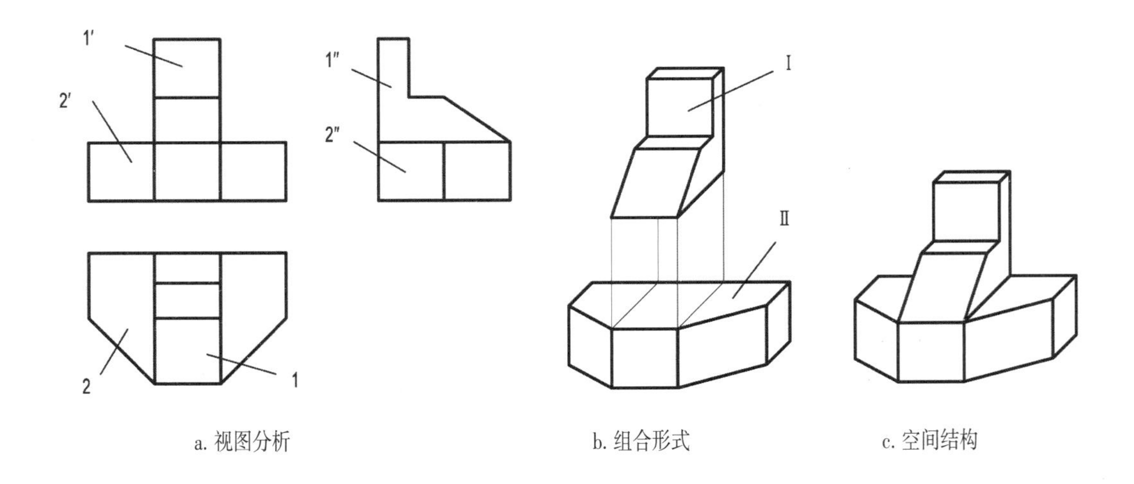

a. 视图分析　　b. 组合形式　　c. 空间结构

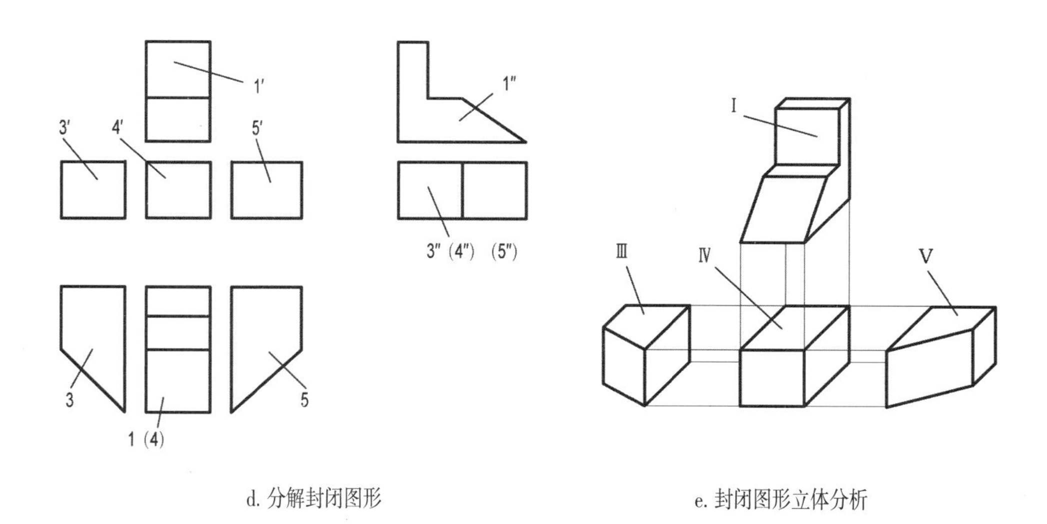

d. 分解封闭图形

e. 封闭图形立体分析

图3-16 形体分析

2. 线框分析

看图时可以根据形体投影的线框，把视图中的图形分解为若干封闭线框。有时也可以根据图形、结构，添加虚拟的结构分界线，使之更便于分析；根据投影关系，找到其他视图上相对应的投影线框，再根据一个形体的三个投影线框，读懂每组线框所表示的简单形体的形状；最后根据投影关系，分析出各简单形体之间的相对位置关系，综合想象出整个组合体的结构形状。同样以图3-16a给出的三视图为例，说明具体的看图方法（图3-16d和图3-16e），其步骤如下：

（1）若直接从主视图中划分出5个线框，太凌乱，而左视图中有三个线框，显然上面是一个独立的封闭线框，仍将其设定为形体Ⅰ（1″），对应地确定形体Ⅰ的另两个视图中的投影1、1′；

（2）水平投影中，左右各有两个梯形封闭线框，分别设定为形体Ⅲ与Ⅴ的投影3、5，并将其他视图中的投影相应地加以标注；

（3）最后将形体Ⅰ正下方的矩形封闭线框设定为形体Ⅳ，并加以标注；

（4）将所有的封闭线框分配完毕，并逐一进行分析，再重新组合在一起，综合想象，直到完全解读为止。

有时由于组合形体各组成部分的形状和位置特征并不一定都集中在某一方向上，因此反映各部分形状特征的投影也不可能都集中在主视图上。看图时必须善于找出反映其特征的那个视图中的投影。

如上所述，无论是抓住反映形体形状特征的投影，还是将视图中的图形分解为若干封闭线框进行分析，都属于形体分析法。

图3-17a给出的三个视图，没有一个投影能够反映整个形体的结构特征。若按形体的组合方式进行分析，就会很容易发现其中有三个简单形体的投影特征：主视图中的三角形，其对应的另两个视图中的投影都是矩形，这就表明该形体是垂直于正立投影面的三棱柱；在俯视图中，中间一条前后贯通的结构线将图示的形体一分为二，不难发现其左边的形体是四棱柱，而右边的形体是垂直于水平投影面的凹字形的柱体。由主、俯、左视图上符合投影规律的图形或线框，可逐个想象出各形体的形状，并确定各形体间的相对位置。

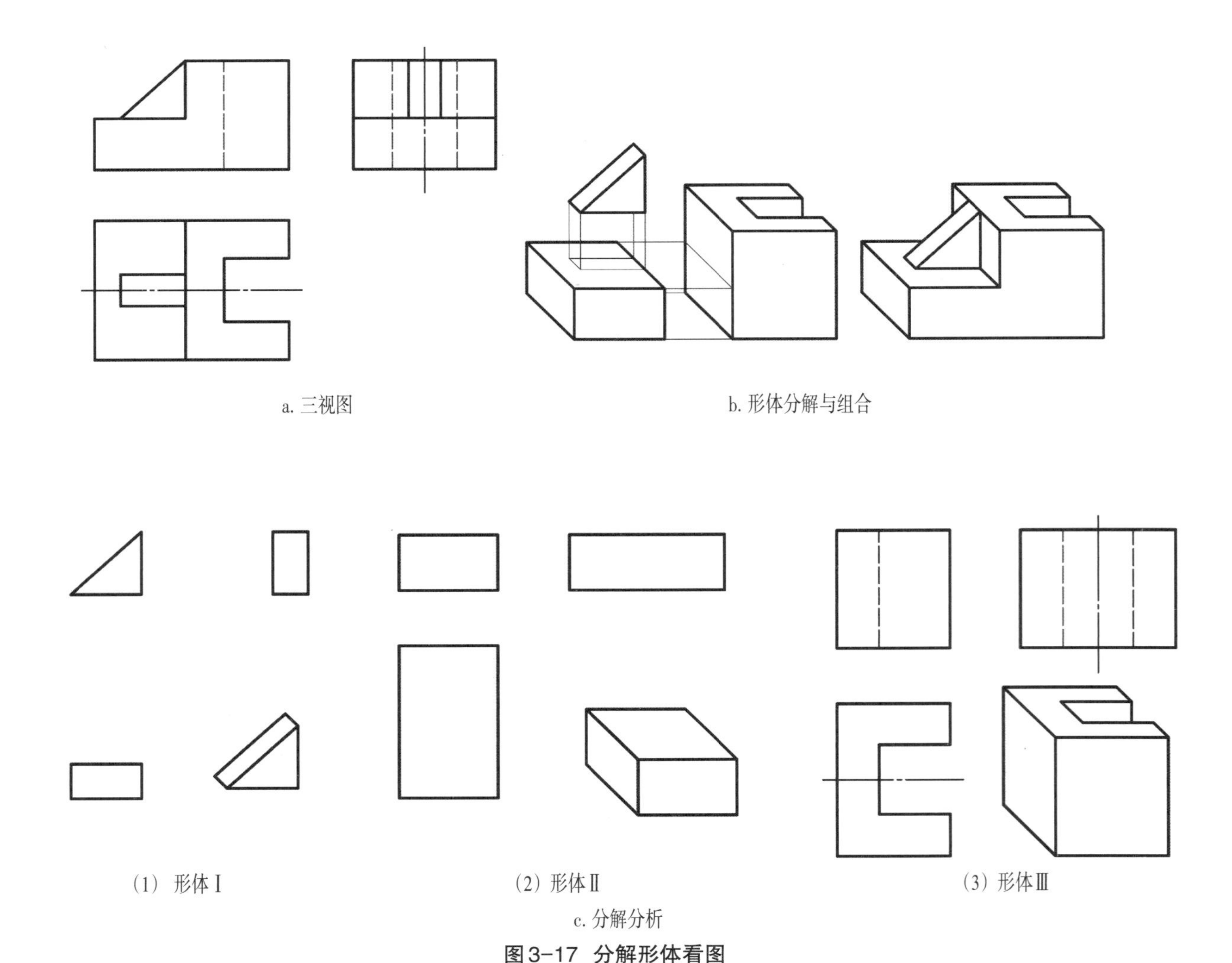

a. 三视图　　b. 形体分解与组合

（1） 形体Ⅰ　　（2）形体Ⅱ　　（3）形体Ⅲ

c. 分解分析

图3-17　分解形体看图

若将上述两例加以概括，可得出看图的一般规则：分线框、对投影、识形体、定位置、综合后、想整体。

二、线与面的分析——线面分析法

形体分析法是从形体的角度将组合形体分解为若干简单形体，再通过对简单形体的三个投影进行分析与读图。形体都是由平面或曲面围成的，而平面或曲面又是由直线或曲线围成的。所以，对形体的分析可以从线与面的角度进行，分析组合形体由哪些面与线围成；根据线条与线框的含义，分析相邻表面的相对位置、表面的形状、各交线的特征等，并由此确定出组合体的面、线的形状，进而确定组合体的整体结构形状，这种读图方法称为线面分析法。

对于有些切割后形成的形体，由于交线错综复杂，用形体分析的方法难于想象时，就应考虑采用线面分析法。线面分析法的一般步骤是先分析出形体在切割之前的形状，分析这个形体是如何被切割的，然后再确定这些面与交线的投影。

1. 线的分析

弄清视图中各线段的含义。视图中的结构线包含以下三种情况：

（1）可以是垂直面积聚的投影

如图3-18a视图中最右边的铅垂线，可以是形体上右侧平面的积聚投影，见图3-18b。

（2）可以是棱线的投影

如图3–18a视图中最右边的铅垂线，可以是形体上最右一条棱线的投影，见图3–18c。

（3）可以是圆柱上的轮廓线的投影

如图3–18a视图中最右边的铅垂线，可以是圆柱右侧轮廓线的投影，见图3–18d。

由上可知，视图中的任何一条线段都可能是一个垂直平面或曲面的轮廓线或棱线的投影。

2. 封闭图形

弄清视图中几何图形——封闭线框的含义。视图中的几何图形包含以下两种情况：

（1）可以是平面的投影

如图3–18a视图中右边的矩形线框，可以是形体上平行平面的投影，见图3–18b；也可以是形体上倾斜平面的投影，见图3–18c。

（2）可以是曲面的投影

如图3–18a视图中右边的矩形线框，可以是半个圆柱的投影，见图3–18d。

在分析平面形体的投影时，由于其上的各平面都是由直线组成的平面图形，有些结构的图线较难分辨。所以在具体看图时，应该按投影关系逐个确定平面在各个视图中的位置，并做上标记，使

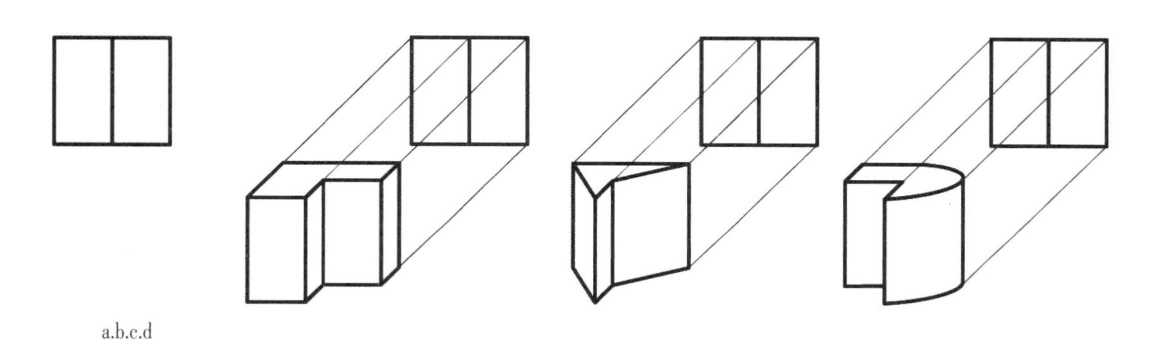

a.b.c.d

图3–18 线与几何图形的含义分析

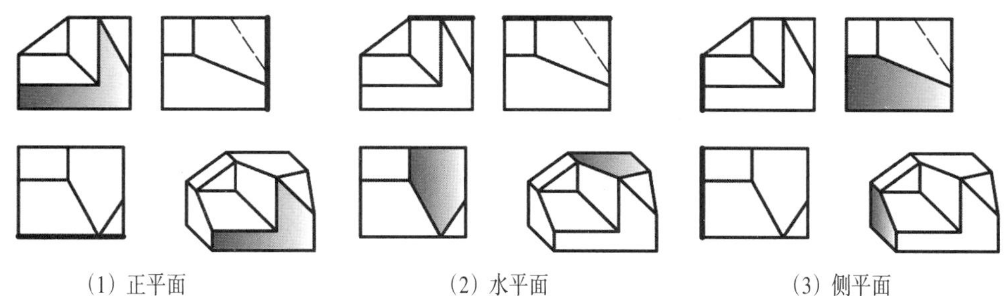

（1）正平面　（2）水平面　（3）侧平面

a. 投影面平行面

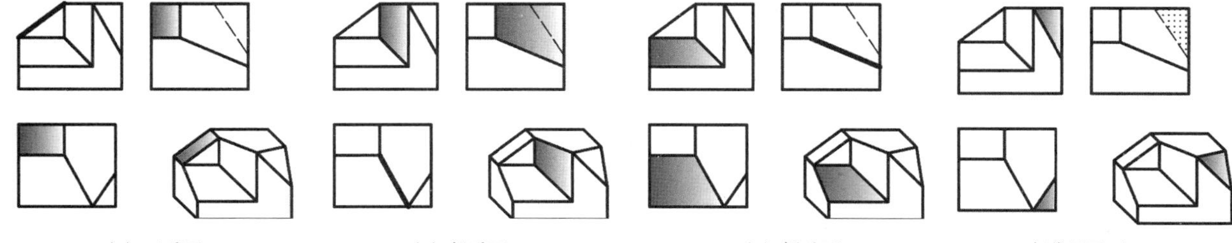

（1）正垂面　（2）铅垂面　（3）侧垂面　c. 一般位置平面

b. 投影面垂直面

图3–19 做标记分析

看图的过程简便，思路清晰，参见图3-19。（注：不平行于任何投影面的平面，称为一般位置平面。）

在分析线与几何图形的过程中，可能会出现另外一种情况，就是相切。相切是指两个曲面形体（或一个曲面形体与一个平面形体）的表面光滑过渡，在此将相切时两个曲面形体之间公共的这条线称为相切线（这条线不是平面几何中的切线和公切线），是无数个切点的连线。当平面与曲面或两个曲面相切时，相切线虽然存在，但相切线不是单纯的交线，而是圆滑的过渡线，所以在视图上不画相切线的投影，只画相切线的端点的投影，相应的结构也只画到相切线的端点处。如图3-20a所示，相切线与圆柱的中心线的正面投影不重合；图3-21a所示，相切线与圆柱的中心线的正面投影重合。两个图例主视图中均只显示出相切线位置在上的一个端点，另一个位置在下的端点与形体底面的积聚投影重合。应该注意的是：只有在平面与曲面或两个曲面之间才会出现相切的情况。图3-22a示出了非相切关系的组合形体的投影，便于与相切结构进行比对。

图3-20b、图3-21b、图3-22b为相切、相交不可见的情况。从中可见，无论形体可见还是不可见，图形与交线的形状没有任何变化，只有可见与不可见之别。

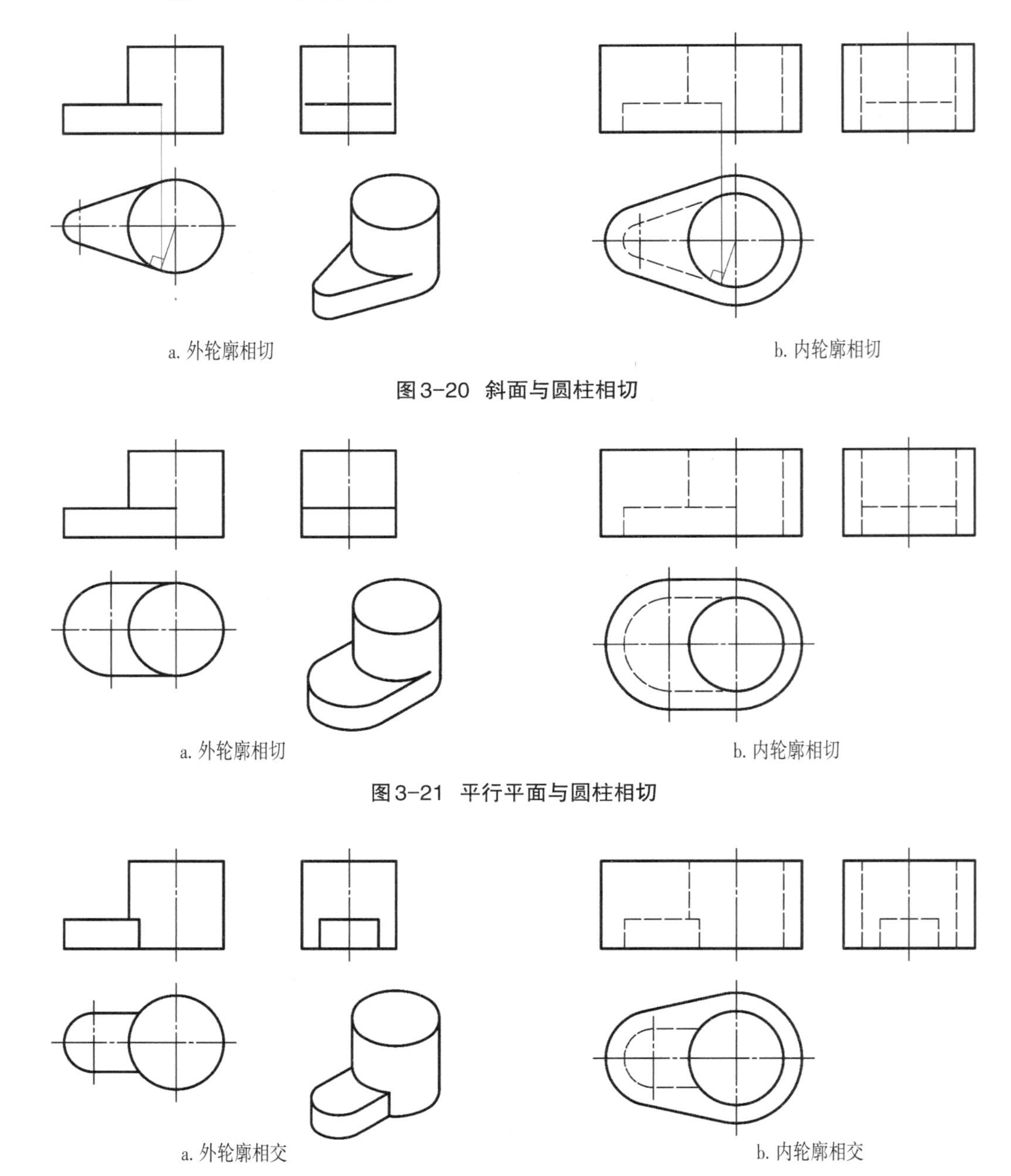

a. 外轮廓相切　　b. 内轮廓相切

图3-20 斜面与圆柱相切

a. 外轮廓相切　　b. 内轮廓相切

图3-21 平行平面与圆柱相切

a. 外轮廓相交　　b. 内轮廓相交

图3-22 平行平面与圆柱相交

三、几个视图同时看

视图是平面的，只能反映形体中二维的形状和大小。如主视图是从前向后投影，其视图只表达了该形体在高度和长度两个方向上的形状和大小，不能表示形体各部分的宽度。所以在画图过程中，常常采用一组视图进行表达。

在一般情况下，一个视图是不能确定形体的形状的，如图3-18所示的三组轴测投影示意图，其形状各异，但它们的一个方向的投影完全相同。有时两个视图也不能完全确定物体的形状，如图3-23中的三组主、俯两视图，主视图、俯视图都一样，但左视图不一样，所表达的形体也不一样。如果在看图时，仅看一个视图或两个视图，就会片面地理解空间形体，得出错误的结论。

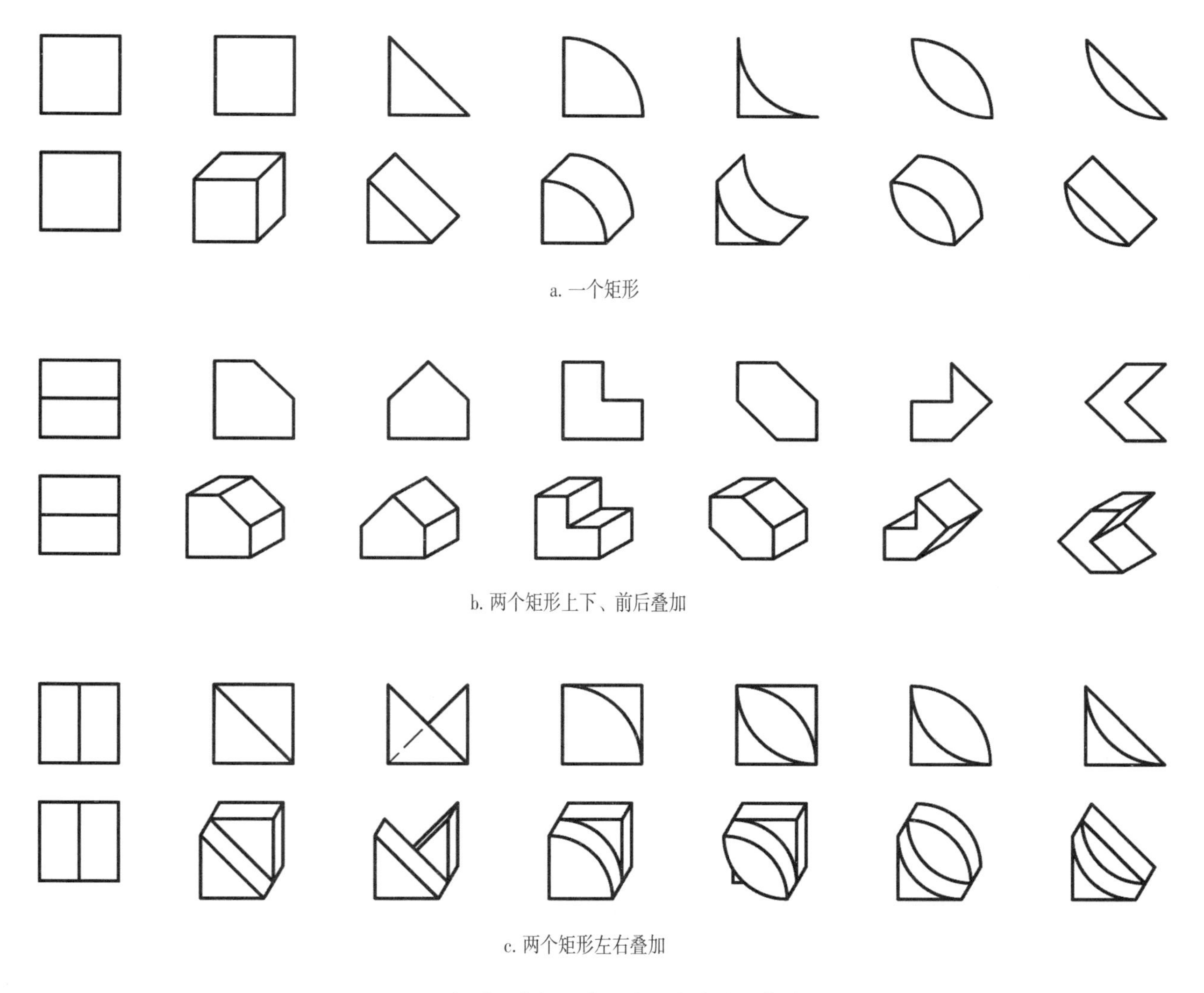

图3-23 有时两个视图也不能完全确定物体的形状

如图3-24和图3-25所示，其特征结构都在主视图上，主视图反映了组合形体及其相对位置：左右对称、上下叠加结构。两个视图中仅相差了一条贯穿左右的结构线，其结果显而易见，表达的是两个形体。所以，看图时应该几个视图一起看，根据投影对应关系，从长、宽、高三个方向全面构思形体的空间形状。

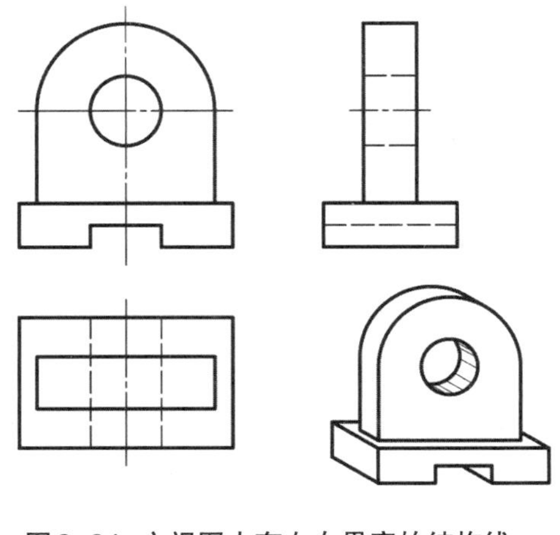

图3-24 主视图中有左右贯穿的结构线

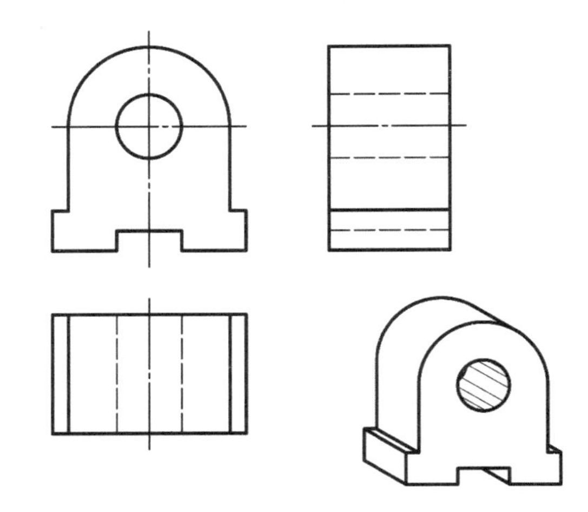

图3-25 主视图中没有左右贯穿的结构线

通过上述看图与分析，可以总结出以下几点：

（1）形体分析法和线面分析法都是读图的方法。前者是从形体的角度出发，从某一简单形体的一个投影线框对应地找出该形体的另两个投影线框，然后将三个投影线框组合在一起想象该形体的形状。待逐一确定各简单形体后，再分析这些简单形体之间的相对位置；而线面分析法则是分析各线框和线的含义，对应投影想象各线、面的形状和相对位置。

（2）形体分析法适用于以叠加方式形成的组合体，或适用于切割部分的形体投影特征比较明显时，如通孔、通槽结构等。而线面分析法则适用于切割后的形体，特别是切割后的平面形体。切割后的形体上面与线错综复杂，形体特征既不完整，又不明显，当难以用形体分析法的时候则采用线面分析法。

（3）线面分析法是以形体分析法为基础的一种读图方法，一般不会单独使用。在分析形体的基本形状时，仍需要用形体分析法进行分析。

（4）组合体的组成方式一般都是叠加与切割同时存在，所以读组合体视图时，不是孤立地使用某种方法，而是需要综合应用形体分析法和线面分析法，使两种方法起到互补的作用。

第三节 综合分析

一、实例分析

例题3-7 分析图3-26a所示的三视图。

因是切割体，图形过于简单，不太适合用形体分析法进行分析，最好采用线面分析法进行分析。但主要形体的分析仍需采用形体分析法,其步骤如下：

（1） 先整体分析。若去除斜线，显然主体形状是四棱柱，比较容易看出，但是三个视图中的斜线较难分辨。斜线右边的投影，四棱柱的形体投影特征明确，也说明原形体是四棱柱，关键是斜线左边的投影。若将视图中斜线左边的投影中的每个交点加以命名后，再分析与看图就要清晰得多。

（2）将给定的主视图中的三个交点用1′、2′、3′标注，1′、2′、3′分别是空间形体（见

图3−26a中轴测图）上Ⅰ、Ⅱ、Ⅲ点的正面投影。

（3）先求出容易确定的Ⅲ点。根据长对正，确定Ⅲ点的水平投影3，从Ⅲ点的水平投影3和正面投影3′，可以判断Ⅲ点在四棱柱上的位置是最上和最前，因此求出了Ⅲ点的侧面投影3″。

（4）求Ⅱ点的投影。Ⅱ点在四棱柱的最高处，Ⅱ点的侧面投影也必然在四棱柱左视图的最高处。而左视图的最高处有两点，是前边的点还是后边的点，需要判断。若其投影在前边，前边已有Ⅲ点的投影3″，Ⅱ点与Ⅲ点的侧面投影重合，说明Ⅱ点与Ⅲ点连线的侧面投影积聚，即与四棱柱的最上最前棱线共线，而左视图中的斜线无法解释；再分析Ⅰ点，若Ⅱ、Ⅲ点的位置在最前，Ⅰ点的位置就不会在最前（Ⅰ、Ⅱ、Ⅲ点都在最前，必然与四棱柱的最前棱面共面，这是不可能的），Ⅰ点只能选择在后，而左视图中的斜线仍无法解释。两种解释都自相矛盾，故Ⅱ点的位置只能在后。

（5）求Ⅰ点的投影。从主视图上看，Ⅰ点在形体的最下边，Ⅰ点的侧面投影也必然在四棱柱左视图的最低处，而左视图的最低处有两点，是前边的点还是后边的点，同样需要判断。若其投影在最后的位置，则Ⅰ、Ⅱ、Ⅲ点的侧面投影1″、2″、3″没有形成封闭的三角形，与主视图中的投影不符。所以，Ⅰ点的投影只能是在形体的最前边。

（6）将Ⅰ、Ⅱ、Ⅲ点对应地标注在四棱柱的轴测图上，并用直线连接。通过以上过程知道，图3−26a给出的形体是在图示四棱柱的前、上、左的位置切去一个角。

若将本例中的斜线左边部分移出，单独进行分析，则会更为容易。因左视图是两个完全一样的三角形，看似都符合主视图的投影关系，故组合为两个移出三视图（图3−26b和图3−26c）。对两个移出三视图进行分析，发现图3−26b所示的三视图与投影规则不符（请读者自行分析），故弃之。图3−26c所示三视图的分析有两种结论。分析一：在图3−26c所示的三视图中只有三点，三点为一个平面，故图3−26c表示的是一个平面，该平面不垂直于任何投影面，也不平行于任何投影面，其投影都是三角形的类似形。分析二：每个视图中的垂足点都是垂直线的积聚投影，则该三视图表达的是一个形体（图3−26d）。最后无论采用哪种分析结论，将其投影与分析移回到原三视图中（图3−26a），其形体仍然是四棱柱的前、上、左的位置切去一个角。

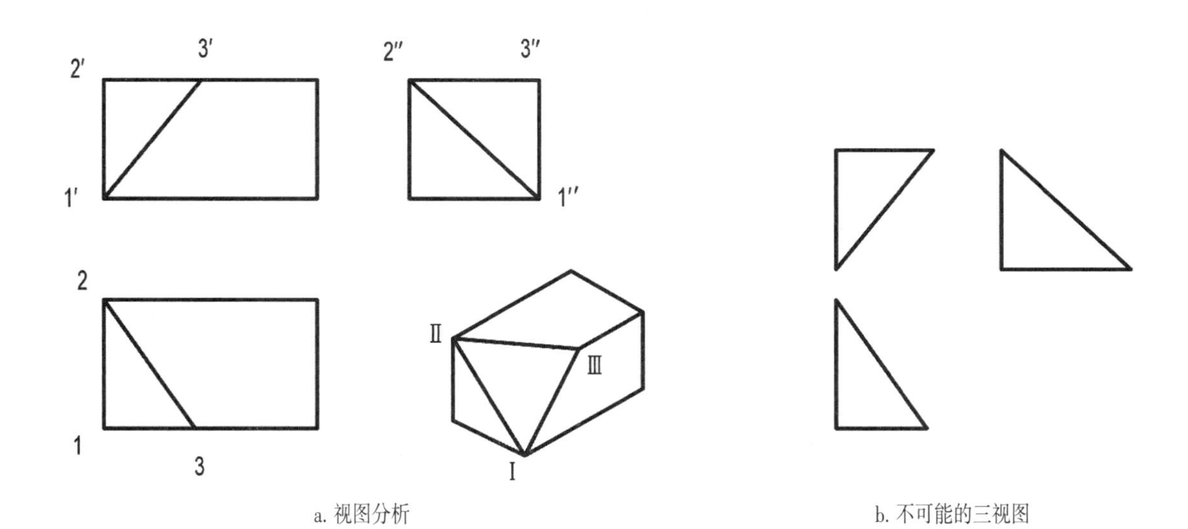

a. 视图分析　　b. 不可能的三视图

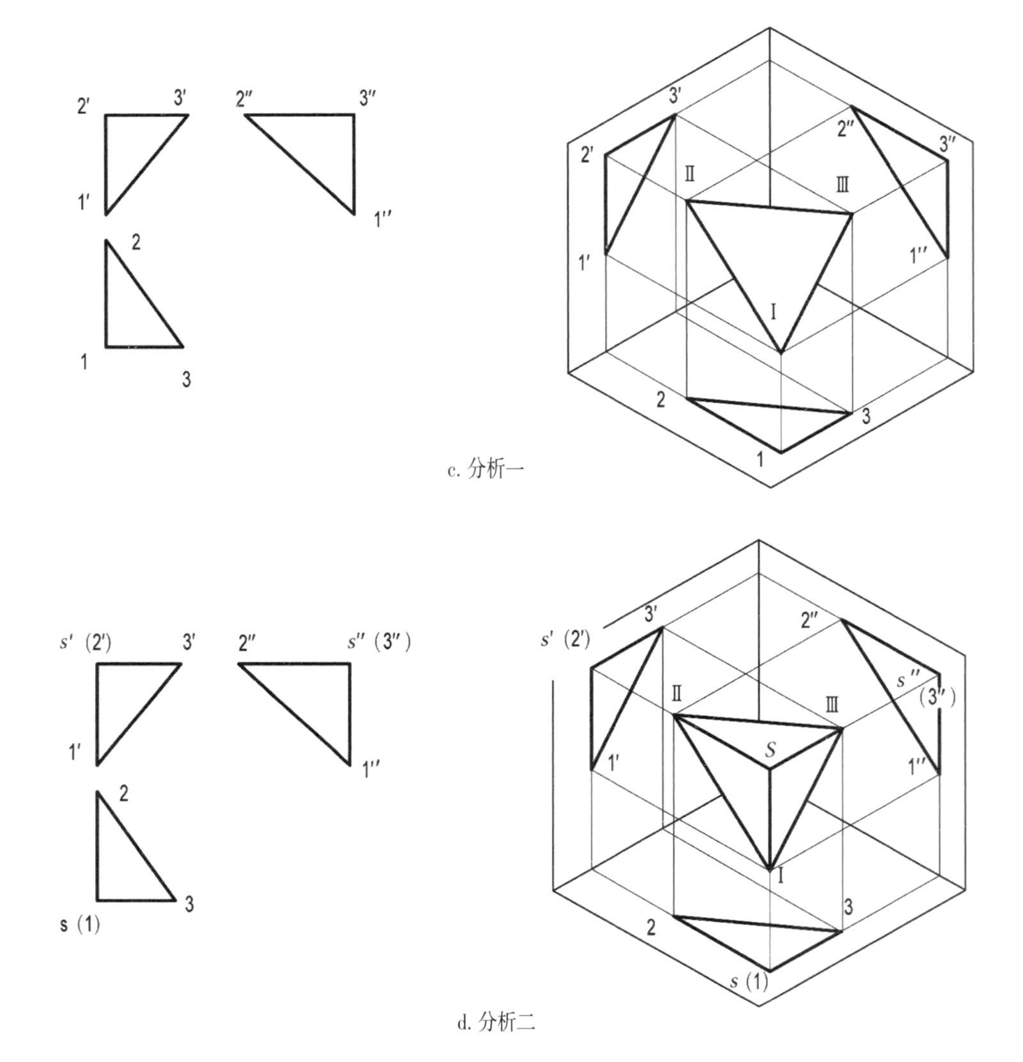

c. 分析一

d. 分析二

图3-26 看图与分析

若对本例的理解与分析还有疑问，此处再举与本例相近的实例进行分析。从图3-27可知，其形体就是四棱柱的前、上、左的位置切去一个角，只是点Ⅰ和Ⅱ的位置不在形体的棱角处。

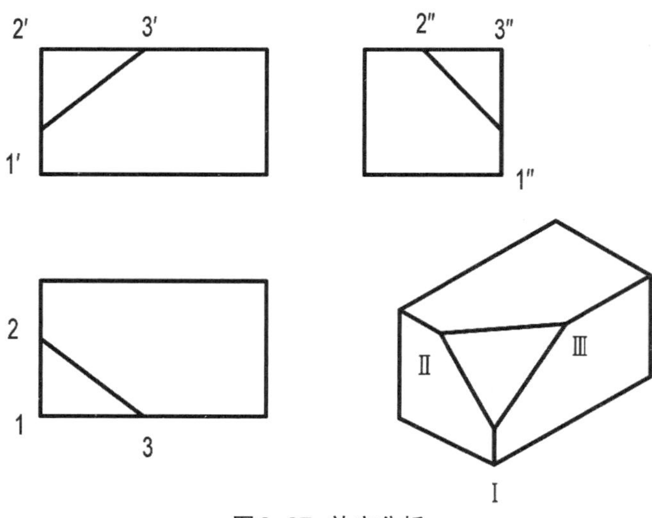

图3-27 补充分析

二、补充第三视图

在看图练习中，往往要补画三视图中的漏线，或者由给出的两个视图，补画第三视图。这是培养和提高看图能力与理解能力的一种有效方法。

补充漏线，或者补画视图，都是看图与画图的综合练习。一般可分两步进行：第一步应根据已有的视图按形体分析法和线面分析法将图看懂；第二步则是在第一步的基础上进行作图。作图时，应根据已有的视图，按各组成部分逐一地补画漏线，或求出第三投影。

应当指出，补画漏线或求出第三投影后，必须认真检查。检查的方法是：再次应用形体分析法和线面分析法，根据三个视图想象各简单形体的形状及各个简单形体间的相对位置关系。注意各种交线的位置与含义，找出遗漏的图线，找出错误理解的图线，将多余的与画错的图线去掉。确认无误后，按线型的标准加深图线。

例题3－8 根据图3－28a（1）所示，求作俯视图。

分析过程如下：

（1）从给出的两个视图，可以看到主视图在长度方向分为三部分：左边的形体最矮，中间的形体上下贯通，右边的形体中间有交线。

（2）再分析左视图，左视图中的高度线分为四个：最低线与主视图中的三个形体的投影一致，说明三个形体的底面共面；从下至上第二高度线的结构与主视图中最左边的形体的高度对应一致，说明两个投影表达的是同一个形体。根据投影的特点确定是梯形柱体，该梯形柱体的左视图中的投影具有积聚性。

（3）在左视图中代表从下至上第三高度的是两条直线的交点，对应主视图中的是最右形体上的一条水平线，说明主视图中的最右形体与左视图中包含该交点的图形表达的是同一个形体。根据投影的特点，确定也是梯形柱体，该梯形柱体的左视图中的投影具有积聚性。

（4）最后，分析左视图中的斜线与主视图中的中间形体，发现两个投影的高度完全一致，中间没有结构线，说明两个投影表达的是同一个形体。根据投影的特点确定是三棱柱，三棱柱在左视图中的投影具有积聚性。该三棱柱上的斜面，应位于三棱柱的前面，在主视图中的投影可见；左视图的投影应该是上后下前，否则，与右边的梯形柱体上的前面共面，若共面就不会在主视图中有两形体的可见间隔结构线。

通过上述分析，可按图3－28a中的步骤依次作出俯视图。

补画俯视图的步骤：

第一步至第三步：按图3－28a（2）～（4）所示的顺序补画。

第四步：将分析中所划分的三个形体的投影画完后，还应进行整理与分析。左边的形体与中间的形体都有斜面，属于共面叠加，应无交线。最后再经检查与分析无误后，画图完毕。

在分析过程中，也可以将符合投影规律的对应结构进行单独分析（图3－28b、图3－28c），然后再将分析结果加以叠加整理，结论是一样的。

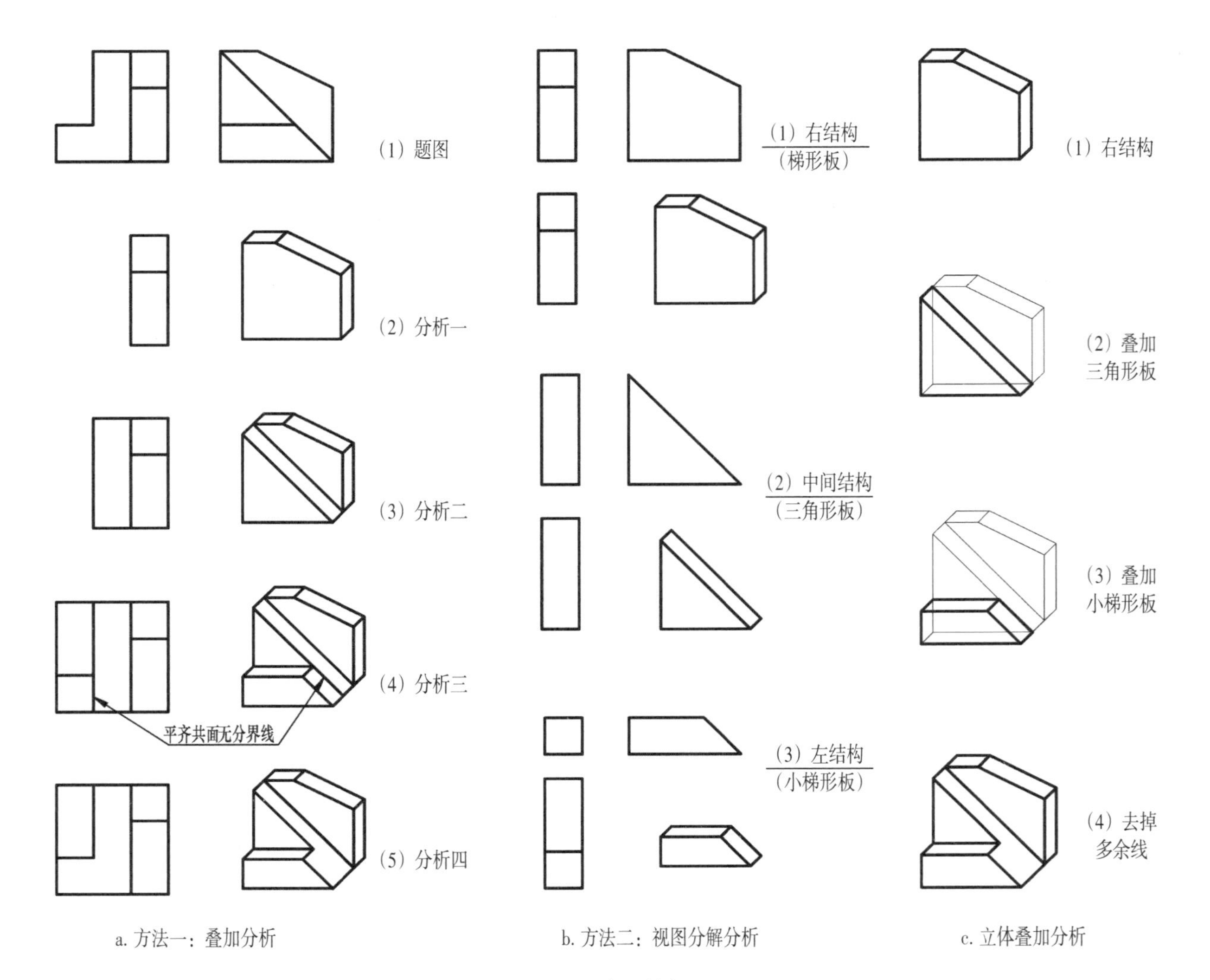

图3-28 求画俯视图

例3-9 由图3-29a所示的两视图，补画俯视图。

(1) 分析：从给出的两个视图中，可以看到左视图中有曲线、没有斜线，主视图中没有曲线，也没有斜线，说明各组成的形体都是柱体。一般情况下，一个形体的两个投影都是矩形，应首先将其确认是四棱柱再加以分析，若还有未解决的结构时才将两个矩形的投影认定是三棱柱或是其他柱体（其余请读者自行分析）。

(2) 作图步骤：按图3-29所示的顺序补画，最后再经检查与分析无误后，加深整理，画图完毕。

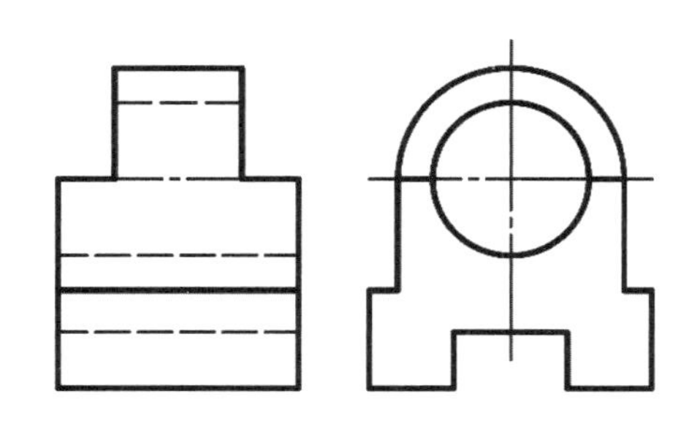

a. 补画俯视图

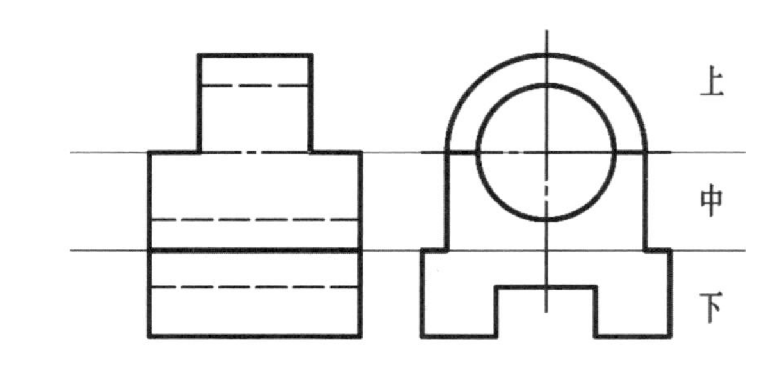

b. 将组合体分解为上中下三部分

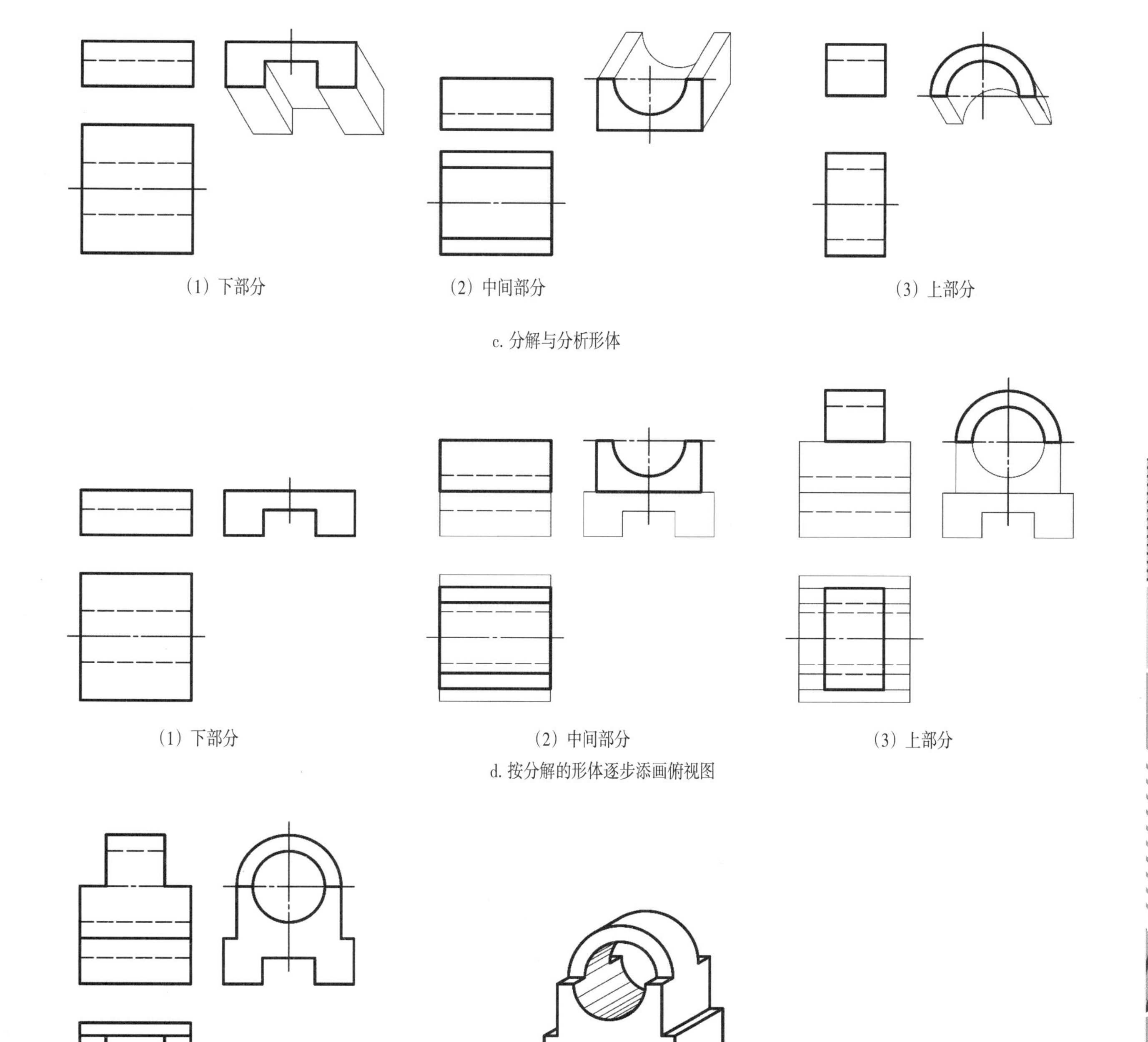

(1) 下部分　(2) 中间部分　(3) 上部分

c. 分解与分析形体

(1) 下部分　(2) 中间部分　(3) 上部分

d. 按分解的形体逐步添画俯视图

e. 整理 描深

f. 轴测图

图3-29 补画俯视图

三、特例分析

图3−30给出了一个形体的三视图及与之对应的轴测图。在图3−30中，因是平面形体，所以有些结构的投影较难分辨。为了便于分析，先按投影关系确定各平面图形在三视图中的位置，逐一求出后，做上标记，使看图的过程简便、思路清晰。若将图3−30所示的形体上的所有平面图形都加以分析，则占用的幅面太多，故只表示出四个平面在不同视图中的投影及在轴测图中的对应位置。

一般情况下，形体的三视图与其形体是一一对应的，但本例只是特例。图3−31也给出了一个形体的三视图及与之对应一致的轴测图。不难发现，图3−31给出的三视图与图3−30所示的三视图是完全一样的，但两个三视图所表达的是不同的形体，参见与三视图对应的轴测图。图3−31中表达的是形体中挖空的三棱锥的投影，图3−30中表达的是斜面（实体的三棱锥）的投影，而两者的投影恰好完全一样。所以，在今后的设计中，若遇到相同的情形要处理好。

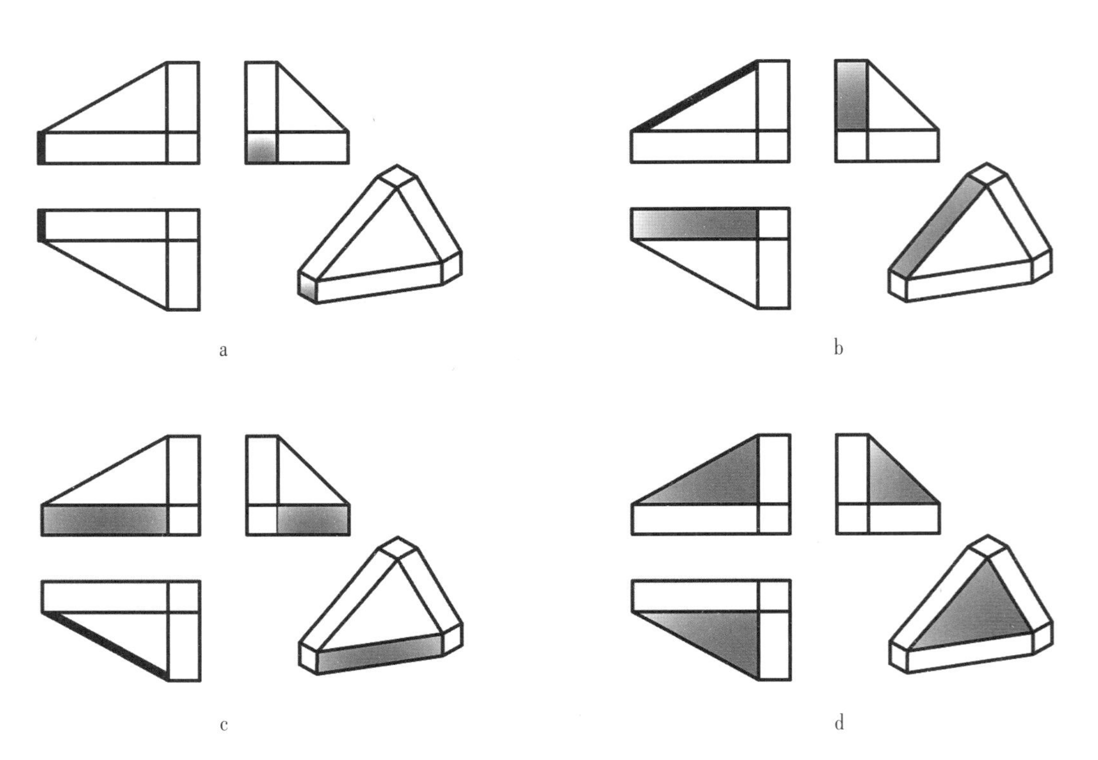

图3−30 分析平面形体

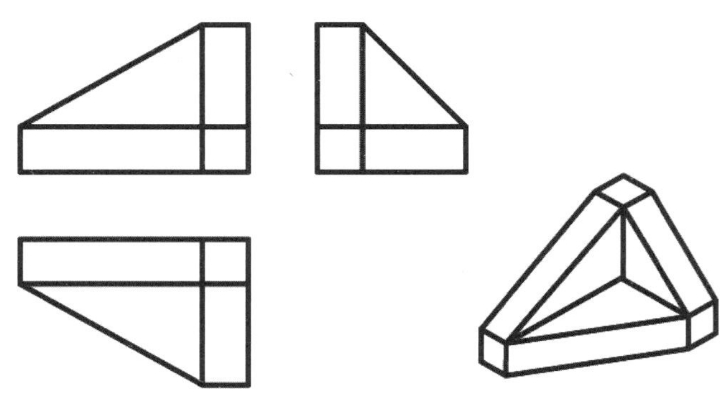

图3−31 平面形体的特例

第四节 形体的尺寸标注

三视图只是完整地表达了组合形体的结构与形状，而组合形体的实际大小及各组成部分相对确切的位置，则是通过视图中所标注的尺寸确定的。因此，组合形体的尺寸标注与其三视图都是设计文件的重要内容，二者同等重要。

一、尺寸标注的基本要求

尺寸标注的基本要求是：完整、清晰、正确、合理。

尺寸标注的完整性：尺寸标注必须齐全，所注尺寸是唯一能确定组合体各组成形体的形状大小和各形体的相对位置的尺寸，不能遗漏尺寸，但也不允许有多余和重复的尺寸。

尺寸标注的清晰性：尺寸标注整齐、清晰，便于读图。要想清晰地布置尺寸，应注意下列几点：

（1）尽量把尺寸标注在视图外面。在不影响图形清晰的情况下，尺寸最好标注在两视图之间；

（2）尽可能使尺寸不过多地集中在同一视图中；

（3）组合形体中每个简单形体的尺寸，应集中标注在反映该形体特征最清晰的视图上；

（4）同轴回转体的尺寸最好集中标注在非圆视图上，但均布的小孔应标注在表示分布情况的视图上。

尺寸标注的正确性：尺寸标注应符合国家相关标准，尺寸书写、排列方向、规定符号等均应按规定形式标注。如圆的尺寸应标注直径，且在直径尺寸前加注Ø，如Ø12。

尺寸标注的合理性：所标注的尺寸要既能保证设计要求，又便于加工、装配、测量与检验。

标注尺寸的基本方法是依据形体分析法，尽可能地将尺寸标注在组合形体中的基本形体上，如形体中的肋板（多数为三棱柱、梯形柱体，因其高度低，故常常称其为板状结构）、圆柱、底板等基本形体应直接给出尺寸。

图3−32所示的三个图是同一个形体的尺寸标注，a图是近于建筑制图的标注方式，特点是很多尺寸不用计算都可以直接读出；b图是坐标式的标注尺寸方式，同一方向的尺寸起点相同，特点是尺寸集中且易读；c图是综合性的尺寸标注方式，特点是图形与尺寸都非常清晰，更重要的是此种标注方式符合尺寸标注完整、清晰、正确与合理性的要求。

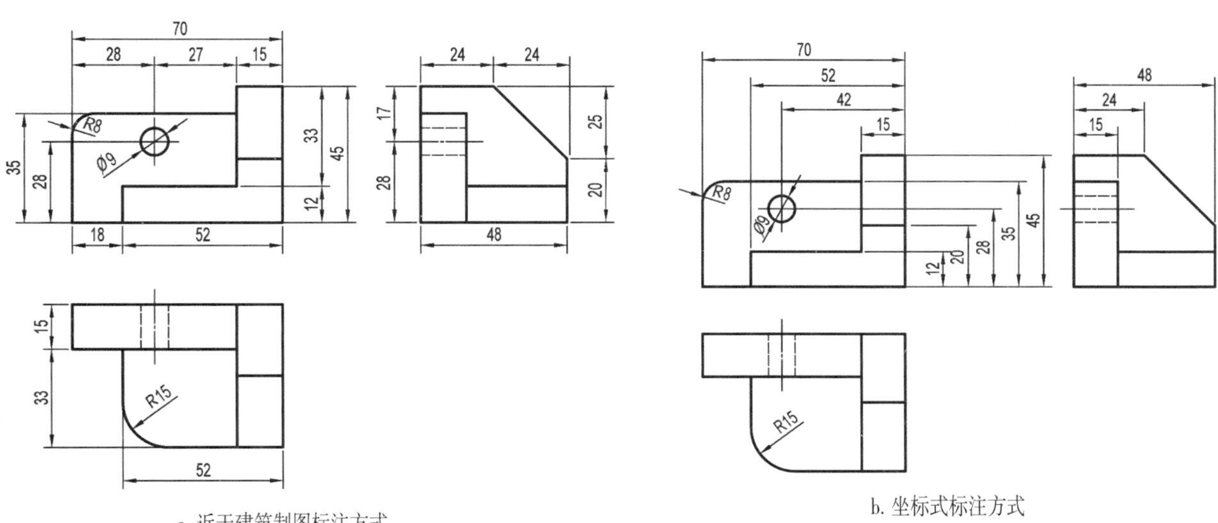

a. 近于建筑制图标注方式

b. 坐标式标注方式

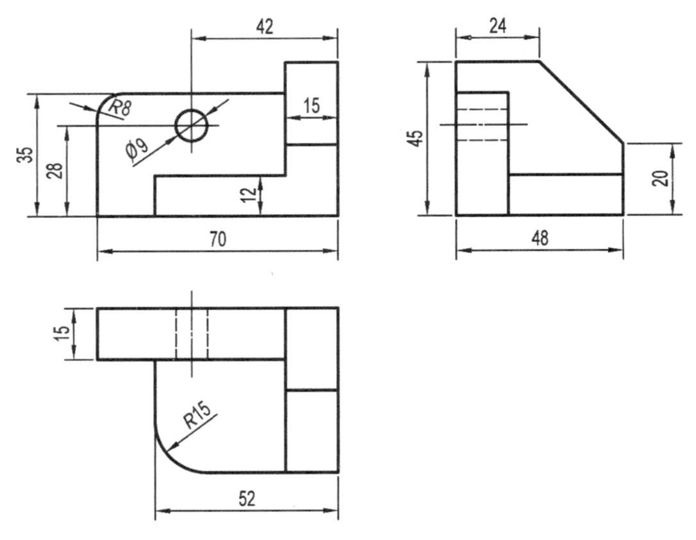

c. 综合性的尺寸标注方式

图3-32 尺寸标注的几种方式

二、基本尺寸标注

组合形体的尺寸标注是按照形体分析法进行的。因此，首先必须熟悉和掌握基本图形和形体的尺寸标注方法。

1. 基本平面几何图形的尺寸标注法

平面图形是二维的，应标注两个方向的尺寸，标注方式见图3-33。

矩形与正方形：标注两个边长。

直角三角形：只标注其直角边的边长，不标注斜边的边长。

一般三角形：必须给出能确定三角形的三个尺寸，可以给出三边的边长，或两边一角，或两角一边的尺寸。

正五边形与正六边形都是以圆为基础画出或加工的，故可以只标注一个圆的直径尺寸，边长都不用标注。正六边形也可用对角线的尺寸替代直径的尺寸（正六边形对角线的尺寸与其外接圆的直径尺寸大小一致），有时也给出其对边的尺寸。对边尺寸是可以经计算得出的尺寸，经计算得出的尺寸一般不需标注，若标注必须加括号（用括号标注的尺寸在图样中表示该尺寸是重复的尺寸）。

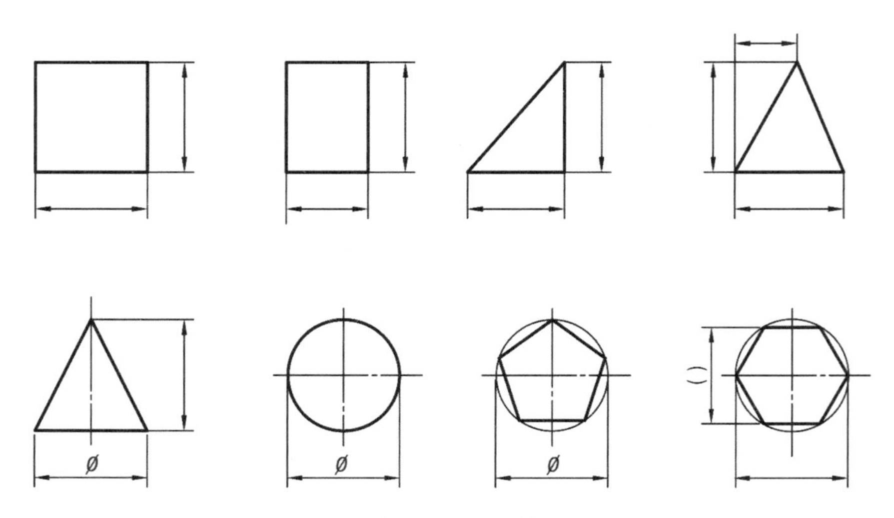

图3-33 常见平面图形的尺寸标注

2. 基本形体的尺寸标注法

由于基本形体是三维的，因此基本形体一般应标注长、宽、高3个方向的尺寸，但并不是每一个形体都需要在形式上注全这三个方向的尺寸。例如标注圆柱、圆锥的尺寸时，在其非圆的视图上注出直径尺寸，也就是径向尺寸。这样不仅可以减少一个方向的尺寸，而且还可以省略一个视图，因为直径Φ具有双向尺寸和表示图形是圆的功能。基本形体的标注方式见图3-34。

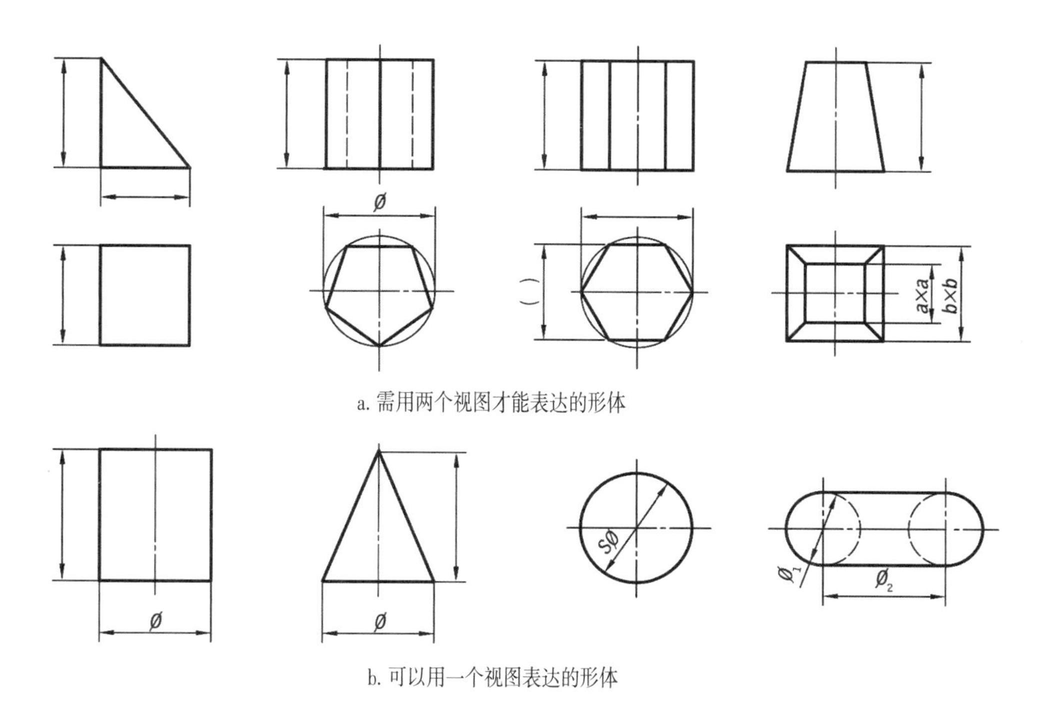

图3-34 基本形体的标注方式

3. 基本形体切割后的尺寸标注法

对于倾斜割面和带切口的基本形体，除了标注出基本形体的尺寸外，还要标注出确定切割面的位置尺寸、斜面积聚投影两端的位置尺寸。不必标注交线的尺寸，这是因为切割平面位置确定之后，立体表面上由于切割而产生的交线通过几何作图方式确定。基本形体切割后的尺寸标注方式如图3-35所示。

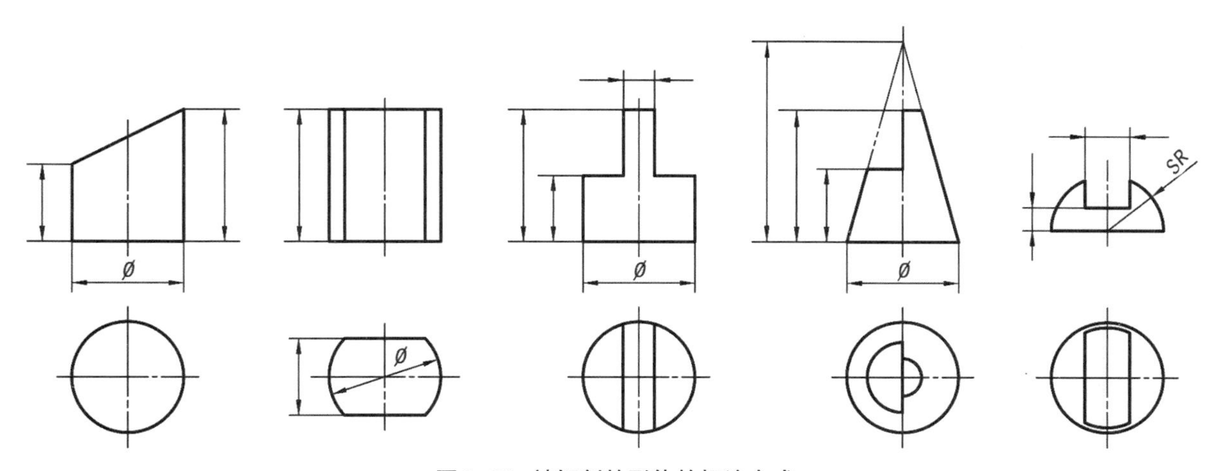

图3-35 被切割的形体的标注方式

三、组合形体的尺寸标注

1. 尺寸的种类

定型尺寸：确定组合体上简单形体大小的尺寸。如图3–36中的尺寸Ø10、14与28。

定位尺寸：确定组合体上各简单形体相互位置的尺寸。如图3–36中的尺寸21、38。

总体尺寸：确定组合体总长、总宽、总高的尺寸。如图3–36的尺寸50、20、28。

应当说明，将尺寸分为定型尺寸、定位尺寸和总体尺寸，只是尺寸标注的一种分析方法与手段。实际上，尺寸的作用往往是双重的。如图3–36中的尺寸50和28，既是主形体的定型尺寸，又是组合形体的总体尺寸。

2. 尺寸基准

尺寸基准：标注尺寸的起点。在很多情况下，尺寸基准也是加工测量的基准。

通常选择组合形体中主要的基本形体上的某些特征结构作为尺寸基准，如回转体的轴线、对称结构的对称中心面、较大的底面、端（侧）面等作为尺寸基准。由于组合形体是三维的，所以应有长、宽、高三个方向的尺寸基准。一般引出尺寸线较多的位置就是那个方向上的尺寸基准。

图3–32b、图3–32c所示的组合形体尺寸标准，形体的右面是长度方向的尺寸基准，形体的底面是高度方向的尺寸基准，形体的后面是宽度方向的尺寸基准。

图3–36所示的组合形体的尺寸标准，左右对称面是长度方向的尺寸基准，上下对称面是高度方向的尺寸基准，主形体的后面是宽度方向的尺寸基准。

3. 尺寸标注的一般步骤

以图3–36a为例说明标注尺寸的一般步骤：

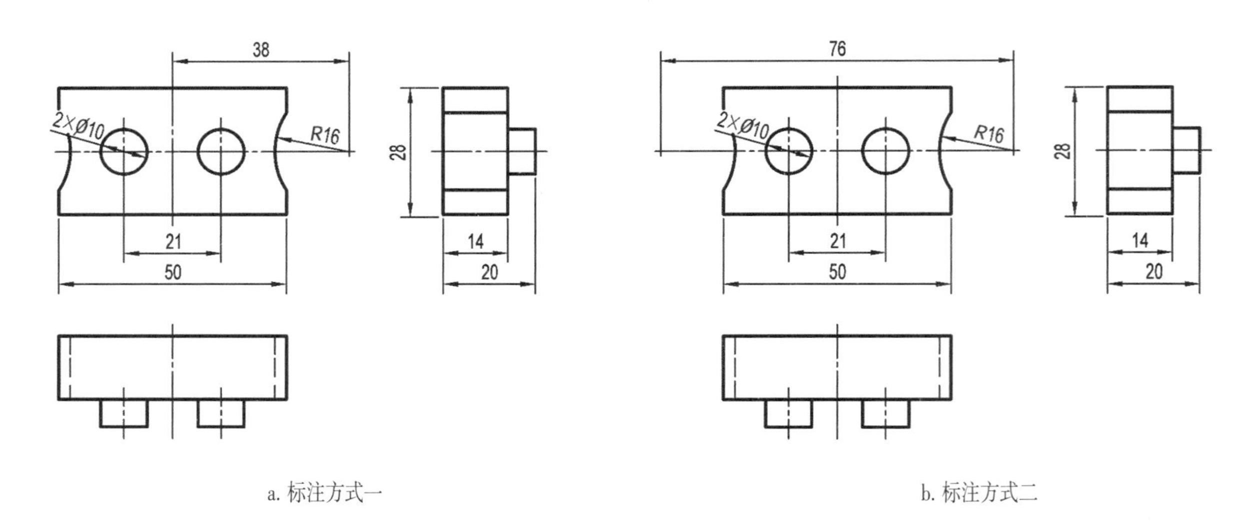

a. 标注方式一　　b. 标注方式二

图3–36　尺寸标注

（1）尺寸尽量标注在形体特征明显的视图上。如圆柱的直径尺寸应尽量标注在投影为非圆的视图上，而圆弧的半径尺寸则应标注在投影为圆弧的视图上。

如圆弧尺寸$R16$标注在有圆弧的主视图中。虽然形体的左右位置都有圆弧$R16$，但因为该形体是左右对称结构，故只标注一次即可。

本例中两个尺寸为Ø10的圆柱作为实体参与组合，轴向与径向尺寸都较小，相对位置在最前面。若标注在非圆视图上，一是加大了包含尺寸标注的图形范围，二是两个相同圆柱的标注不醒目，且主视图中有标注其尺寸的空白处，故将该圆柱的径向尺寸Ø10标注在圆的视图上。因为相同的圆柱有两个，因此，还应标注出具体的数量，即2×Ø10。

（2）两个视图的共同尺寸尽量标注在两视图之间，并标注在视图的外部。为便于按投影规律读图，长度方向尺寸标注在主、俯视图之间，宽度方向尺寸标注在俯、左视图之间（俯视图的右面或是左视图下面），高度方向尺寸标注在主、左视图之间。

如两圆柱长度方向的中心距尺寸21以及总长尺寸50标注在主、俯视图之间；总高尺寸28应标注在主、左视图之间；两个宽度尺寸14和20标注在左视图的下面。

（3）为便于在看图时查找尺寸，同一基本形体的尺寸尽量集中标注。

如尺寸50、20、28，这三个尺寸表示的是同一个形体三个方向的尺寸，可以标注在三个视图上。为了便于在看图时查找尺寸，将总长尺寸标注在主视图中，将另两个尺寸集中标注在左视图中。

（4）为便于在看图时认清结构与相对位置的关系，相关的基本形体的形状尺寸与位置尺寸应集中标注。

圆柱尺寸2×Ø10与两圆柱长度方向的中心距尺寸21是相关尺寸，集中标注在同一个视图中。

（5）尺寸尽量不标注在虚线表达的结构上。

（6）标注同一方向的尺寸时，应该小尺寸在内，大尺寸在外，以免更多的尺寸线和尺寸界线相交，致使尺寸线的布置杂乱且不清晰。

如主视图上的长度方向的尺寸21与50，左视图上的宽度方向的尺寸14与20。

（7）交线是由若干形体切割后所形成的，所以交线上不标注尺寸。

如主视图中左右两平面与圆弧面之间的交线，是由形体经圆弧面切割后形成的，故交线上不标注尺寸。

（8）在所有的视图中，只要通过计算得出的尺寸一般都不标注，若标注则将该尺寸以加括号的形式标注出。

如尺寸为Ø10的圆柱的轴向尺寸没有直接给出，是通过两个宽度方向的尺寸计算得出的：20－14=6。

（9）对称结构的尺寸，应按对称形式的标注方法进行标注。

如两圆柱长度方向的中心距尺寸21，总长尺寸50，这两个尺寸都是长度方向的对称尺寸；总高尺寸28，是高度方向的对称尺寸。又如圆弧的半径尺寸$R16$与圆弧圆心的位置尺寸38，虽然也是关于中心对称的尺寸，但只标注一边，说明圆弧的对称性不是很重要。若强调圆弧形状的对称性，则应按图3－36b所示的方式标注。

四、组合形体的尺寸标注实例

1. 不漏尺寸的标注

形体有长度、宽度、高度三个方向的尺寸，每一点、每一条线、每一个结构都要有长度、宽度、高度三个方向的结构尺寸，或三个方向的相对位置尺寸。要按照一定的规则逐一标注尺寸，保证初学者在标注尺寸时不会遗漏尺寸。

首先，分析视图，读懂内容，选定形体的长度、宽度和高度的尺寸起点；再将形体的长度方向依次数清结构，有几个间距就有几个尺寸；然后宽度方向；次之高度方向。不漏尺寸的标注方式有两种，其分析与实例参见图3－37，对圆柱而言，只能是圆柱的中心线参与尺寸位置的分配，再另标注一次圆的直径即可。

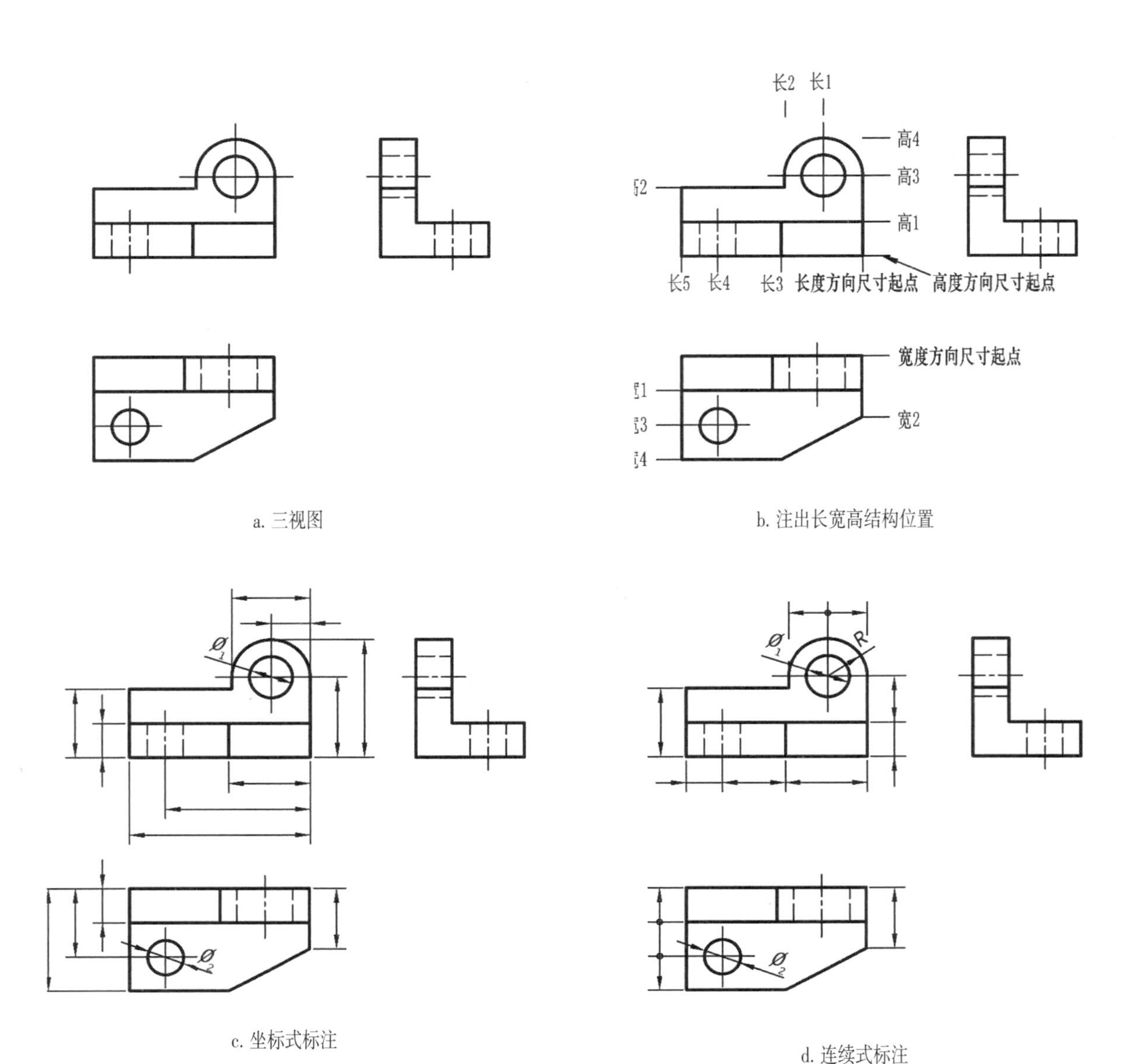

a. 三视图　b. 注出长宽高结构位置　c. 坐标式标注　d. 连续式标注

图3–37　不漏尺寸的标注方式

2.合理标注尺寸

现以图3–38为例，说明合理标注尺寸的具体步骤：

（1）形体分析

组合形体是由带孔的底板、开槽竖板及三棱柱形的肋板叠加组成的，底板上圆孔处的角是圆角，竖板上开的是U形缺口。

（2）确定尺寸定位基准

底板较大为高度方向的基准，前后对称面为宽度方向的基准，位于底板右侧的圆通孔的中心线为长度方向的基准。

（3）标注各基本形体的定型尺寸

①底板的长49+*R*8、宽34、高10；

②三个圆通孔的直径标注为3×Ø8；

③竖板的长12、宽34、包含底板的高度为42。U形缺口的宽度为15，因U形缺口的宽度已标注，故U形缺口的底部半圆只注出R，R的大小由U形缺口的宽度尺寸15确定；

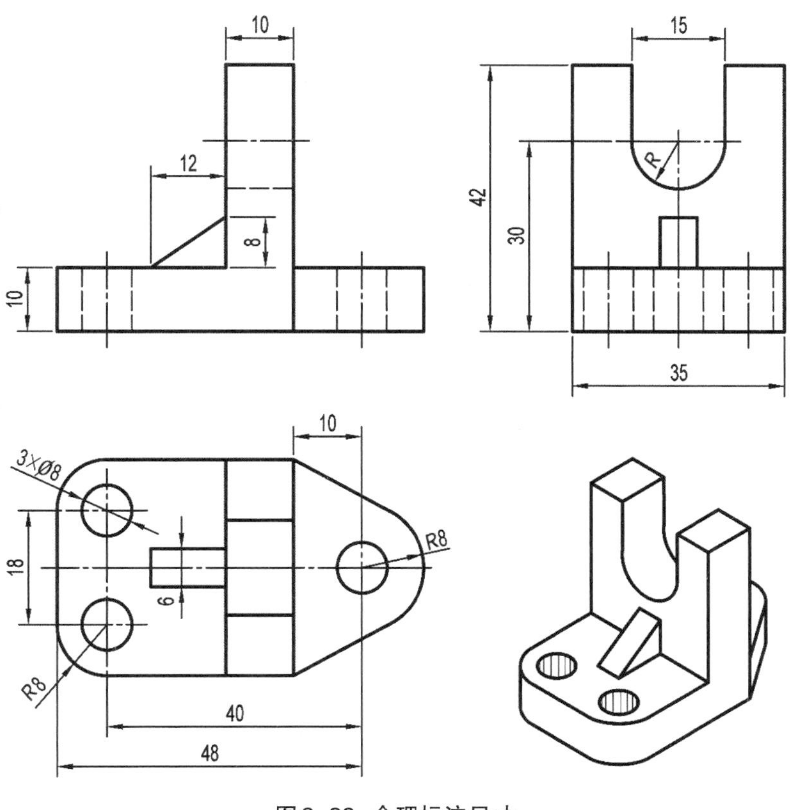

图3-38 合理标注尺寸

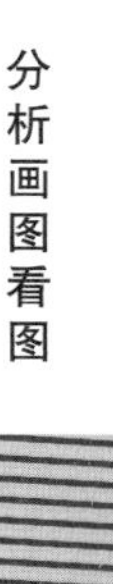

④三棱柱形的肋板长12、宽6、高8。尺寸8与12是三棱柱底面三角形的两个直角边的边长，是与三棱柱底面形状相关联的尺寸，因此应标注在同一个视图中。

（4）标注各基本形体相互间的定位尺寸

①两个圆孔中心宽度方向的距离为18，圆孔中心在长度方向上距长度方向上的基准之间的距离为41，尺寸18、41都是与三个圆孔3×Ø8相关联的尺寸，应标注在同一个视图中；

②竖板上U形缺口底部的半圆中心，其高度方向的定位尺寸是30。

（5）标注圆弧尺寸

圆弧的尺寸都直接标注在圆弧上，大小为*R*8，只标注一个即可（因位于形体左右两边的圆弧长度不同，故标注两次）。

（6）标注总尺寸

组合形体的总长、总宽和总高，在标注形体的定型尺寸时已经给出，不用另行标注。

复习思考题：

1．组合体中各基本体表面间的关系有哪些?交线都是什么形状的?

2．试述画组合体三面投影的方法和步骤。

3．形体分析法和线面分析法的读图不同点是什么?如何应用?

4．标注尺寸的原则和方法是什么?

5．如何保证标注尺寸时不遗漏尺寸？自行举例标注说明。

第四章

工业设计中常用表现立体图的画法

第一节 具有度量性的轴测图

前面学习的正投影图是用几个图形共同完整、准确地表现形体的形状，在工程实践中被广泛采用。虽然图形简单、容易绘制，但缺乏立体感，要有一定的读图能力才能看得懂。如图 4−1a 所示的结构，若只有视图，两个圆柱之间的关系与交线就很难看懂。为了得到比较直观的图形，采用平行投影的方法，将形体上的长、宽、高表现在同一个平面的图形上。同时反映物体长、宽、高三个方向的尺度，立体感较强，能弥补正投影图立体感不足的缺点（图 4−1b）。这样得到的投影图称为轴测投影图，简称轴测图。轴测图也有缺点：原平行于三个坐标面的平面图形都产生了变形，圆的投影不再是圆，变形成了椭圆；矩形的投影不再是矩形，变形成了平行四边形。因此，轴测图不能确切地反映平面的真实形状，且有很多不可见的结构无法表现。因而，对很多形体的形状表达不完整，同时不便于标注尺寸，绘制也较复杂。所以，轴测图仅作为辅助图样在工程中应用，在学习与设计中可以帮助理解空间概念和进行立体构思。

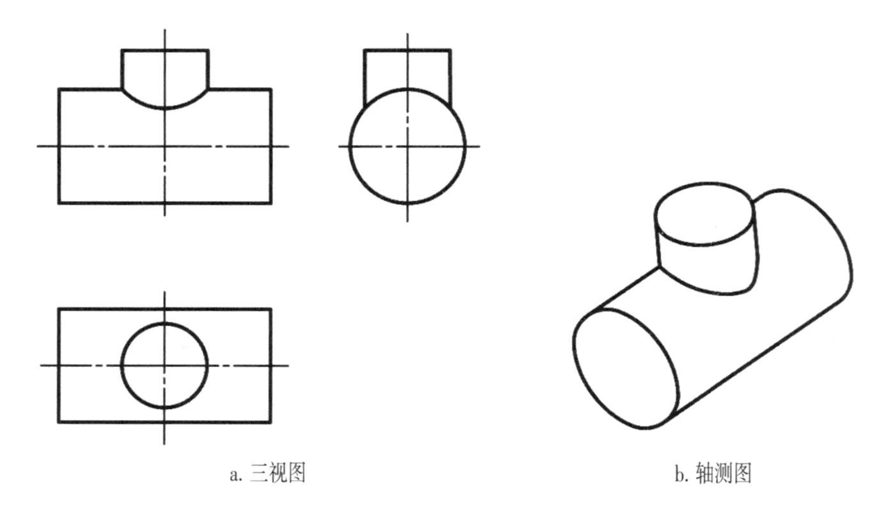

a. 三视图　　b. 轴测图

图 4−1　三视图与轴测图

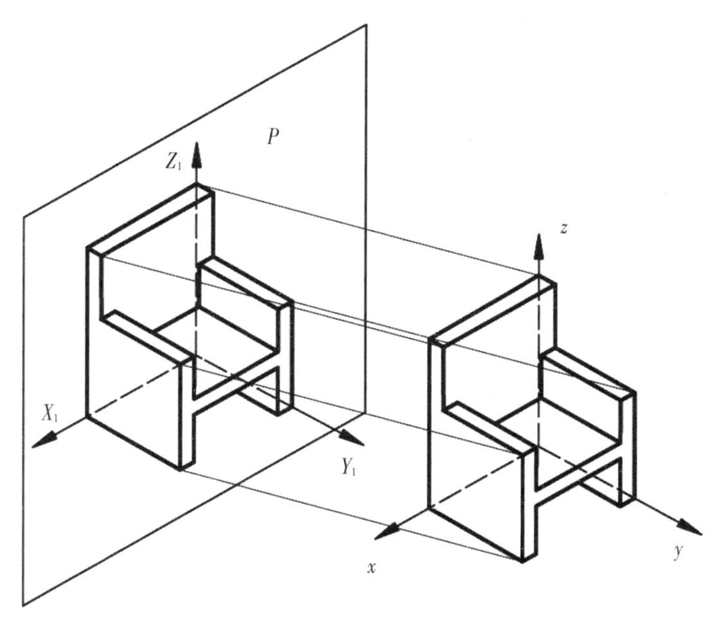

图 4-2 轴测图的形成

一、轴测图的形成

用平行投影法将形体连同确定形体空间位置的三面投影体系一起投射到一个投影面上，该投影面称为轴测投影面，所得到的投影图称为轴测投影图，简称轴测图（在平面上表达形体的空间结构，是一种立体图）（图 4-2）。

二、常用轴测图

轴测图分为两大类：一类是正轴测图，一类是斜轴测图。当投影方向垂直于轴测投影面时，得到的投影图是正轴测图；当投影方向倾于轴测投影面时，得到的投影图是斜轴测图。

在众多的轴测图中正等测和斜二测具有作图相对简单、立体感较强的特点，得到了广泛的应用。本章将分别介绍这两种轴测图的画法。

三、轴间角与轴向变形系数

（1）轴测轴是指三面投影体系中投影轴的投影。

一般情况下，轴测轴的标注应与视图中的投影轴有所区别。但为了标注方便，在不会引起误会时，两者标注可以一致。

（2）轴间角是指轴测轴之间的夹角。

（3）轴向变形系数是指平行于轴测轴的线段与平行于空间坐标轴对应线段的长度之比。

在轴测图中，轴测轴的位置、轴间角与轴向变形系数的大小若不同，绘制的轴测图也有所不同。采用不同位置的轴测轴、不同大小的轴间角与轴向变形系数绘制的正方体轴测图及比较见表 4-1。

表4-1 轴测轴、轴间角、轴向变形系数

<table>
<tr><td>内容</td><td>正等测</td><td colspan="6">斜二测</td></tr>
<tr><td>轴测轴</td><td></td><td colspan="2"></td><td colspan="2"></td><td colspan="2"></td></tr>
<tr><td>正方体的轴测图</td><td></td><td></td><td></td><td></td><td></td><td></td><td></td></tr>
<tr><td rowspan="2">轴向变形系数</td><td rowspan="2">$p=q=r=1$</td><td>$q=0.5$</td><td>$q=1$</td><td>$p=0.5$</td><td>$P=1$</td><td>$r=0.5$</td><td>$r=1$</td></tr>
<tr><td colspan="2">$p=r=1$</td><td colspan="2">$q=r=1$</td><td colspan="2">$p=q=1$</td></tr>
<tr><td rowspan="2">轴间角</td><td rowspan="2">$\alpha=\beta=\gamma=120°$</td><td colspan="2">$\alpha=90°$</td><td colspan="2">$\gamma=90°$</td><td colspan="2">$\beta=90°$</td></tr>
<tr><td colspan="2">$\beta=\gamma=135°$</td><td colspan="2">$\alpha=\beta=135°$</td><td colspan="2">$\alpha=\gamma=135°$</td></tr>
<tr><td>备注</td><td colspan="7">1. 一般Z轴是铅垂轴；
2. 斜二测的轴间角有一个是90°，另一个也可以选取120°或150°，第三个轴间角则是150°或120°；
3. 从正方体的轴测图中可以看出：正等轴测图变形较大；斜二测中的变形系数均取1时一个方向的变形较大；斜二测中的变形系数取0.5时，变形较小，与视觉效果接近。</td></tr>
</table>

作形体的轴测图时，应先选择绘制哪一种轴测图，从而确定各轴向变形系数和轴间角。根据轴测轴和轴间角，按表达清晰和作图方便来安排，一般Z轴为铅垂位置。为了使画出的轴测图清晰，通常物体的不可见轮廓线不画，但在必要时，可以用虚线画出。

图4-3中的轴测图，一个有虚线，一个没有虚线，从中可见无虚线的比有虚线的轴测图的图形更清晰；但有虚线的比没有虚线的轴测图，无论是读图还是画图都需要更强的空间思维。

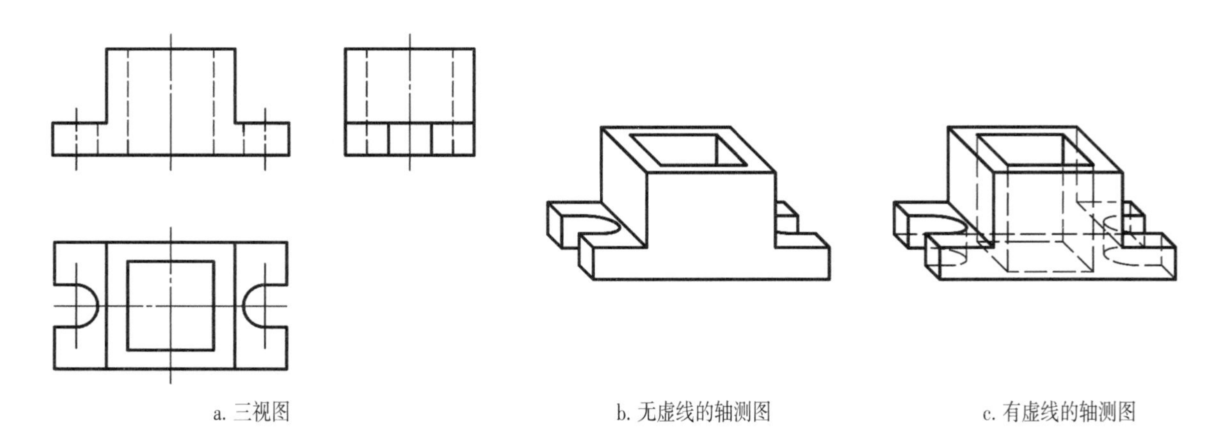

a. 三视图　　b. 无虚线的轴测图　　c. 有虚线的轴测图

图4-3 有无虚线的轴测图之比对

四、轴测图的投影特性

由于轴测图是用平行投影法得到的，因此具有以下平行投影的特性：

（1）空间相互平行的直线，它们的轴测投影仍相互平行；

（2）形体上凡是与坐标轴平行的直线，在其轴测图中也必然与坐标轴的投影——轴测轴平行；

（3）形体上两平行线段或同一直线上的两线段长度之比，在轴测图上保持不变；

（4）形体上平行于轴测投影面的直线和平面，在轴测图上具有真实性。

由于轴测图具有上述投影特性，因此，当直线平行于坐标轴或平面平行于轴测投影面时，根据轴向变形系数可对相应要素进行测量。画轴测图时，只有与坐标轴平行的线段才能量取其尺寸，用乘以相应坐标轴的轴向变形系数的长度进行绘图。这就是可度量性，也是“轴测”两个字的含义。

第二节 斜二测图

一、属于或平行于坐标面上的圆

在斜二测图中，正立方体表面上的圆平行于正投影面，且平行于轴测投影面，圆的轴测投影仍为直径不变的圆；平行于另两个投影面的圆的轴测投影均为扁圆。此时，平行于水平面的扁圆的长轴与 OX 轴顺时针偏转 7°10′；平行于侧面的圆的轴测投影的扁圆的长轴与 OZ 轴（铅垂线方向）逆时针偏转 7°10′（图4−4）。

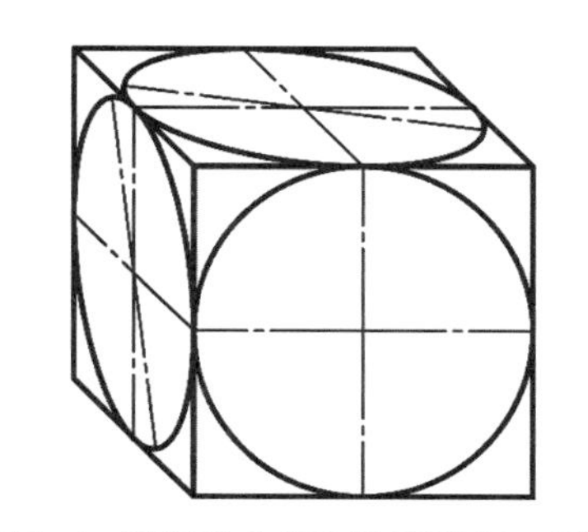

图4-4　平行于坐标面的圆的斜二测图

斜二测图中扁圆可用近似画法绘出。

图4−5所示的为用八点法画出的扁圆。

图4−5a所示的是用八点法绘制椭圆的原理图。从图中可知，正方形上各边长上的四个中点 a、b、c、d，是与圆相切的点，直接通过作图线即可确定；1、2、3、4四点是圆上的点，同时也是三条直线的交点，只要求出其中两条直线的投影，四个交点即可求出；共计八点，将八点用曲线圆滑地连接起来就得到了扁圆的投影。用八点法作扁圆，不会受轴向变形系数的影响，参见图4−5b及图4−5c。轴间角是30°、45°和60°时的作图方法完全相同，不同轴间角（轴向变形系数均为0.5）的扁圆图形参见图4−5h。

作图步骤如下（参见图4−5d～图4−5g）：

（1）建立轴测轴；

（2）作圆的外接正方形的轴测投影，画出对角线，并确定 a、b、c、d 四条边的中点（参见图4−5d）；

（3）以正方形的半边投影线为直径画半圆后，按图以 b 点为圆心、bs 为半径画一圆弧交于 bg 上的 m 点，过 m 点作 gc 的平行线，得到与对角线的交点2、3点，见图4−5e；

（4）过2、3点作四边形水平对边的平行线，得到与对角线的交点1、4点，见图4−5f；

（5）将1～4点和 a～d 点按与图4−5a相同的顺序连接，即得扁圆的投影，见图4−5g。

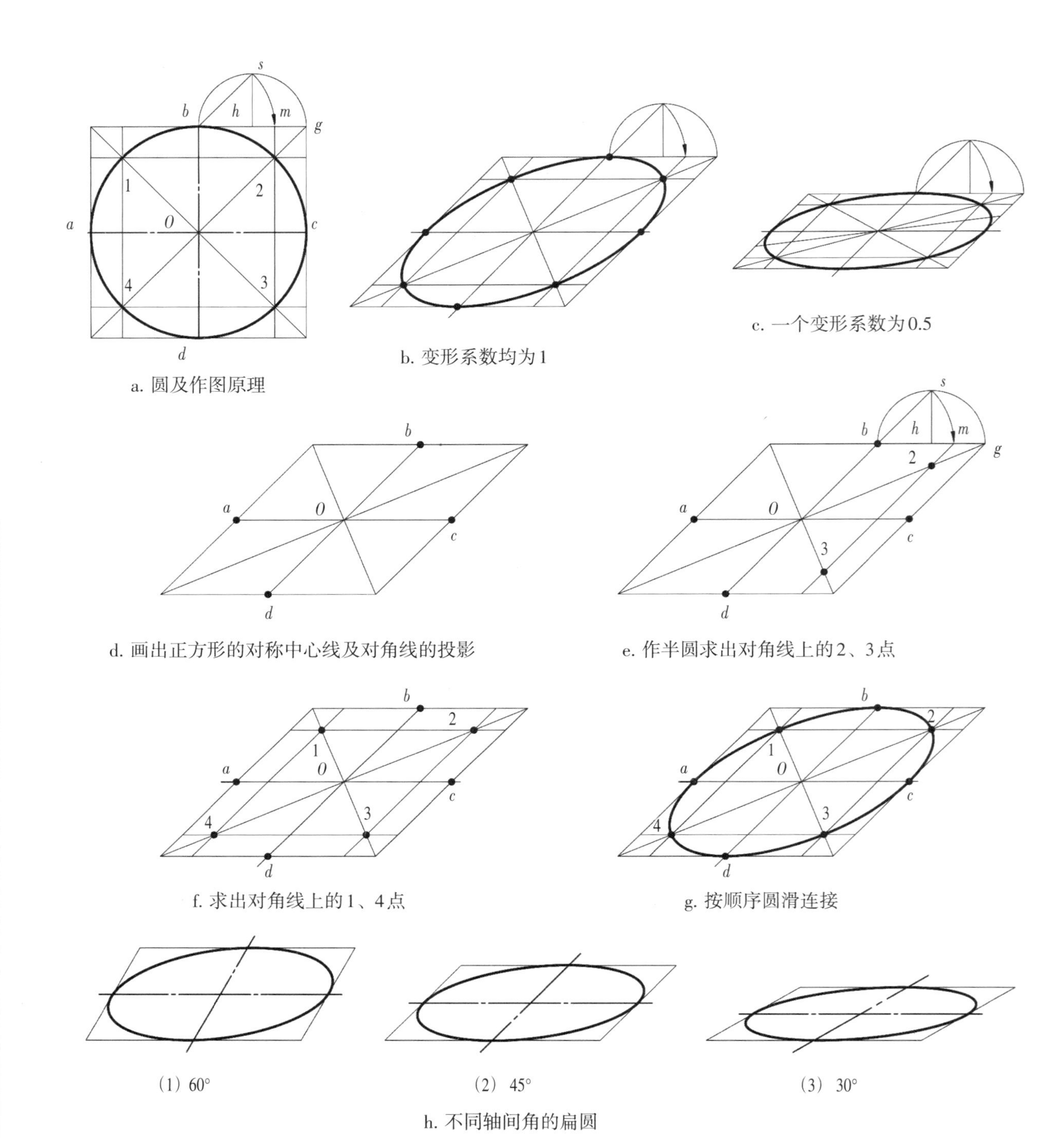

图 4-5　扁圆图示法作图过程

二、画法举例

斜二测图的特点是形体上有与轴测投影面平行的表面，而与轴测投影面平行的表面在轴测投影中反映实形。因此在画斜二测图时，应尽量使物体上形状复杂的一面平行于轴测投影面，其目的是易画，更主要的是能将形体的结构表现得更清楚。

例4−1 画出图4−6a所示三视图的斜二测图。

分析：图中所示的三视图，其结构分前后两部分，前低后高。前面的形体是柱体，主视图中的投影积聚；后面的形体也是柱体，俯视图中的投影积聚。选反映实形的轴测投影面平行于主视图。

作图步骤：

（1）首先画出前面的未切割形体——四棱柱，见图4−6b；

（2）对四棱柱进行切割，见图4−6c；

（3）画后面的未切割形体四棱柱，见图4−6d；

（4）对后面的四棱柱进行切割，见图4−6e；

（5）整理：两个组合的形体左右共面叠加无交线，属多余的线，去掉整理后见图4−6f。

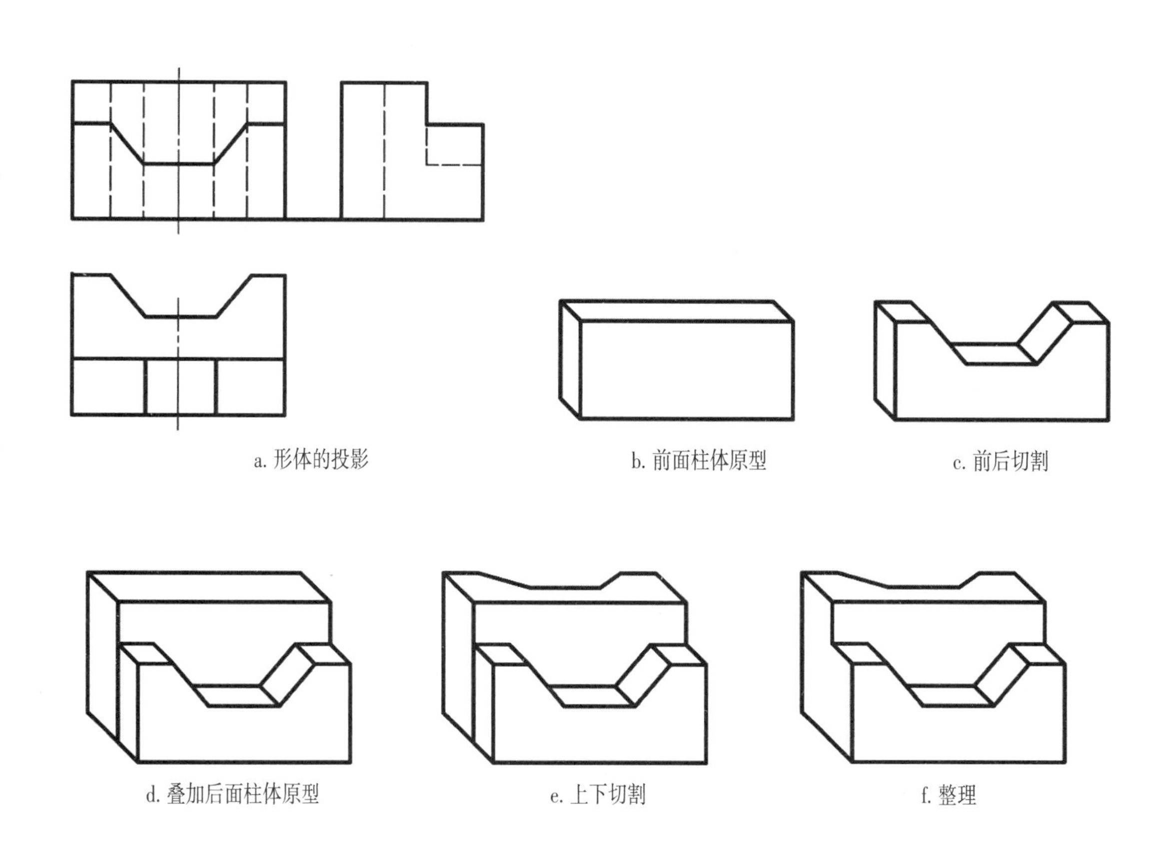

图4−6 平面组合形体的斜二测图

例4-2 画出图4-7a所示轴座的斜二测图。

分析：图中所示的三视图，其结构为前面是半个圆柱，后面的是半个圆柱的切割体（在其上有两个小圆通孔），中间是半个圆台，三个形体同轴叠加后又挖去一个同轴且前后贯通的半个圆柱。选反映实形的轴测投影面平行于主视图。

作图步骤：见图4-7b～图4-7d。

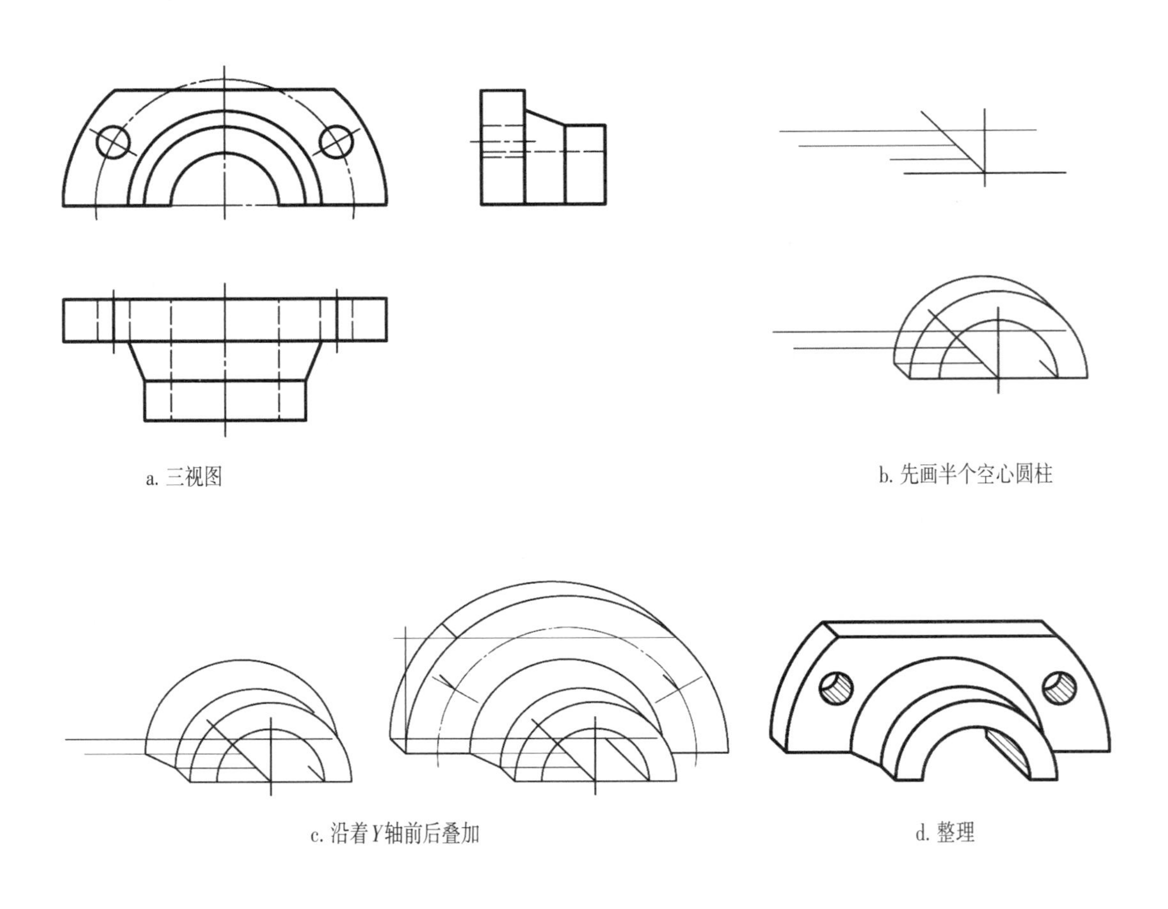

图4-7 轴座的斜二测图

例4—3 如图4—8a所示，在三视图上画斜二测图。

分析：图中所示的三视图，其结构是其主视图所示图形的柱体。因其结构简单，所以可以直接在视图中画斜二测图。

(1) 利用主视图中柱体积聚的投影画斜二测图，见图4—8b中的主视图位置。

(2) 利用左视图中柱体的投影画斜二测图，见图4—8b中的左视图位置。

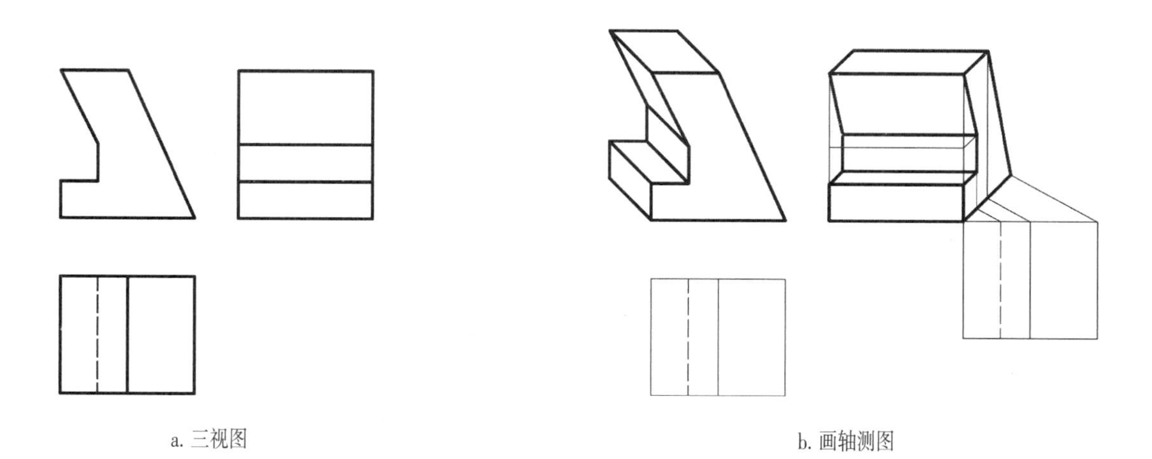

图4-8 利用柱体的一个投影画斜二测图

例4—4 如图4—9a所示，在三视图上画斜二测图。

(1) 利用形体的主视图画斜二测图，见图4—9b中的主视图位置。

(2) 利用形体的左视图画斜二测图，见图4—9b中的左视图位置。

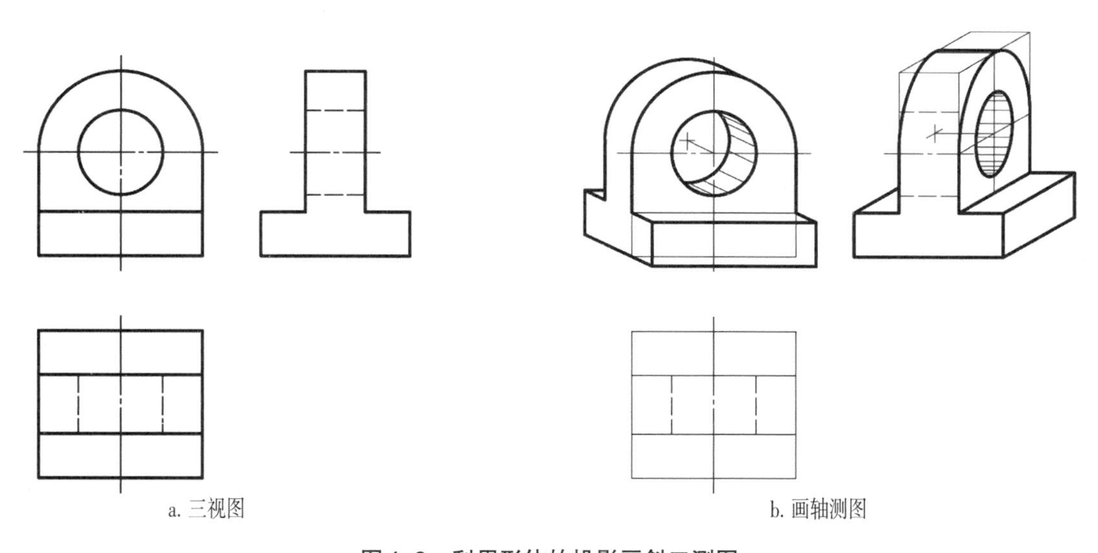

图4-9 利用形体的投影画斜二测图

第三节 正等轴测图

一、属于或平行于坐标面上的圆

由于正等轴测投影图中的轴测轴之间的夹角相等，轴向变形系数也一样，所以平行任一坐标面的圆，其正等轴测投影均为椭圆，且无论椭圆的大小如何，长短轴的比例不发生任何变化。

在不同坐标面的平行面上，椭圆的长短轴位置也不同。表4−2列出了平行于不同轴测坐标面的椭圆的长短轴与轴测轴（表中简称轴）的关系。

图4−10所示为各表面上均有内切圆的正立方体的轴测图。图4−10a是采用的轴向变形系数为0.82所画出的正等轴测图，图4−10b是采用简化的轴向变形系数为1所画出的正等轴测图。由于轴向变形系数放大了1.22倍，使正等轴测图也同样放大了1.22倍。

表4−2 平行于不同轴测坐标面的椭圆的长短轴与轴测轴的关系

内　容	圆的平面上没有	椭圆的短轴	椭圆的长轴
圆平面//*XOY*投影面	*Z*轴（投影轴）	//*Z*轴（轴测轴）	⊥短轴（轴测轴）
圆平面//*XOZ*投影面	*Y*轴（投影轴）	//*Y*轴（轴测轴）	
圆平面//*YOZ*投影面	*X*轴（投影轴）	//*X*轴（轴测轴）	

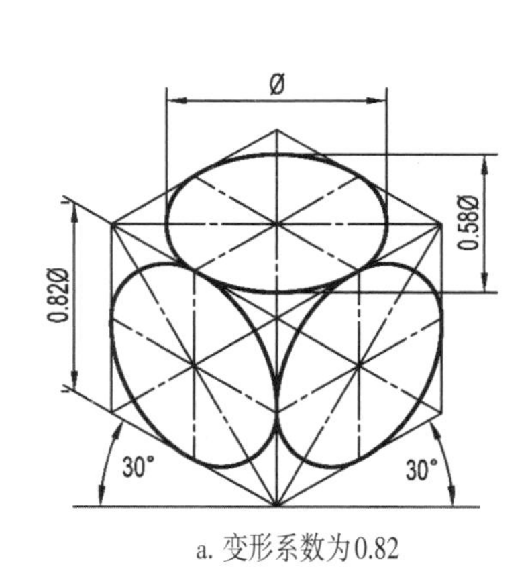

a. 变形系数为0.82

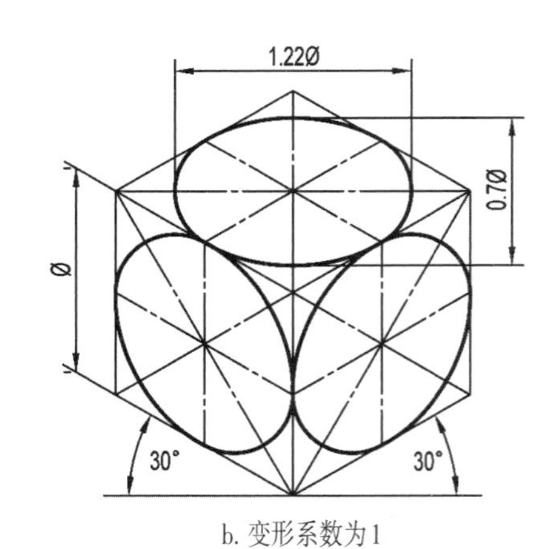

b. 变形系数为1

图4−10 平行于坐标面的圆的正等测图

平行于坐标面的圆的正等轴测椭圆画法，常采用四心近似画法绘制。作图步骤如图4−11所示。

平行于坐标面的圆的正等轴测椭圆画法，也可以采用如图4−12所示的画法绘制。

通过比对，两种椭圆的画法的差异仅在于一个画菱形，一个画圆。但目的相同，都是为了确定四段圆弧的切点及圆弧的圆心。

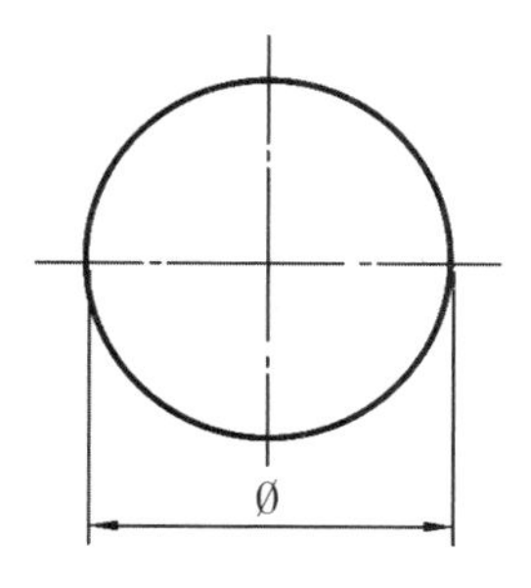

a. 圆的正投影

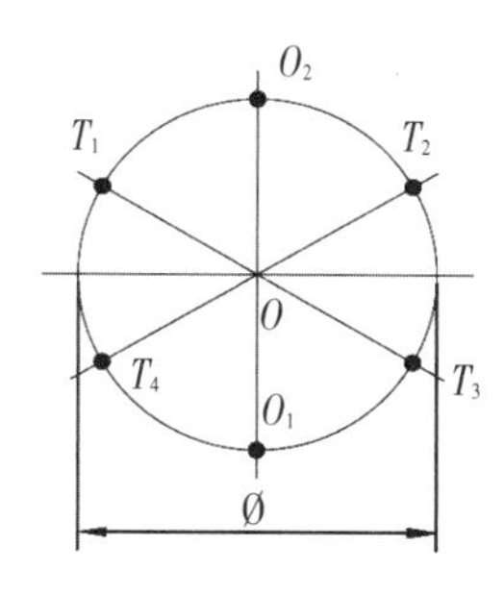

b. 画30°角的斜线（轴测轴）O_1、O_2为大圆弧的圆心，T_1、T_2、T_3、T_4为切点

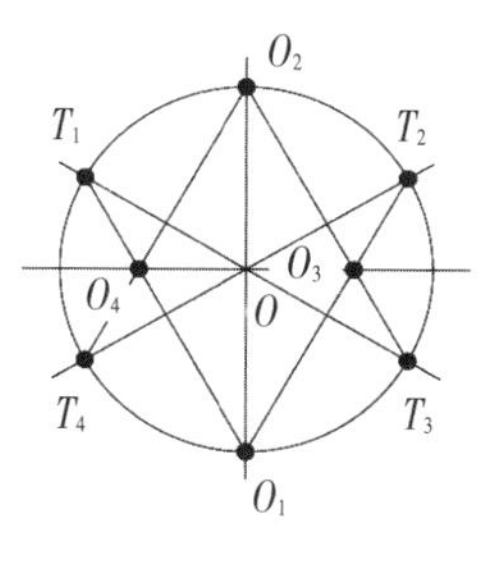

c. 连接O_1与T_1、T_2或连接O_2与T_3、T_4得小圆弧的圆心O_3、O_4

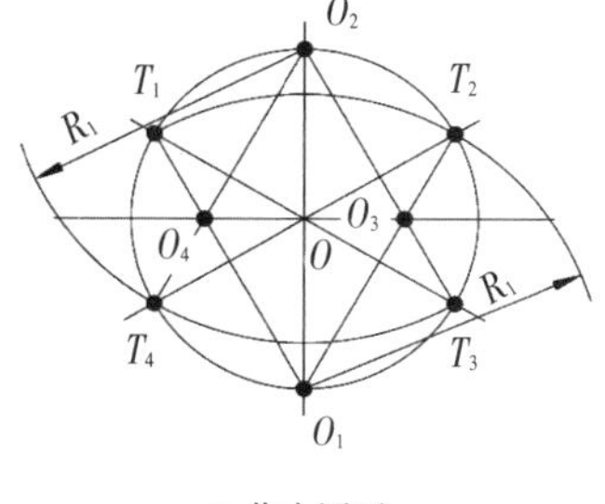

d. 作大圆弧

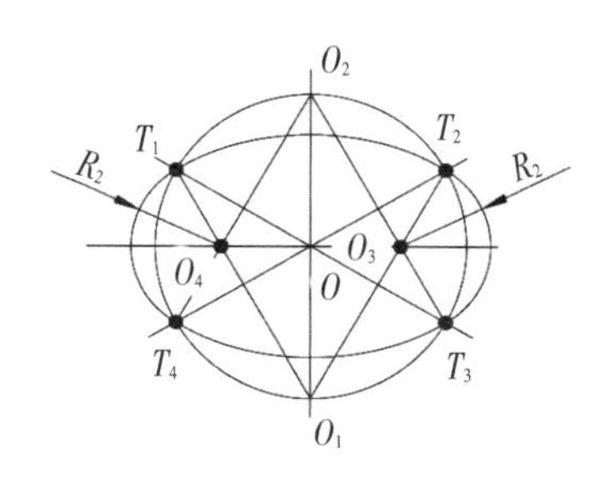

e. 作小圆弧

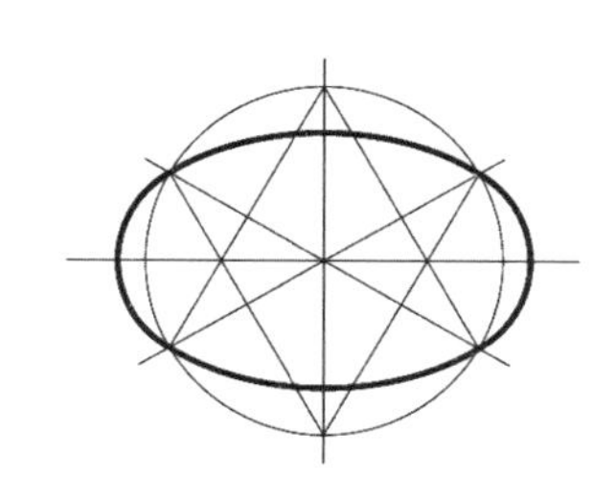

f. 描深加粗

图 4−11 圆的正等轴测近似画法一

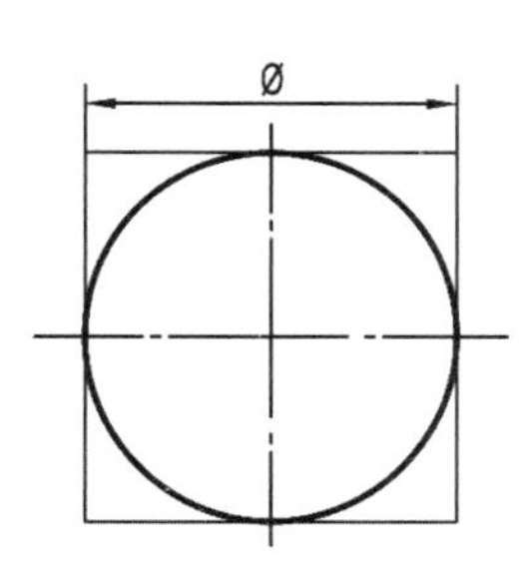

a. 圆与圆外接正方形的正投影

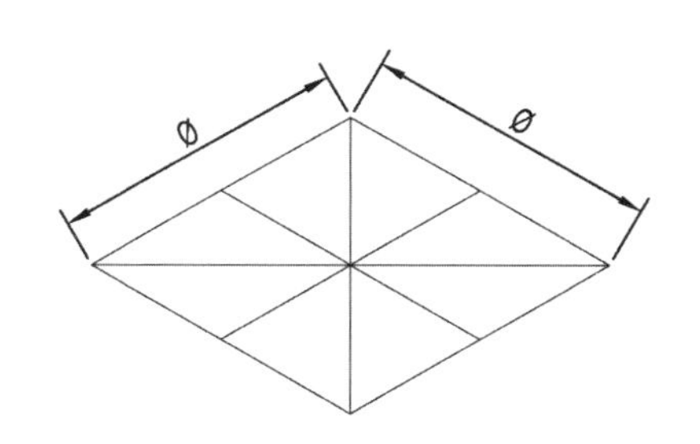

b. 画正方形的轴测投影

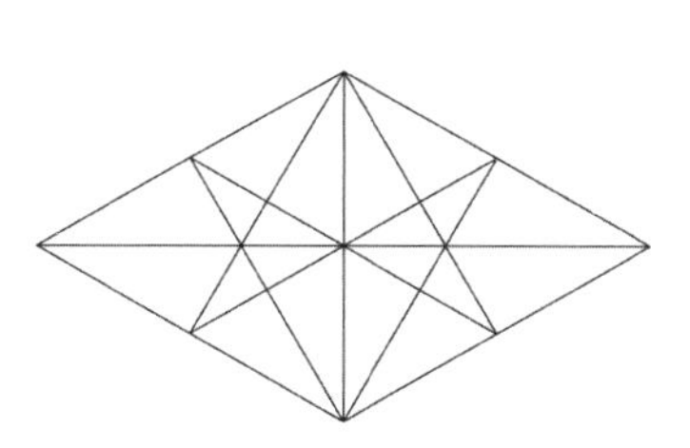

c. 连线

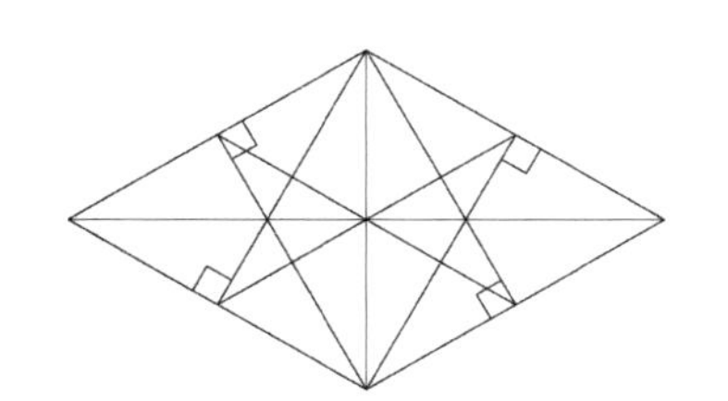

d. 可以用几何知识证明是直角关系

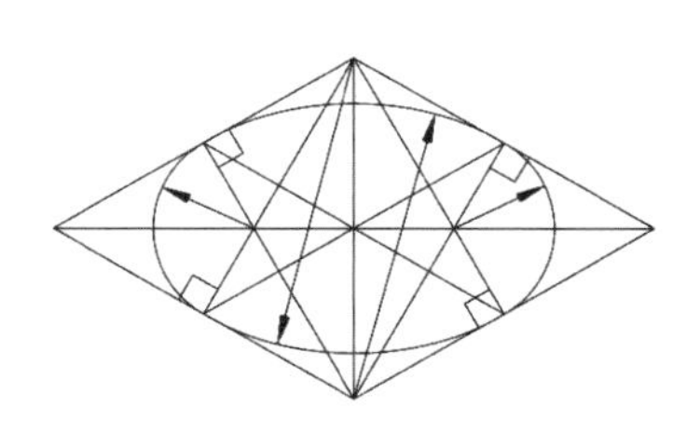

e. 画圆弧

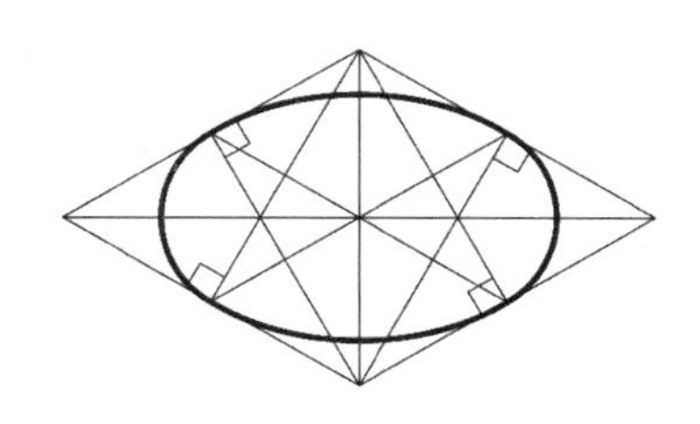

f. 描深加粗

图 4−12 圆的正等轴测近似画法二

二、圆角的画法

如图4－13a、图4－13b所示，矩形中的圆角都是四分之一圆弧，四个圆角恰好可以组成一个完整的圆。椭圆是由四段圆弧组成的，每一段圆弧对应的是圆上的四分之一圆弧。因此，圆角矩形的画法可以分别将椭圆上沿圆的直径向另一个方向拉宽，双向拉伸的图形就是圆角矩形，拉伸后的图形见图4－13c。

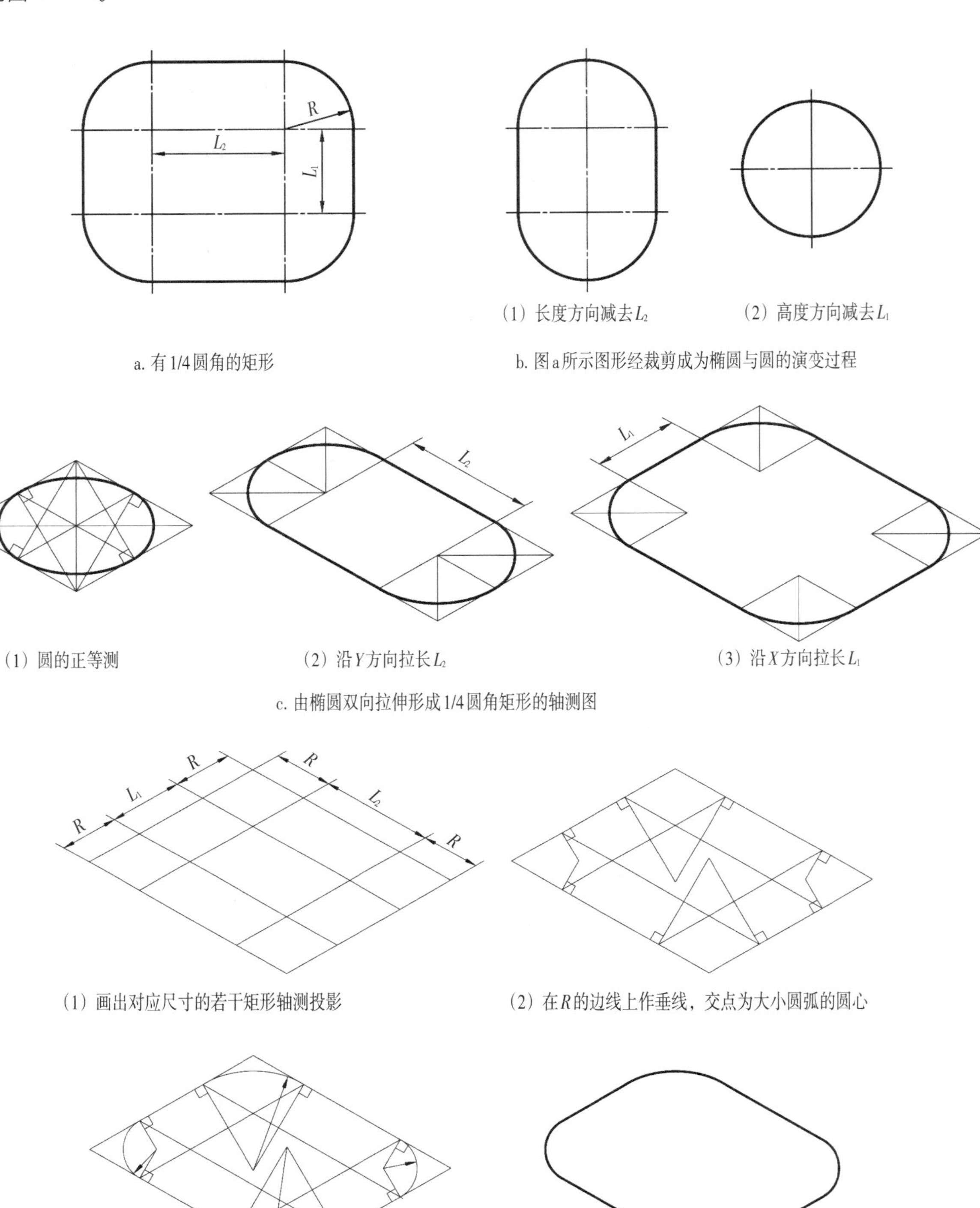

a. 有1/4圆角的矩形

(1) 长度方向减去L_2　(2) 高度方向减去L_1

b. 图a所示图形经裁剪成为椭圆与圆的演变过程

(1) 圆的正等测　(2) 沿Y方向拉长L_2　(3) 沿X方向拉长L_1

c. 由椭圆双向拉伸形成1/4圆角矩形的轴测图

(1) 画出对应尺寸的若干矩形轴测投影　(2) 在R的边线上作垂线，交点为大小圆弧的圆心

(3) 画圆弧　(4) 整理、描深

d. 圆角平面图形的一般画法

图4－13 圆角的正等测画法

在具体画图时宜采用图4-13d圆角的画图步骤：

（1）依尺寸将圆角矩形按直角矩形画出，见图4-13d（1）；

（2）在尺寸为R的角边上，每个角上的两条垂线的交点分别是大小圆弧的圆心，见图4-13d（2）；

（3）分别以每个角作出的垂线交点为圆心、以垂足为切点画圆弧，即得圆角正等测投影，见图4-13d（3）；加深整理，见图4-13d（4）。

画带有圆角的底板的正等轴测图，画法同前，只是增加了板的厚度的画法。作图步骤见图4-14。

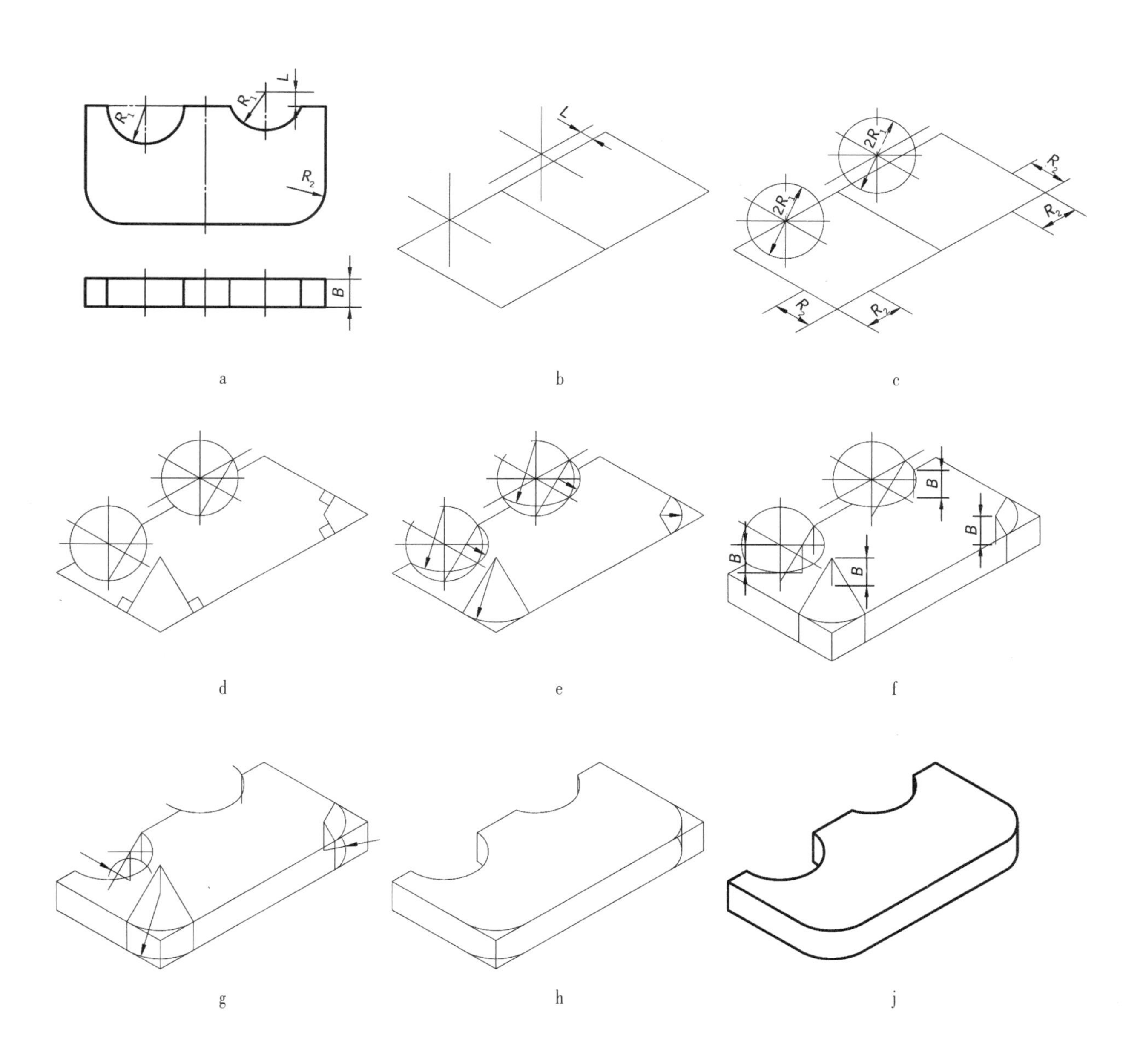

图4-14 圆角板的正等轴测图

三、用形体分析法画

画出图4-15a所示组合体的正等轴测图。

分析：图中所示的三视图，其结构是三个柱体的叠加，底板是矩形的棱柱，位置在最下；后立板是柱体，其主视图的投影积聚；右侧立板也是柱体，其左视图的投影积聚。

作图步骤见图4-15b～图4-15e。

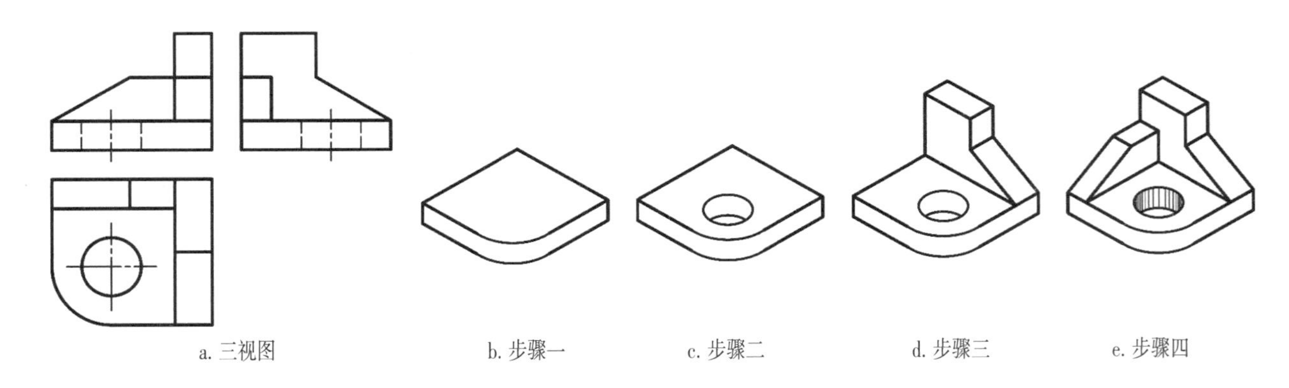

图4-15 用形体分析法画正等轴测图

四、用坐标法画圆柱切割体

分析：从图4-16a给出的图中可以看出，圆柱切割体分成上下两段，上段用与轴线和W面平行的平面切割，其切割面的形状是矩形；下段被斜面切割，其切割面的形状是椭圆的一部分；矩形切割面与椭圆形切割面相交，轴测图参见图4-16b。

求作所示圆柱切割体的正等轴测图，关键是求出圆柱体表面与切割平面的交线。交线是由无数个点集合而成的，故求出若干个交点，交线即可求出。交点在圆柱表面的素线（与轴线平行的圆柱表面上的线）上，在视图上确定交点所在素线在圆柱上的位置及高度，就可以找出在圆柱的轴测投影图中对应的位置，再将求出的若干点用圆滑的曲线连接即可，作图步骤见表4-3。

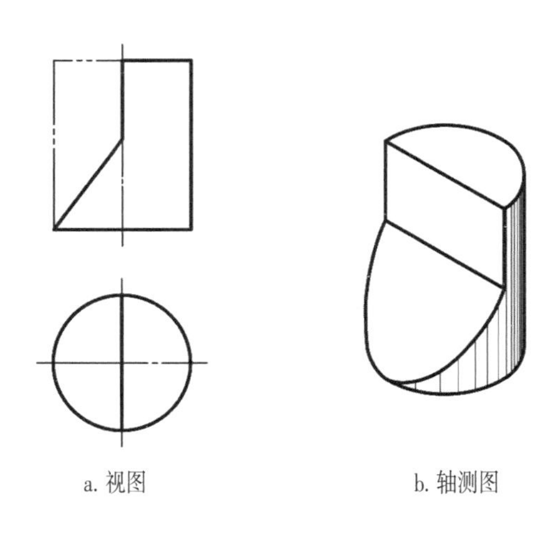

图4-16 画圆柱切割体的正等轴测图

表4-3 画圆柱切割体的正等轴测图的作图步骤

内容	在视图中确定交线上的各点	标注说明	在视图中分析各点的位置	三视图分析说明	确定视图中各点的轴测对应点	画轴测图说明
1. 画圆柱图形，标注基本尺寸	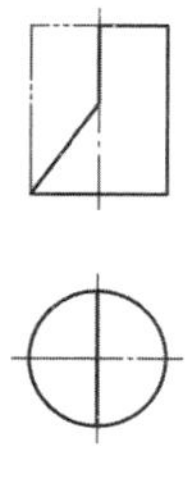	画出圆柱的视图。	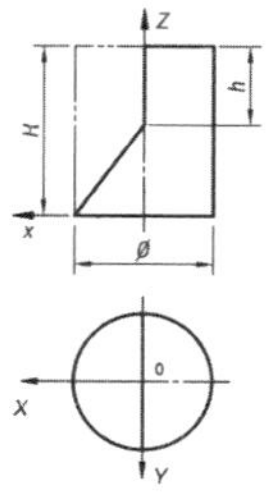	在圆柱的视图上确定轴测轴（可以与投影轴一致，也可以不一致），并标注尺寸。	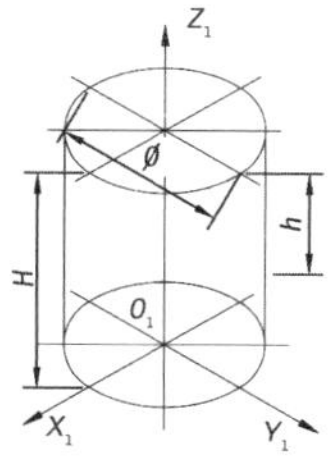	建立空间坐标，画出圆柱的轴测图，并标注尺寸。
2. 矩形切割面的四个顶点	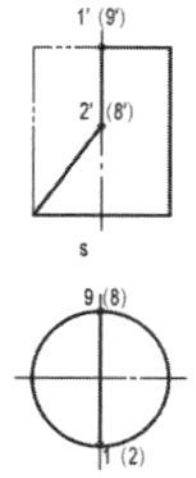	标注出转折位置的四个点Ⅰ、Ⅱ、Ⅷ、Ⅸ的投影。	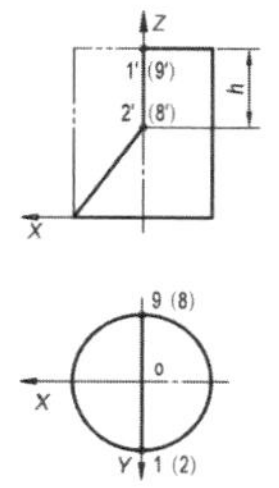	Ⅰ、Ⅱ点属于圆柱前轮廓线，Ⅷ、Ⅸ点属于圆柱后轮廓线，Ⅰ、Ⅸ点在上底圆上，Ⅱ、Ⅷ分别在Ⅰ、Ⅸ的正下方，距离为h。	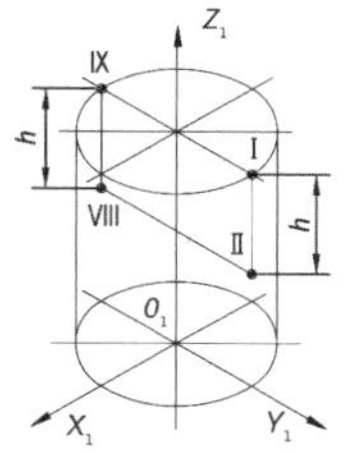	Ⅰ、Ⅸ两点属于圆柱的上底圆，同时也属于Y_1轴向上平移至上底圆的直线上；由Ⅰ、Ⅸ两点向下量取长度h，即得到Ⅱ、Ⅷ点的轴测投影。
3. 最左、最低点	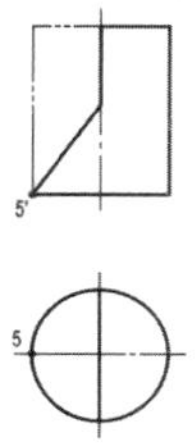	标注交线的最低点Ⅴ的投影。	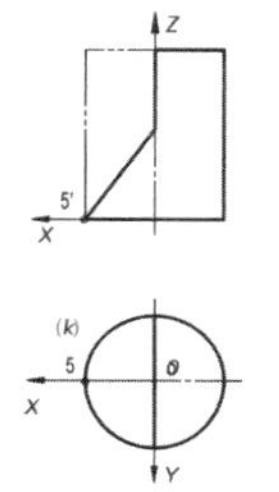	Ⅴ点属于圆柱的下底圆，同时属于X轴，且在X轴的正方向。	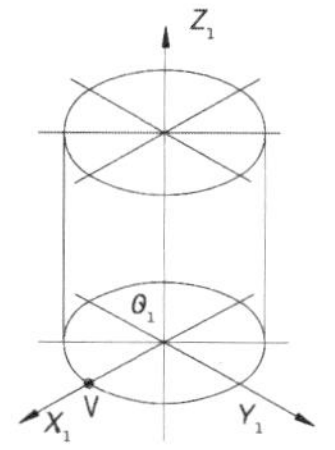	*V*点在X_1轴与圆柱下底圆的交点处，且在X_1轴的正方向处。
4. 轴测轮廓线与轴测对称中心线重合的点	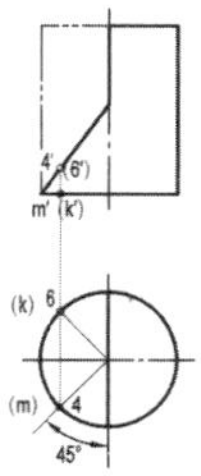	作45°斜线，标注Ⅳ、Ⅵ点的投影。	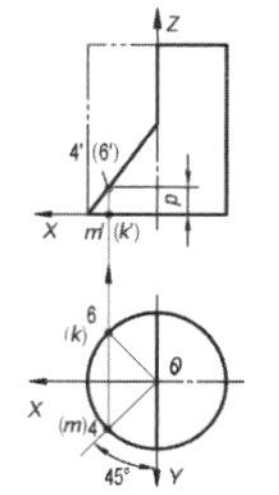	包含有Ⅳ点的圆柱轴测投影轮廓线和包含有Ⅵ点的与轴测对称中心线重合的素线，分别位于圆柱的两个角平分线处，两点的高度为p。	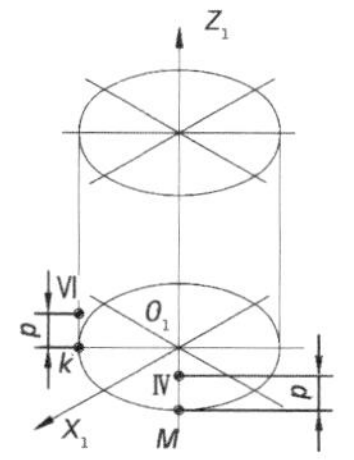	*M*、*K*点属于圆柱下底圆，M点在$+Y1$与$+X1$的角平分线上，K点在$-Y1$与$+X1$的角平分线上，确定*M*点和*K*点的轴测位置后，分别向上量取高度p。
5. 一般点	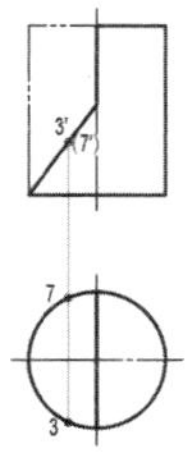	标注Ⅲ、Ⅶ的投影。	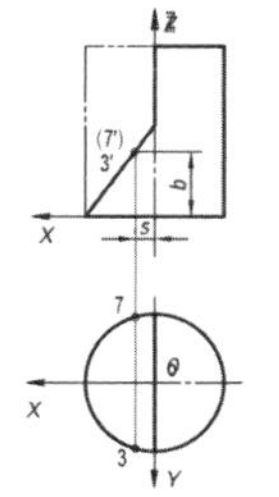	Ⅲ、Ⅶ两点是一般位置点，两点连线的水平投影与底圆有两个交点，由交点向上量取距离b即是Ⅲ、Ⅶ的投影。	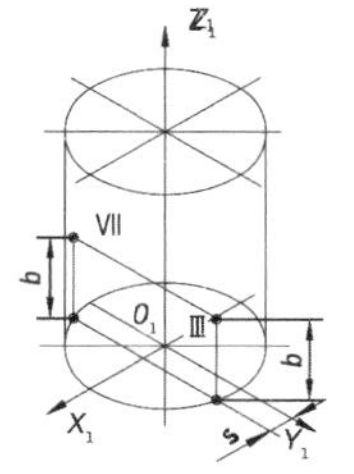	在X_1轴的正向量取s，再画一条与Y_1轴平行的直线，得到与底圆相交的两个交点，在两交点处分别向上量取b，即为Ⅲ、Ⅶ两点的轴测投影。
6. 连接、整理	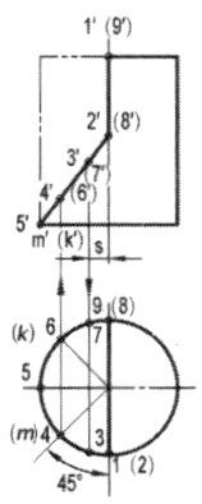	注出所有的点。	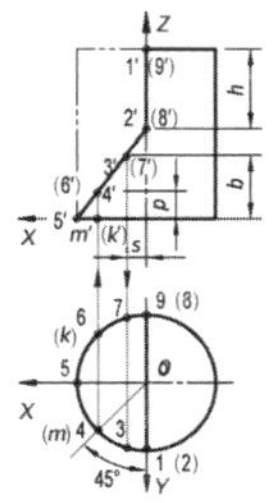	集中全部作图过程。	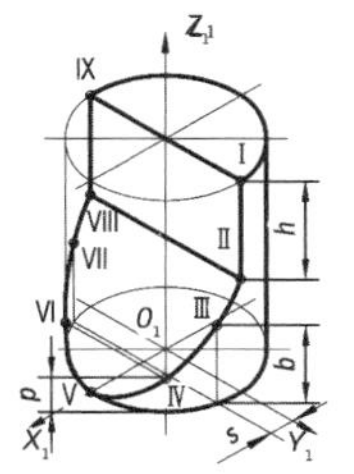	按视图中切割点的顺序圆滑连接各点，得到切割面的轴测投影，并整理。

五、画法举例

图4−17与图4−18都是与视图连在一起画的组合形体的正等轴测图。这种作图方法的优点是用平行线和圆规画线量取尺寸，作图方便、快捷。

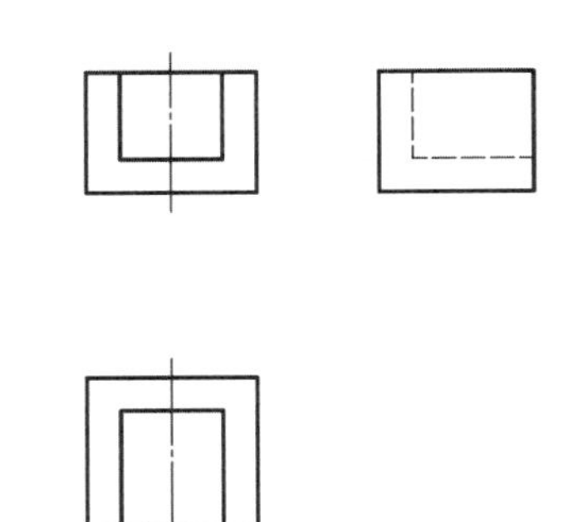

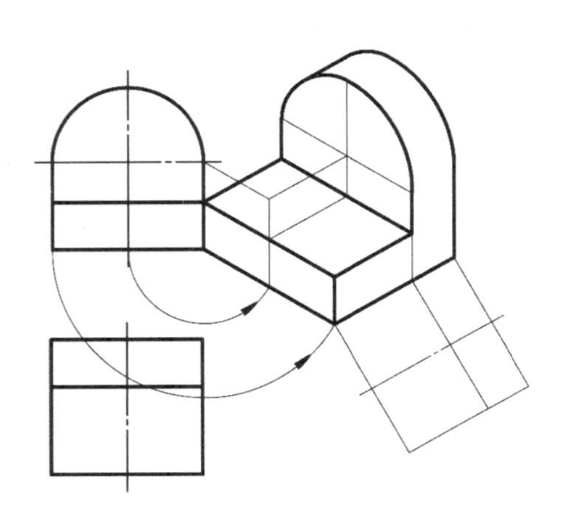

图4−17 利用两视图画正等轴测图

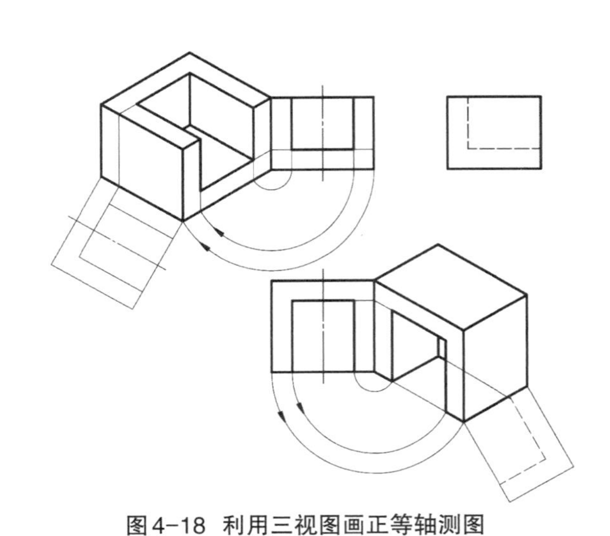

图4−18 利用三视图画正等轴测图

第四节 轴测图的选择

选择轴测图时，在满足立体感的前提下，应尽可能地使作图过程简便。前面几节介绍了正等测与斜二测两种轴测图的画法，下面通过实例将这两种轴测图做一比较。

一、正等测图与斜二测图的特点

1. 正等测图

用正等测方法画轴测图度量性好，轴间角均为120°，三个方向的轴向变形系数均为1，平行于三个方向的轴测坐标尺寸可在三视图中直接量取（不用尺寸换算）。平行于轴测坐标面的椭圆画法一致，不同的仅是长短轴的方向有所变化，从而简化了画法不一致的作图过程，应用较广。但是，采用正等测画出的轴测图，由于三个方向的轴向变形系数均放大了1.22倍，导致轴测图与三视图比较时，有变形和放大的视觉效果。

2. 斜二测图

斜二测图的主要优点是有一个坐标面的两个轴测轴相互垂直，当形体在该坐标面或该坐标面平行面上有较多的圆和圆弧，而在其他平面上图形线为直线时，采用斜二测图画图较为容易。用斜二测画轴测图，特别是用一个变形系数为0.5所画的轴测图，具有接近透视图的视觉效果。

二、正等测图与斜二测图的比较

如图4-19所示，在图中各画出了同一形体的正等轴测图与轴向变形系数与轴间角都不相同的两个斜二测图。相互平行的若干圆，正等轴测图中是椭圆，斜二测一个是用圆规直接画出的圆，另一个是扁圆。比较三种轴测图，在绘图的难易方面，用圆规画圆的斜二测最容易画，次之是正等侧，最难画的是用扁圆绘制的斜二测，但在视觉方面用扁圆绘制的斜二测最接近视觉效果。在画图时选择画哪种轴测图，还要根据形体的结构确定。

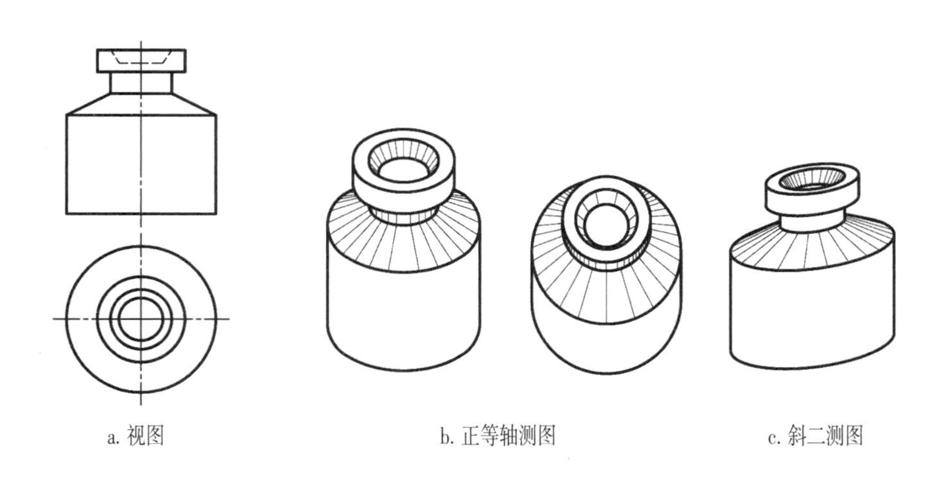

a. 视图　　b. 正等轴测图　　c. 斜二测图

图4-19 平行的平面上有很多同轴的圆

图4-20是另一个形体的正等轴测图和斜二测图。

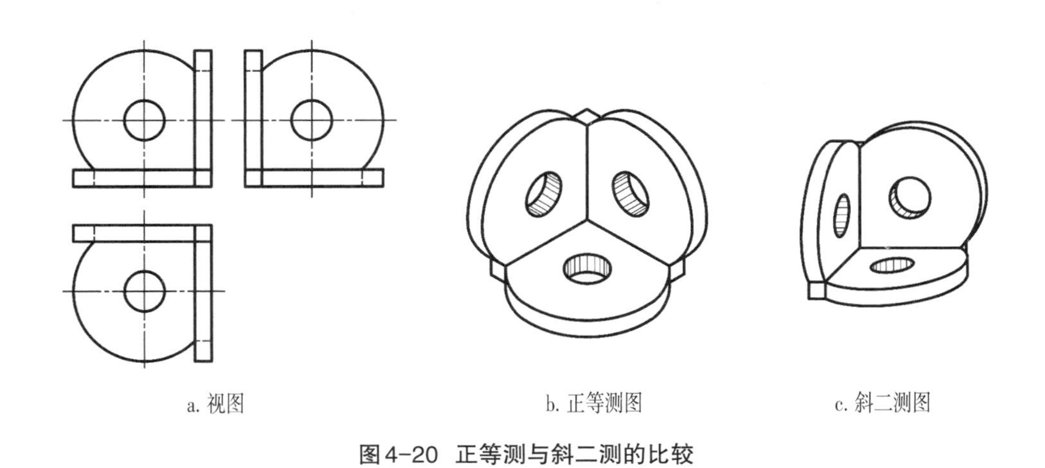

a. 视图　　b. 正等测图　　c. 斜二测图

图4-20 正等测与斜二测的比较

复习思考题:

1．什么是轴测图?它与视图有何区别?与透视图有何区别?

2．画轴测图必须要有哪两个基本参数?轴向变形系数的作用是什么?轴间角的作用是什么?

3．正等轴测图中3个相互垂直坐标面上的椭圆有何规律?

4．选用正等测图与斜二测图画形体的轴测图，有什么不同?

第五章 常用表达方法

产品的造型是多样化的，结构件更是复杂多样的，仅用三视图不可能将各种形状的结构件的内外结构与形状完整、清晰、简便地表达出来。因此，国家制图标准中规定了一系列的表达方法。本章将简单介绍几种工业设计中能够涉及的表达方法。

第一节 视图

视图是将结构件向投影面投影时所得到的图形。一般视图中用粗实线表达结构件的可见轮廓，用虚线表达结构件的不可见轮廓。常用的视图有：基本视图、局部视图和斜视图。

一、基本视图

结构件的形状与结构比较简单时，用一两个视图或者三个视图就能表达清楚。但很多复杂的结构件，往往用三个视图也不能完整、清楚地表达出它们的内外结构与形状。在这种情况下，制图标准中规定可以在三个投影面的基础上，再增设三个分别与 H、V、W 面平行的投影面，组成一个六面投影体系（图5−1a）。因为是以三面投影体系为基础建立的六面投影体系，所以三面投影体系及引申出的三视图，在六面投影体系中的投影关系与规律不发生任何改变。六面投影体系中的每一个投影面都称为基本投影面，结构件在基本投影面上所得到的视图，称为基本视图。六个基本投影面展开的方法是：正立投影面不动，其余五个投影面按图5-1b中所示向后旋转至与正立投影面（V面）共面的位置。

视图展开后，各基本视图的配置如图5-2所示。

六个基本视图分别是：

主视图：由前向后投影所得到的视图；

俯视图：由上向下投影所得到的视图；

左视图：由左向右投影所得到的视图；

后视图：由后向前投影所得到的视图；

仰视图：由下向上投影所得到的视图；

右视图：由右向左投影所得到的视图。

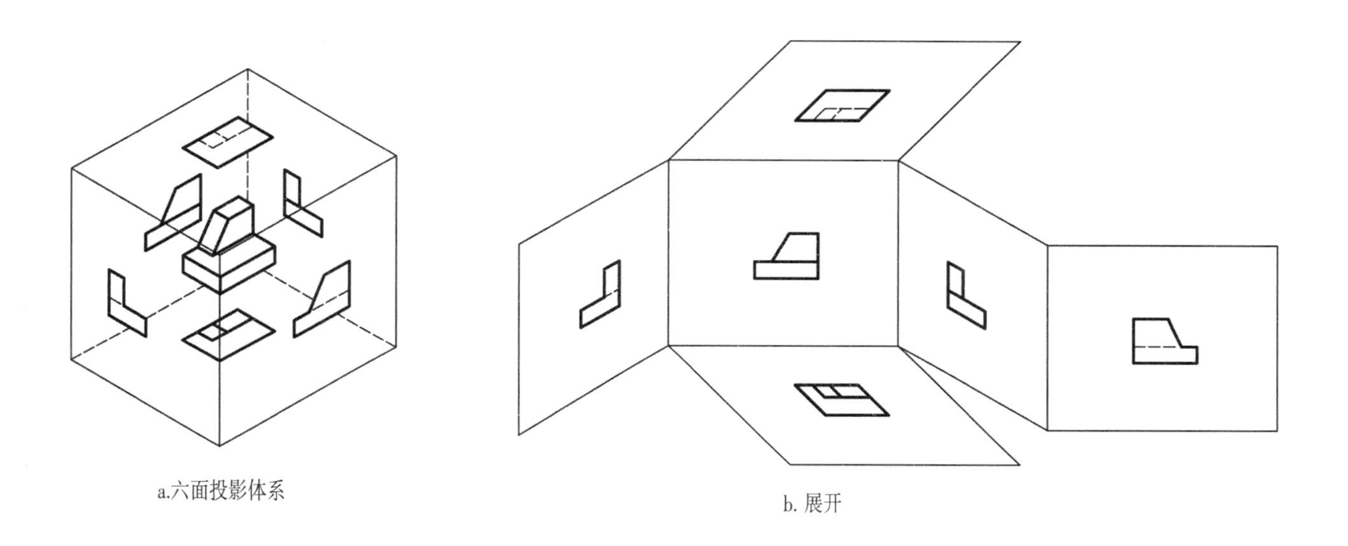

图5-1 基本视图的形成

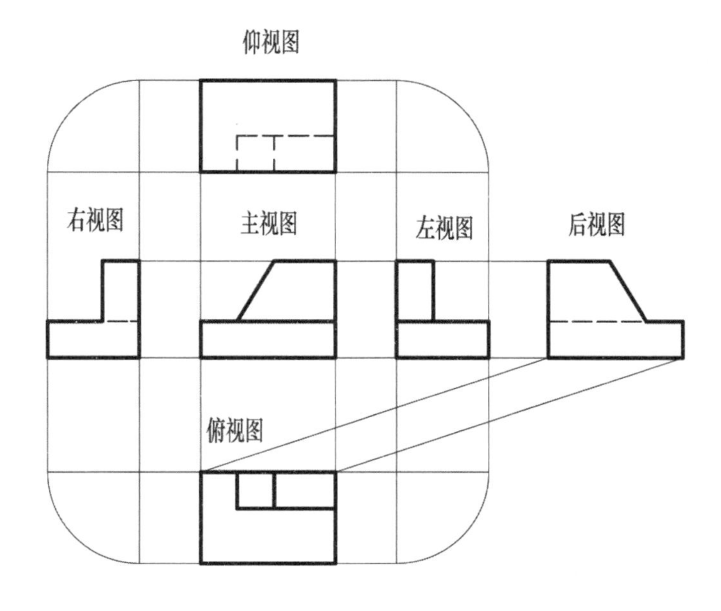

图5-2 基本视图

国家标准规定，在同一张图纸上，按基本视图的配置绘制六个基本视图时，视图的名称不需任何标注（图5−2）。从图5−2中可以看出，与以前介绍的三视图一样，六个基本视图之间仍然要符合“长对正、高平齐、宽相等”的三等投影规律，即“主、俯、仰、后四个视图长度一致，主、俯、仰三个视图长对正，主、左、右、后四个视图高平齐，俯、仰、左、右四个视图宽相等”。

虽然有六个基本视图，但在选择表达方案时，应根据被表达的结构件的具体结构特点，选用视图数量最少，又能清楚表达结构件的结构特征的方案。一般情况下，应优先选用主视图、俯视图及左视图，即在具体设计时，优先选用三视图进行表达。

二、向视图

由于六个基本视图的配置导致图纸的长度过长，不利于有效地利用图纸，因此应采用自由配置的一种视图，即向视图。采用向视图的目的之一是使视图的布局清晰，同时使结构件的结构得到更合理的表达。

图5−3所示的就是未按基本视图进行配置的视图布局，其中A图是A向视图，替代的是右视图；B图是B向视图，替代的是仰视图；C图是C向视图，替代的是后视图。A图、B图、C图都是向视图。

向视图必须标注，其方法如下：

（1）在相应视图的附近用箭头指明所要表达的部位和投影方向。

箭头及所指方向线应与被表达结构轮廓线的法线（法线就是垂直于面的直线）重合。

（2）向视图可按投影关系配置，也可将向视图配置在其他适当的位置。

（3）图名标注：在箭头旁注写大写的拉丁字母，并在该向视图的上方标注相同的视图名称（即相同的字母），拉丁字母一律水平式书写。

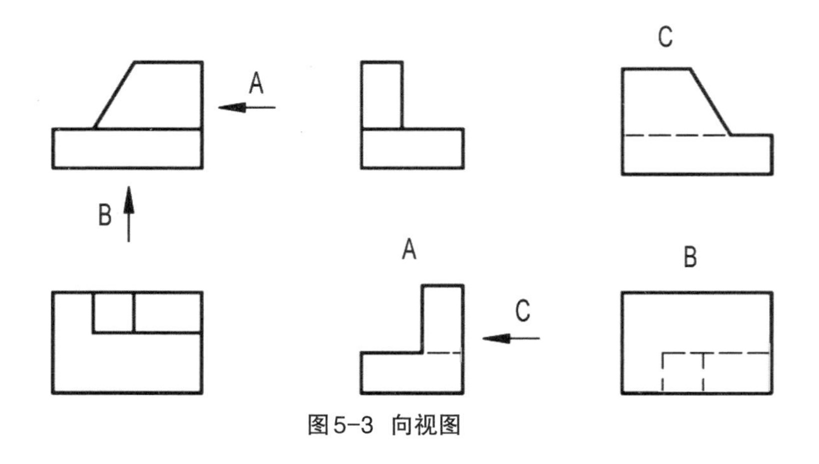

图5−3 向视图

三、局部视图

将结构件的某一部分向基本投影面投影所得到的视图，称为局部视图。局部视图适用于当结构件的主要部分已由一组基本视图表示清楚，而局部结构的形状尚需进一步表达的场合。如图5−4所示的铲，用主视图已将主体一个方向的结构与形状表达出来。由于铲柄结构是倾斜的，若连同铲面

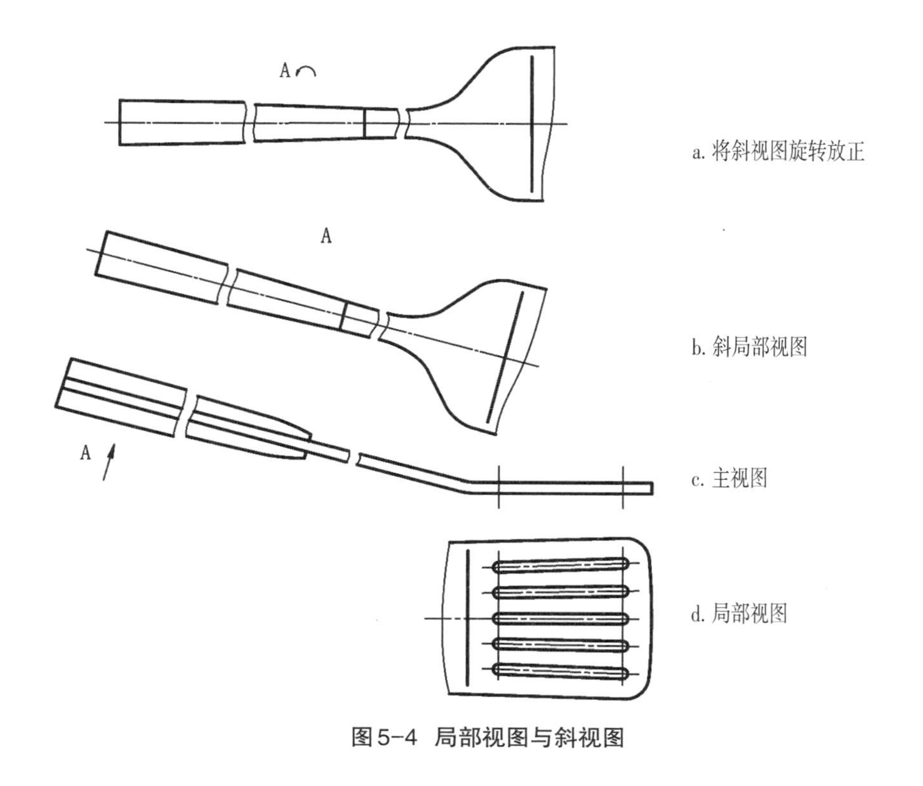

图5-4 局部视图与斜视图

一起投影到水平基本投影面上，则得到不真实的铲柄图形。此时，为了表达铲面的结构与形状，而采用局部视图进行表达（图5-4d）。

局部视图的配置、标注及画法：

（1）局部视图的配置较为灵活，可按投影关系配置，也可将局部视图配置在其他适当的位置。

（2）局部视图的标注。当局部视图按投影关系配置，中间没有其他视图隔开时，可省略标注，如图5-4d中表达铲面的局部视图。局部视图若未按投影关系配置，需用字母与箭头指明所要表达的部位和投影方向，且在该局部视图上方用相同的视图名称（即相同的字母）进行标注。

（3）局部视图的范围边界用波浪线表示，见图5-4d左边的图线。但当所表示的局部结构是完整的，且其投影的外轮廓线封闭时，波浪线可省略不画。

（4）画波浪线时，不应超过轮廓线或不与轮廓线相交，也不应画在中空处。

四、斜视图

为表达图5-4中的铲柄一类不平行于任何基本投影面的倾斜结构的真实形状，增加一个平行于该倾斜结构的投影面（在视图中只能看到用箭头表示的投影方向，倾斜结构的投影面不画，箭头必须与倾斜的结构垂直），在平行于倾斜面的投影面上仍按正投影的原理进行投影，将得到的视图称为斜视图（图5-4b）。画斜视图时应注意以下几点：

（1）斜视图只用于表达结构件上倾斜部分的真实形状，当其余部分在其他视图中已表达清楚时可不画出，当结构连续时需用波浪线或双折线断开，见图5-4b所示图形的右端。当局部结构的外轮廓线呈完整闭合的图形时，波浪线可省略不画（图5-5b）。

（2）斜视图一般应按投影关系配置，见图5-4b，有时可配置在其他适当的位置，见图5-5b。为作图和读图方便，在不致引起误解的情况下可将斜视图旋转放正，见图5-4a和图5-5c。

（3）斜视图必须进行标注，其图名、投影方向一般不允许省略。斜视图的标注方式及配置与

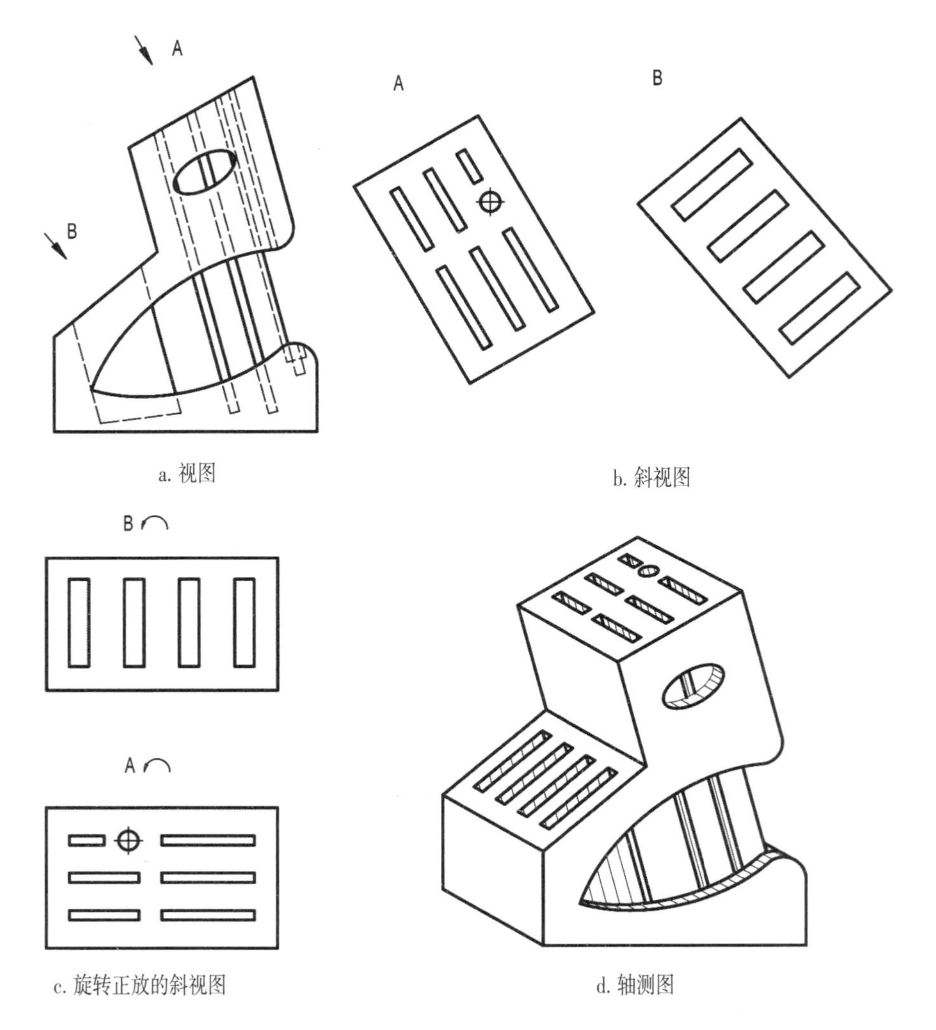

图 5–5 斜视图

向视图基本一致。旋转放正画出的斜视图标注时，应在图名处加注旋转符号，图名仍采用大写的拉丁字母。

图 5–5 为组合刀架的一组视图，刀架上表面是倾斜、封闭的平面图形，故采用斜视图表达其上表面结构的真实形状。

五、第三角投影

投影法有第一角投影和第三角投影之别。我国采用的是第一角投影法，而美国、日本等国家则采用第三角投影法。随着改革开放的深入，我国与世界各国的技术交流不断加深，因此了解第三角投影法，便于进行国际技术交流，对产品设计师也是非常必要的。下面对第三角投影法进行简要介绍。

第一角投影：结构件处于观察者和投影面之间，这样所得到的投影就是第一角投影。

第三角投影：投影面处于观察者和结构件之间，这样所得到的投影就是第三角投影。

第三角投影与第一角投影一样，将结构件放在六面投影体系中（图 5–6a），用正六面体的六个

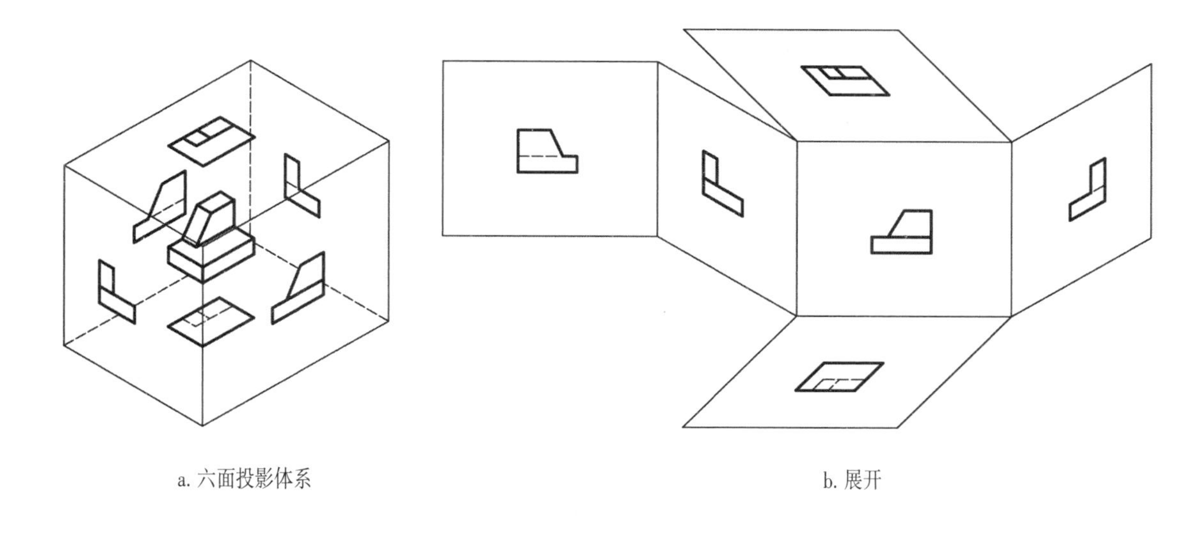

a. 六面投影体系　　　　b. 展开

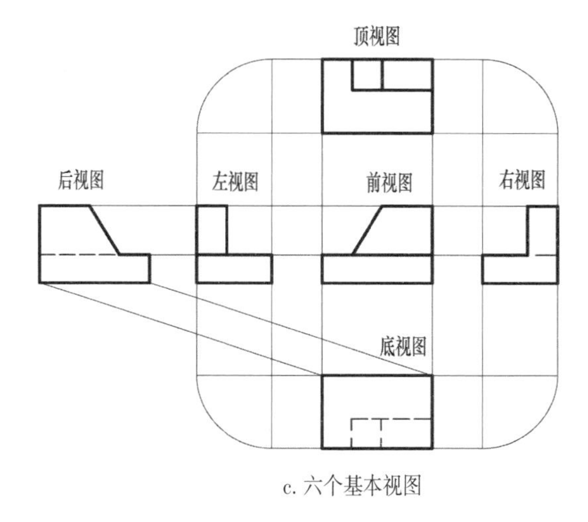

c. 六个基本视图

图5-6 第三角投影

面作为基本投影面，分别向六个基本投影面进行投影，同样也得到了六个基本视图。它们的名称分别是：前视图、顶视图、右视图、后视图、底视图和左视图。

第三角投影法的六个基本视图与第一角投影法的六个基本视图分别对应如下：

前视图——主视图，顶视图——俯视图，右视图——左视图，后视图——后视图，底视图——仰视图，左视图——右视图。

第三角投影中六个投影面的展开方法与第一角投影的投影规律是相同的，必须遵循“长对正、高平齐、宽相等”的投影规律。采用第一角投影时，左、仰、右、俯视图中靠近主视图的一边是结构件的后面，而第三角投影中右、顶、左、底视图中靠近前视图的一边是物体的前方。第三角画法中的六个基本视图，其配置形式若按图5-6b所示时，可不加任何标注。

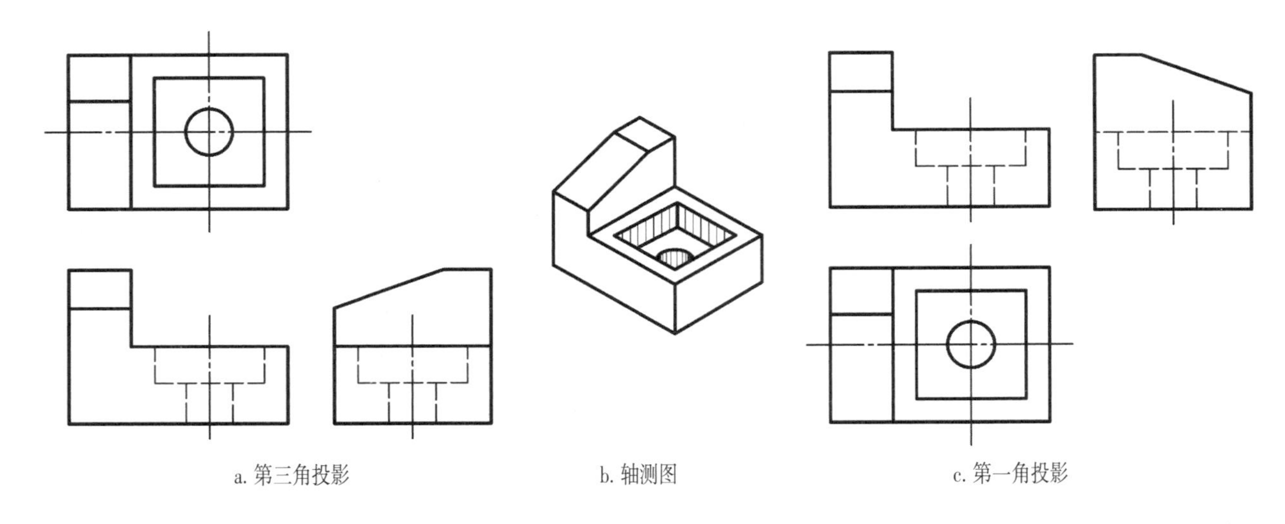

图5-7 第三角投影法绘制的三视图

图5-7a是采用第三角投影法绘制的三视图，图5-7c是采用第一角投影法绘制的三视图，读者可自行比对。

第二节 剖视图

在前面几章中，结构件都用视图进行表达。结构件的视图表达，一般用虚线来表达其内部不可见的结构（如孔、槽等）。结构件内部结构简单,虚线会很少。如果结构件内部结构较为复杂，视图中的虚线便会很多，这样就会造成视图中的线条繁杂、层次不清，给结构件的表达、尺寸标注和读图带来困难。为此，国家标准中规定了表达物体内部结构和形状的方法，即剖视图和断面图。

一、概念

1. 剖视图的概念

剖视图的形成：假想用剖切面（该剖切面可以是平面，也可以是曲面）在适当位置剖开结构件，将位于观察者和剖切面之间的部分移去，将其余部分向投影面进行投影所得到的视图，称为剖视图。

图5-8所示为关于中心对称的结构件（其中a图为视图，b图为剖视图，c图为剖视图的形成图）。从图中可见，结构件（铅笔）原来不可见的内部用虚线表达的结构（铅芯）采用剖视后变为可见的用实线表达的结构（铅芯），从而使视图清晰，也使内部结构的表达易读易懂、清晰明了。

图5-9所示形体为非对称结构件，其上有两个通孔、一个U形缺口。其中a图为形体，b图为剖切平面同时剖切两孔的位置设定，c图为假想剖开的示意图，d是剖开后的投影示意图，e图为三视图，f图为经过形体中两个孔中心的Q平面剖切后的剖视图。从e、f视图中可见，一个剖切平面同时剖开位置不同的两个孔。图5-10所示为一个剖切平面同时剖开圆孔和U形槽的形成过程与剖视图。

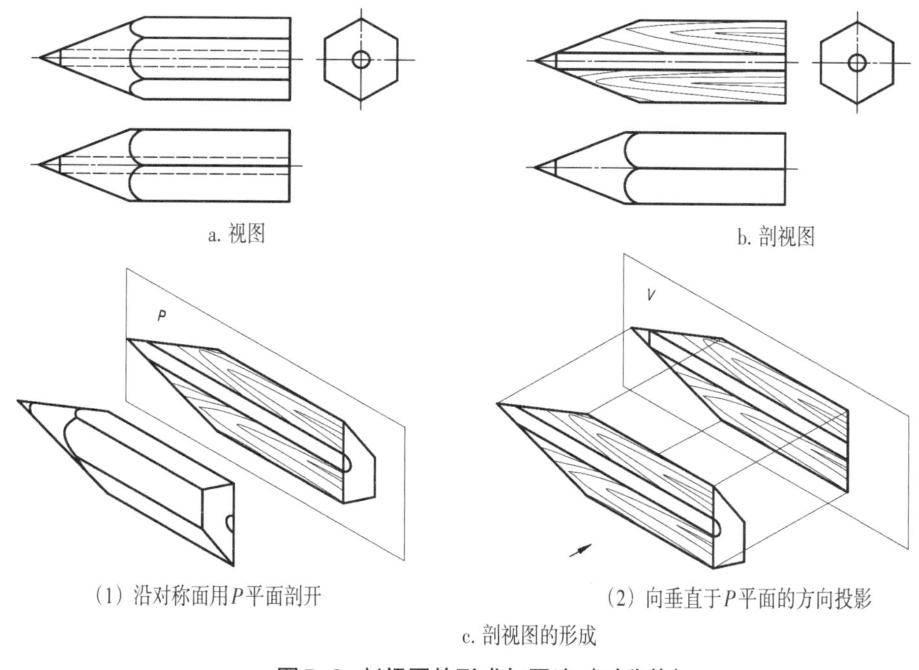

a. 视图

b. 剖视图

(1) 沿对称面用P平面剖开

(2) 向垂直于P平面的方向投影

c. 剖视图的形成

图5-8 剖视图的形成与画法（对称体）

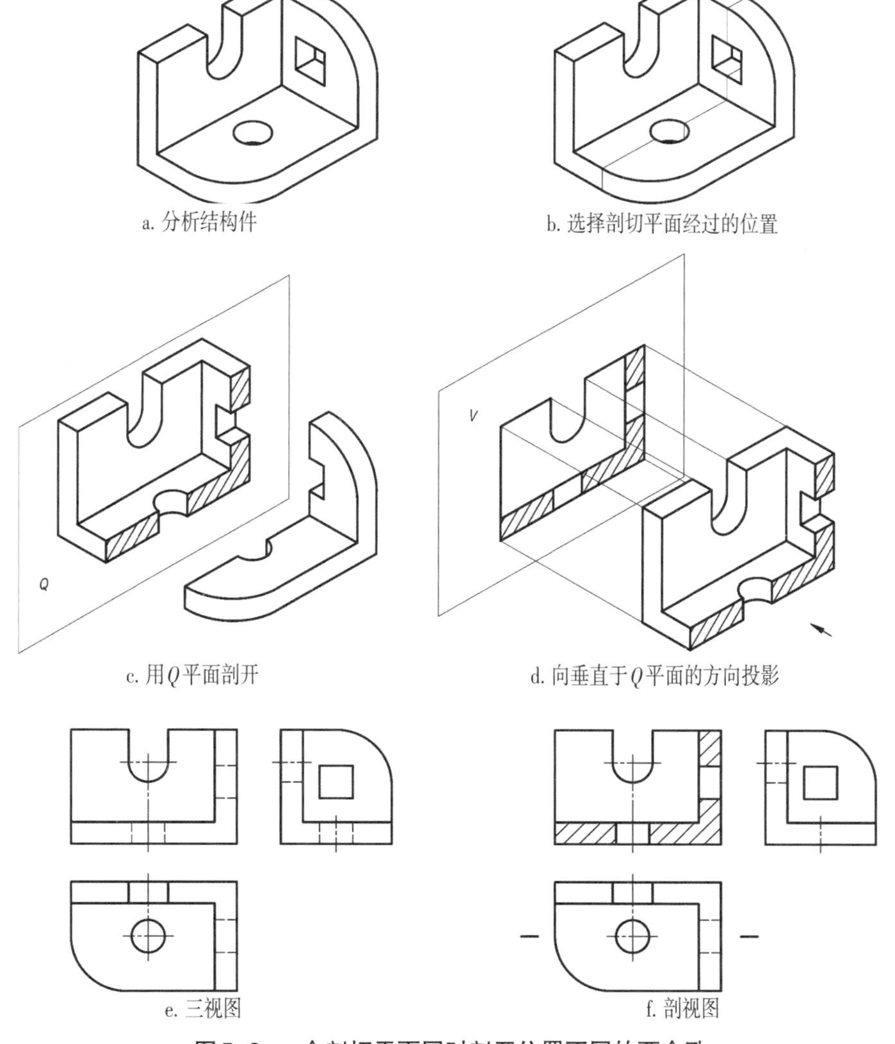

a. 分析结构件

b. 选择剖切平面经过的位置

c. 用Q平面剖开

d. 向垂直于Q平面的方向投影

e. 三视图

f. 剖视图

图5-9 一个剖切平面同时剖开位置不同的两个孔

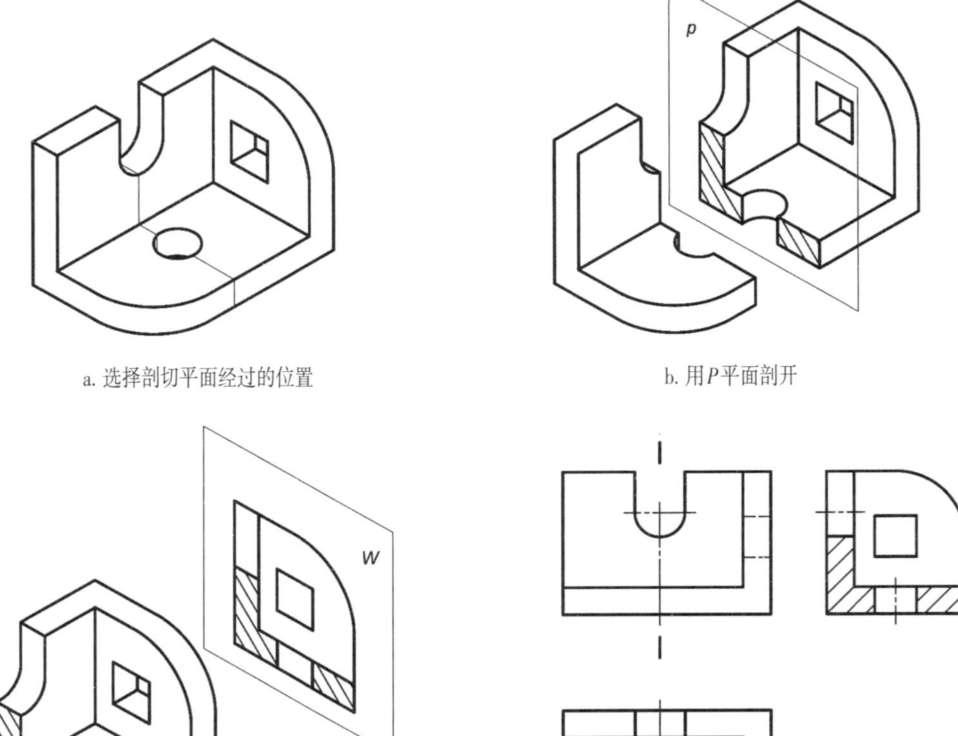

a. 选择剖切平面经过的位置

b. 用P平面剖开

c. 向垂直于P平面的方向投影

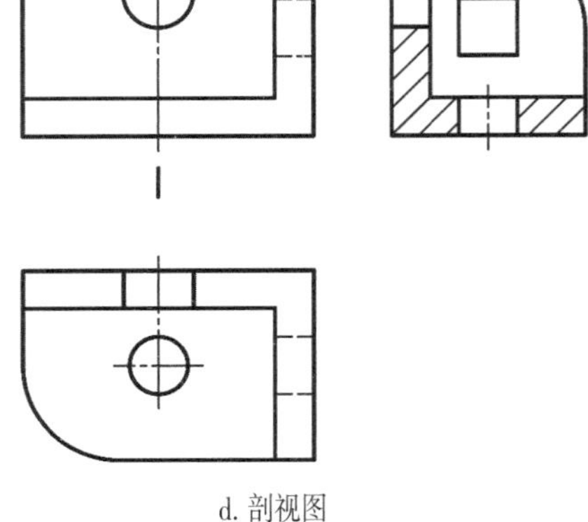

d. 剖视图

图5-10　一个剖切平面同时剖开位置不同的两个结构

2. 剖视图的画法

（1）选择剖切面

一般常用平面作为剖切面,特殊情况下也有用圆柱面作为剖切面的。

（2）选择剖切位置

画剖视图时，首先要选择适当的剖切位置，剖切平面应平行于相应的投影面（并非都是基本投影面）。为了表达结构件内部的真实形状，剖切平面应通过结构件内部结构（如圆柱孔等）的对称平面。如图5-9f所示，剖切面为正立投影面的平行面，且通过结构件上的圆孔的前后对称平面；如图5-10所示，剖切平面为侧投影面的平行面，通过结构件的圆孔与U形缺口的左右对称面，且剖切平面垂直于主要轮廓面。

（3）　画剖视图

剖切平面剖切到的形体断面轮廓和剖切平面后面的可见轮廓，都需用粗实线画出，如图5-9f中的主视图。

剖切是假想的，实际上并没有把机件切去一部分。因此，当结构件的某一个视图画成剖视图以后，其他视图仍应按结构件完整时的情形画出，如图5-10d中的主视图。

关于虚线，三视图中不可见的结构用虚线表达，当结构件采用剖视的形式表达时，尽量不用虚线表示不可见的结构。如图5-11所示，由于不可见的结构已用剖视的形式表达，所以视图中的虚线全部省略。

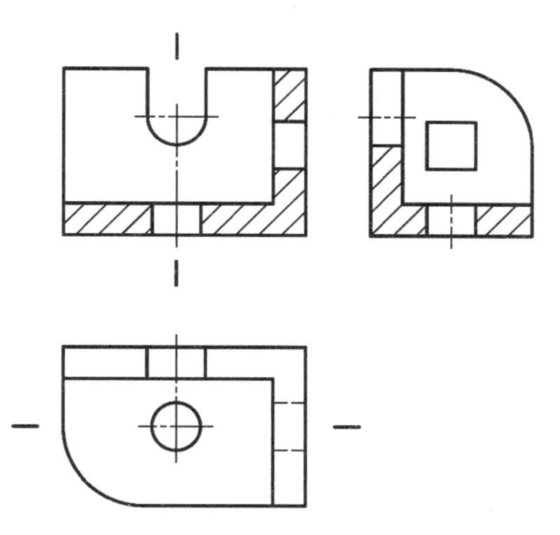

图5-11 将两个视图画成剖视图

根据需要可同时将几个视图画成剖视图，它们之间相互独立，各有所用，互不影响，如图5-11所示即为将两个视图画成剖视图（结合图5-9和图5-10读图）。

（4） 画剖面符号

剖视图中的剖切面与结构件实体的接触部分称为剖面区域，画剖视图时应在剖面区域内绘制表示形体材料的剖面符号，用以明确剖面区域的范围。国家标准规定，应按不同的材料画出剖面符号（参见表5-1，该表仅列出其中几种材料的剖面符号）。

表5-1 材料的剖面符号

材料	剖面符号	材料	剖面符号	材料	剖面符号
金属材料（已有规定剖面符号的除外）		非金属材料（已有规定剖面符号的除外）		线圈绕组元件	
木质胶合板（不分层数）		玻璃及供观察用的透明材料		网格（筛网、过滤网等）	
木材 纵断面		液体		砖	
木材 横断面		型砂、填砂、粉末冶金等		混凝土	
天然石材		基础周围的泥土		钢筋混凝土	

金属材料的剖面符号是等间距、同方向、与水平方向成45°、向左或向右倾斜的细实线。同一张图中的同一结构件，在各剖视图中剖面线的方向和间隔必须一致。若结构件的主要轮廓线与水平方向成45°或接近45°时，剖面线应画成与水平成30°或60°的斜线。对于塑料材质的剖面符号，因采用的是45°双向斜线，也需参照金属材料剖面符号的绘制原则。

二、剖视图的标注

为了便于看图，在画剖视图时，应用剖切符号标注出剖切位置、投影方向和剖视图的名称。

1. 一般规定

剖切平面可以是水平面，也可以是倾斜的平面。表5-2列出了几种在剖视图中常见的剖切平面及标注方法。

表5-2 剖切平面位置标注

内容	水平剖切平面	垂直剖切平面	倾斜剖切平面
剖切符号			
剖切位置与投影方向			
剖切标注	A A	B B	C C

（1）剖切符号（图5-12a）：用短粗实线表示，短粗实线是剖切平面积聚投影的示意表达。短粗实线表示剖切平面的起始、转折和终止处，画图时，将剖切符号画在空白处，尽可能不要与图形的轮廓线或其他图线相交（图5-12b）。

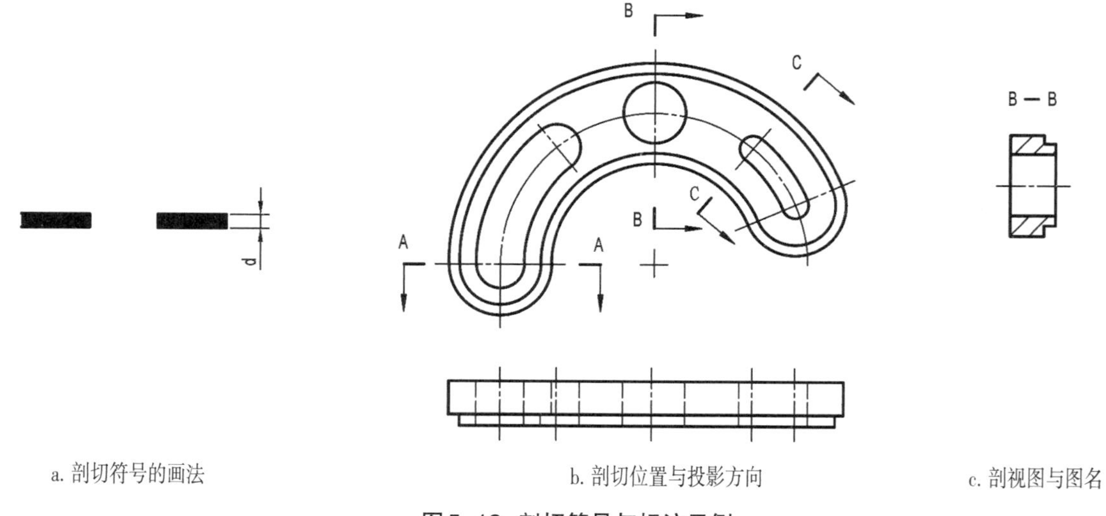

图5-12 剖切符号与标注示例

（2）用箭头表示剖视的投影方向，画在作为剖切符号的粗短线的外端，与剖切符号垂直（图5−12b）。

（3）剖视图一般应标注图名，标注时在剖视图的上方用大写拉丁字母标出剖视图的名称“×一×”（图5−12c中的B−B），并在每一个剖切符号的附近注上相同的大写拉丁字母（转折处只标注一个字母，当图形线条密集时，此处也可不标注字母），所有字母必须水平书写，如图5−12b中的编号为C的剖切位置的标注（该位置的剖切平面不平行于任何基本投影面）。

图5−13是剖视图的标注示例。

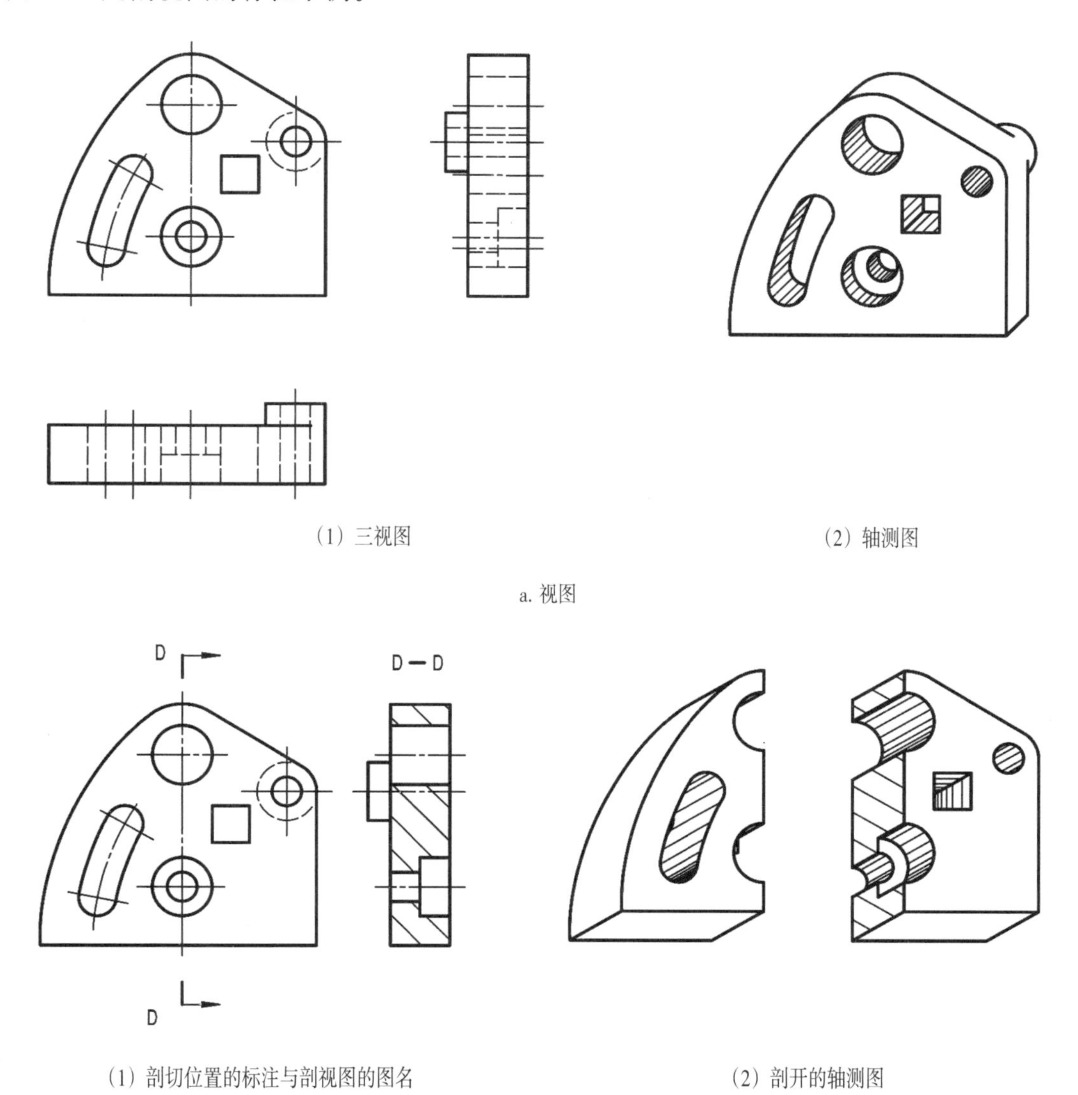

（1）三视图　　（2）轴测图

a. 视图

（1）剖切位置的标注与剖视图的图名　　（2）剖开的轴测图

b. 剖视图的标注

图5−13　剖视图与剖视图的标注

2. 省略标注

剖视图有时可以省略标注，即剖切符号、投影方向和剖视图的名称均可省略，不加任何标注。具体要求有以下几点：

（1）当剖切平面经过结构件对称面（内外结构均对称）时，可省略箭头，如图5−13中的剖视投影方向即可以省略。

（2）当剖视图按基本视图关系配置，中间又没有被其他视图隔开时，可省略字母，如图5−13

中的字母可以省略。

（3）当只有一个剖切平面，设置在对称或基本对称结构件的对称平面位置时，且剖视图按基本视图的投影关系配置，中间又没有被其他视图隔开时，可以不加标注（剖切位置、投影方向和剖视图的名称均可省略）。

图5-14所示的机件，主视图是剖视图，剖切位置是结构的前后对称中心面（见俯视图），剖切位置明显，剖视图画在投影方向上，两图是按主视图与俯视图的关系配置，符合省略标注的要求。

3. 画剖视图应注意的问题

（1）由于剖视图是用假想的方式将结构件剖开后投影得到的视图，目的是清晰地表达结构件的内部结构，实际上并没有将结构件剖开，仅是一种表达手段。因此，当结构件的某一个视图画成剖视图后，其他视图仍然要按完整的结构件进行绘制，见图5-15所示的俯视图与主视图。

（2）剖视图中已经表达清楚的内部结构，在其他视图中表示该结构的虚线可省略不画。如图5-15所示的俯视图，孔与底部的槽，其虚线均未画出。

（3）画剖视图时，剖切平面后所有可见的轮廓线也应画出，不能遗漏。如图5-15左视图中的底部槽，图5-11主视图中的U形缺口。

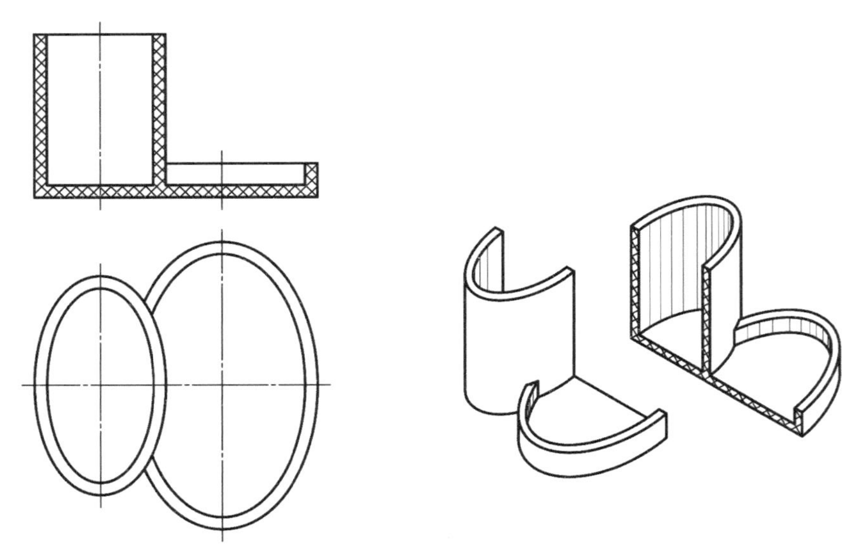

图5-14 省略剖切符号的剖视图

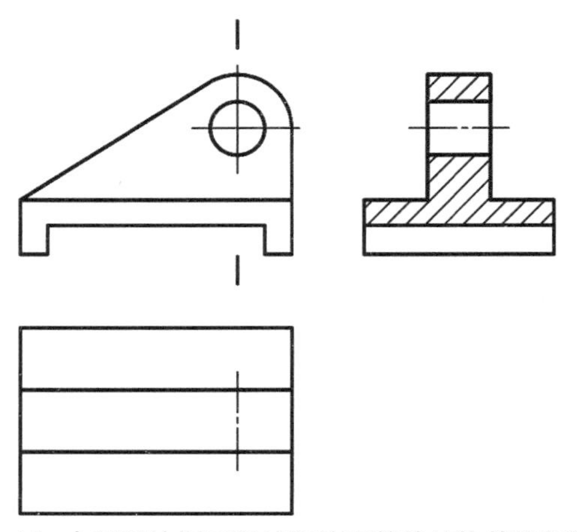

图5-15 未剖到的视图仍然要按完整的结构件进行绘制

三、画剖面图

以图5–16a为例，将所示的铲子三视图改画成剖视图。

分析：本图给出的产品的结构前后对称，是一个薄壁件，左边是上部有空腔的铲形结构，右边是下部有空腔的手柄。将剖切平面设在前后对称面处，则可以将左右不可见的结构表达清楚，且剖切的结构完整。在俯视图中结构的前后对称中心面处确定剖切位置，将主视图改画成剖视图。

画图步骤：

（1）读懂三视图，见图5–16a。

（2）将主视图中用虚线表达的结构用粗实线替代，见图5–16b。

（3）因为手柄与铲体的材料是连续的，中间结合处无线，故应将结合处的粗实线除去；主视图中剖切面与结构件的接触部分用剖面符号画出，见图5–16c。

（4）标注：因为只有一个剖视图，故剖视图的图名可以省略；剖视图按基本视图关系配置，省略了箭头；因为剖切平面通过铲子的对称平面，且剖视图按基本视图关系配置，中间没有被其他视图隔开，即可省略剖切符号。

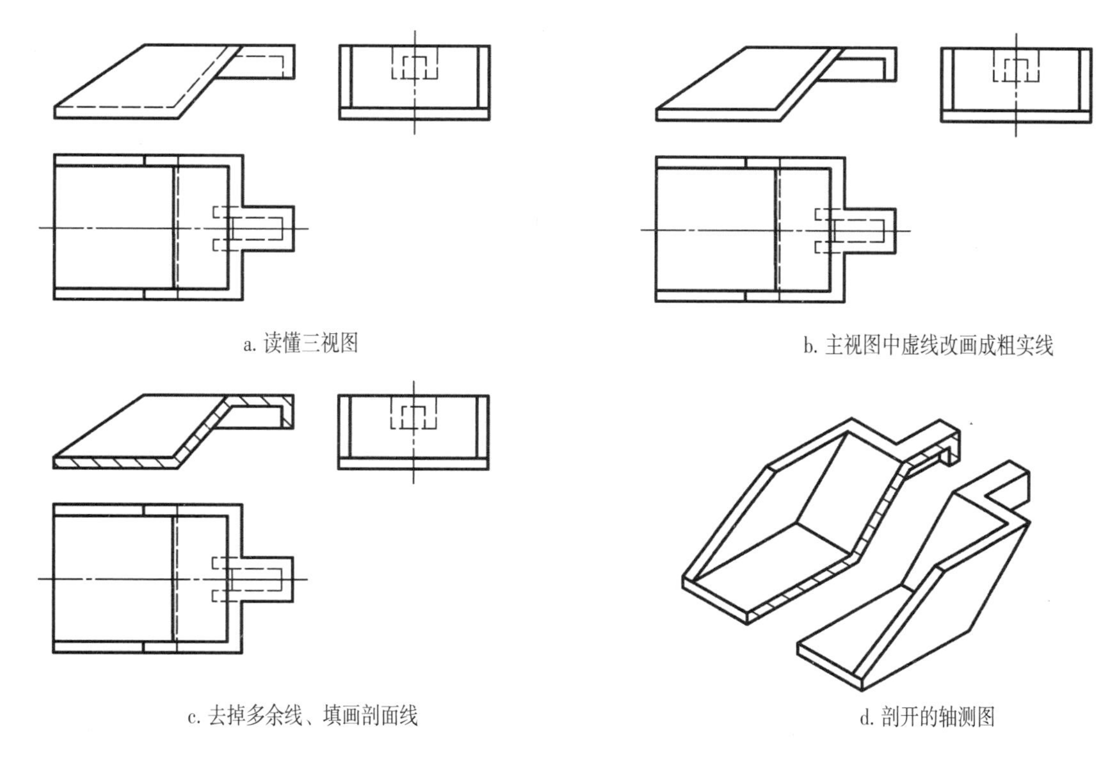

图 5–16 剖面图的画法

四、内部结构的几种表达方法

1. 全剖视图

用剖切平面将结构件完全剖开所得到的剖视图称为全剖视图。图5–14、图5–15、图5–16所示的剖视图就是全剖视图。

图5–17所示的工具，外形较为简单，在其俯视图中已被表达清楚。为表达其内部结构，在俯视图中的前后对称中心面处设立剖切平面，将所示工具完全剖开，并将主视图画成全剖视图；因工具的芯部结构仍未表达清楚，在主视图相应位置又设立一个剖切平面，将左视图画成全剖视图。

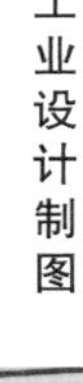

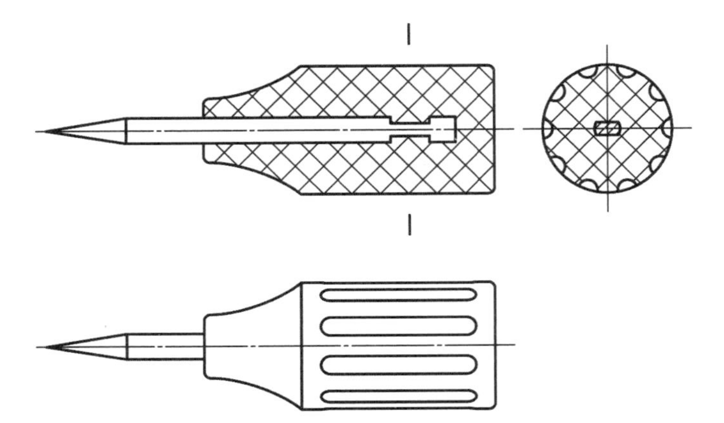

图 5-17 全剖视图

全剖视图常用来表达内部复杂的不对称的结构，外形简单的对称结构以及回转体构成的结构件，也可用全剖视图来表达。全剖视图较多用于表达结构件的内部形状，而外部形状表达得不够充分。当需要表达外形时，应采用其他表达方法。

全剖视图除符合剖视图的省略标注条件外，均应按规定进行标注。

2. 半剖视图

当结构件具有对称结构时，在对称中心面处设置剖切平面，向垂直于对称平面的投影面进行投影，在得到的视图上以对称中心线为界，一半画成视图，另一半画成剖视图，这种剖视图被称为半剖视图。

图 5-17 中所示的工具，若采用半剖视图表达，只用两个图就能将其结构与形状表达清楚，在同样能将内部结构表达清楚的情况下可以少画一个视图，见图 5-18。当结构件的形状基本对称，且不对称部分已在其他视图中表达清楚时，也可采用半剖视图。

半剖视图主要用于内、外部形状均需表达的对称或基本对称的结构件。如图 5-19 所示条形座凳，由图可见，其结构特点是左右对称、前后对称。其内部和外部都有需要表达的结构，为此采用半剖视图进行表达。主视图以左、右对称中心线为界，左边画视图表达其外形，右边画剖视图表达其内部形状。左视图以前、后对称中心线为界，前边画剖视图表达其内部形状，后边画视图表达其外形结构。

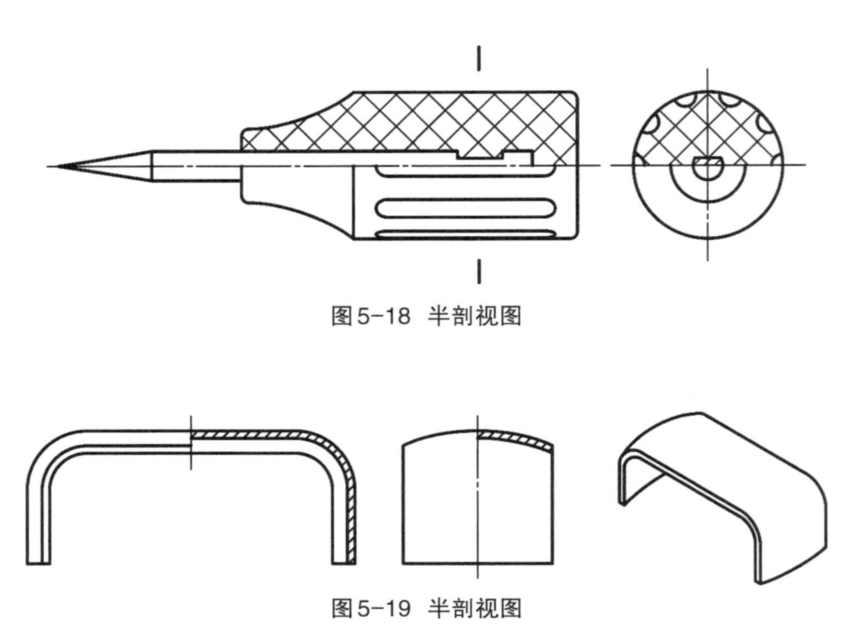

图 5-18 半剖视图

图 5-19 半剖视图

画半剖视图时应注意以下几点：

（1） 半剖视图中，一半剖视图与一半视图的分界线是对称中心线，应画成点画线，不要画成波浪线。

（2） 半剖视图中，当结构件的内部形状已在半个剖视图中表达清楚时，另一半视图中不需再画出相应结构的虚线。

（3） 半剖视图的标注方法与全剖视图基本相同。

3. 局部剖视图

用剖切平面局部地将结构件剖开，所得到的剖视图称为局部剖视图，见图5-20。

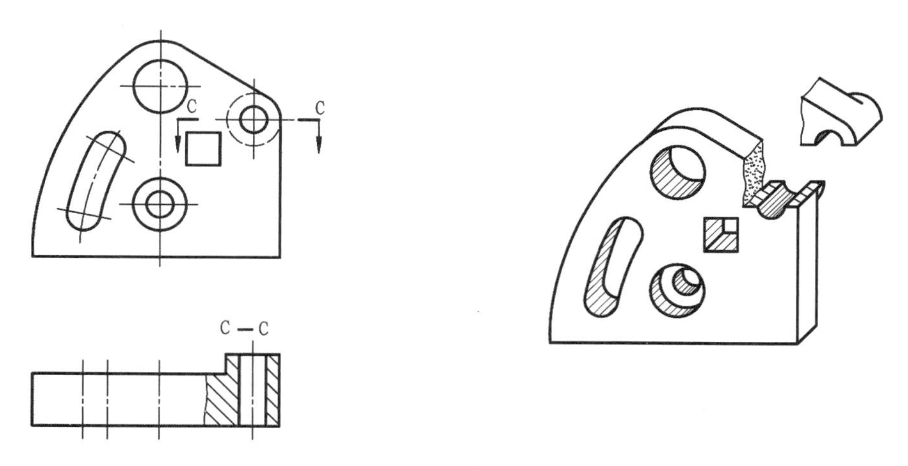

图5-20 局部剖视图

一般情况下，局部剖视图是在大于局部剖视图的视图中画出的，所以局部剖视图应有界线。局部剖视图与视图的分界线采用波浪线或双折线，在剖切位置清晰不易读错的情况下可省略标注，省略标注的示例见图5-21。

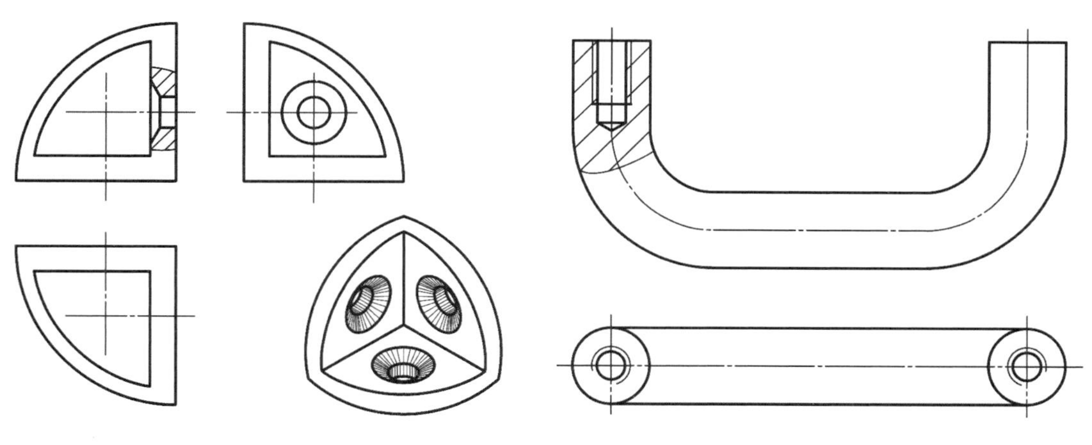

图5-21 局部剖视图

图5-22 螺纹孔的局部剖视图

若被剖的局部结构是回转体，则允许将其中心线作为局部剖视图与其他部分的分界线。

局部剖视图一般用于以下几种情况：

（1） 结构件的内部结构均需表达，但又不宜采用全剖视图或半剖视图。

（2） 结构件上有孔、槽等局部结构时，可采用局部剖视图加以表达，如图5-22所示。

若局部剖视图是单独画出的，则允许用放大的形式画出，但必须注明画图的比例。

（3） 图形的对称中心线处有结构件轮廓线时，不宜采用半剖视图，可采用局部剖视图，如图5−23所示。

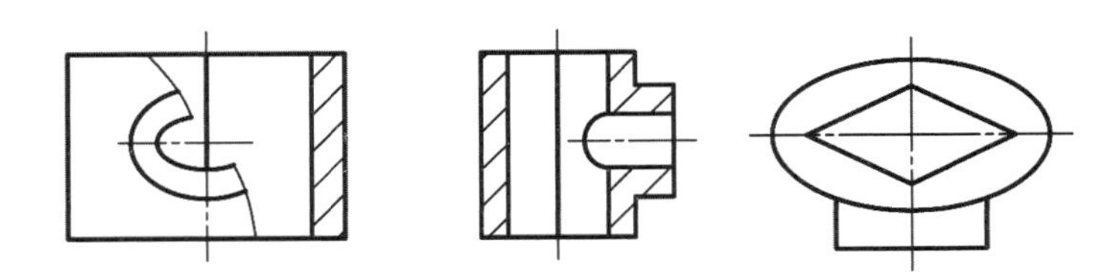

图5−23 不宜采用半剖的视图

局部剖视是一种比较灵活的表达方法，应用时需注意：

（1） 同一视图中，不宜采用过多的局部剖视，以免影响视图的整体性。

（2） 表示剖切范围的波浪线不应与图形上其他图线重合，也不允许穿过孔、槽或超出轮廓线的投影，图5−23中的主视图若画成如图5−24所示的图形，都是错误的。

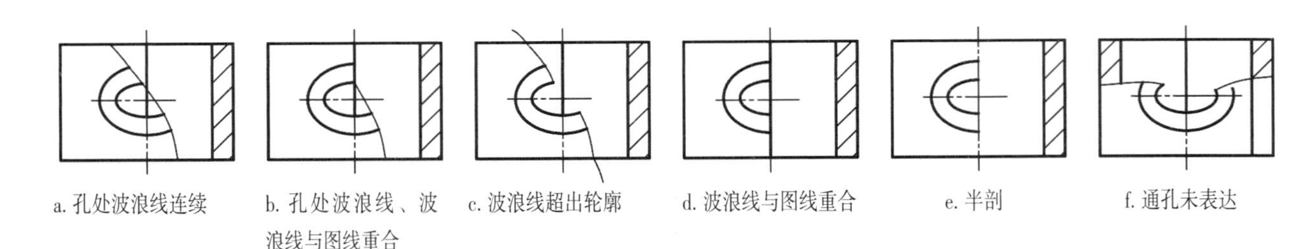

图5−24 局部剖视图几种错误画法

4. 阶梯剖视图

用几个平行的剖切平面剖开结构件，获得的剖视图称为阶梯剖视图，简称阶梯剖，见图5−25。

图5−26所示的盒盖结构的构件，其上有两种大小不同的通孔，且诸孔的中心不在同一平面上，用一个剖切平面不能将其表达清楚。假想用两个平行于基本投影面（本例是正立投影面）的剖切平面分别通过三种尺寸的孔的轴线进行剖切，并将每一剖切面之后的可见部分也一起画出，即可得到阶梯全剖视图。

画阶梯剖视图时应注意以下几点：

（1）在剖视图上不应画出两剖切平面转折处的投影，剖切平面的转折处不应与视图中的轮廓线重合。在图形内不应出现不完整的要素，如3/4的孔或小于半个孔等。

（2）阶梯全剖视图必须进行标注，标注方法是：在剖视图上方标出“×—×”剖视图的名称，在显示剖切位置的视图上画出每个剖切平面和转折处的剖切符号，在每个剖切符号处标注一个与剖视图图名一致的编号。图5−26所示的阶梯剖省略了投影方向的标注。

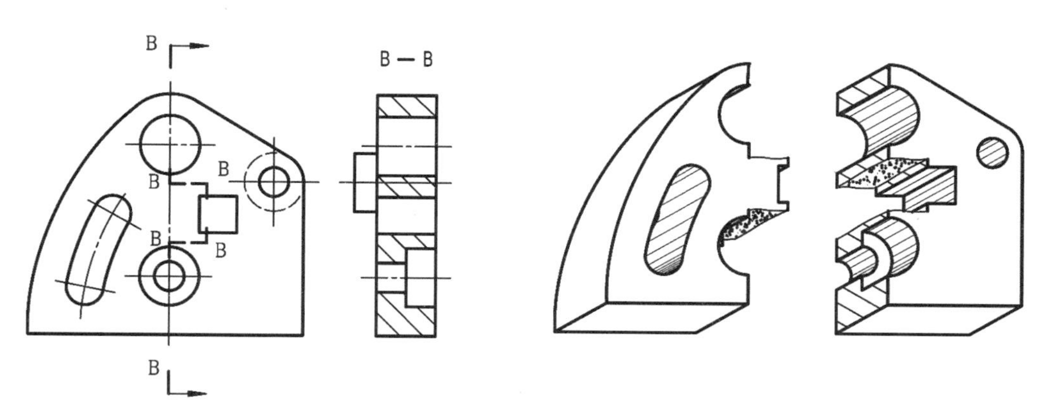

图 5-25 阶梯剖视图

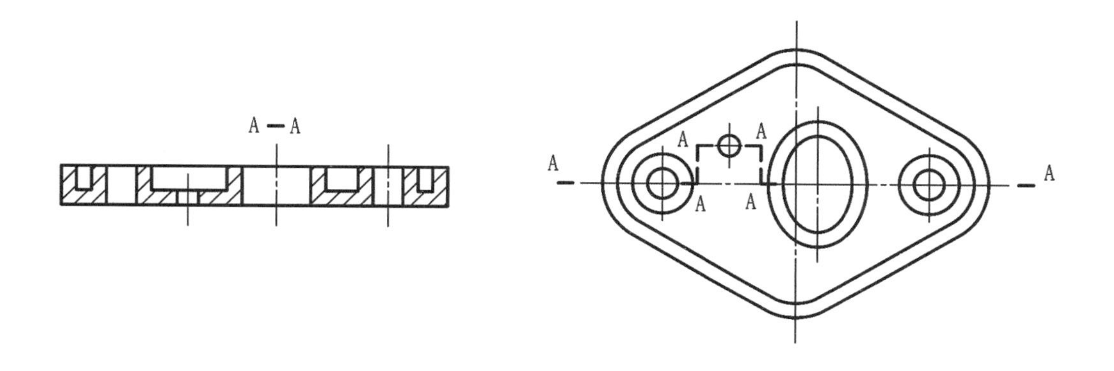

图5-26 盖体的阶梯剖

5. 斜剖视图

用不平行于基本投影面的剖切平面将结构件剖开所得到的剖视图称为斜剖视图，见图5-27。

斜剖视图必须标注，且一般按斜视图进行配置和标注。旋转放正的斜剖视图在标注时还须加注旋转符号，旋转符号上的箭头方向应与图形旋转的方向相同。

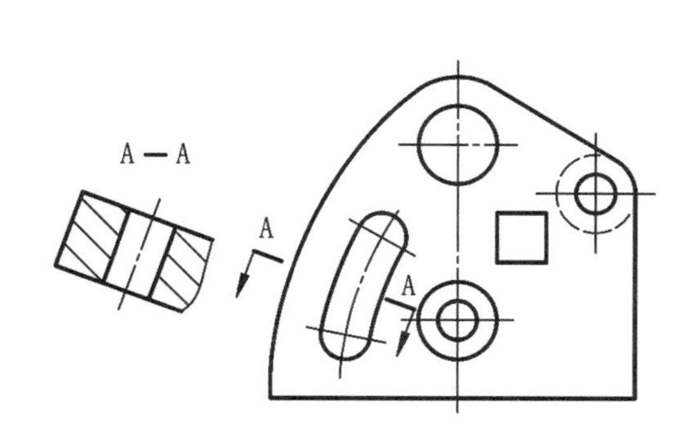

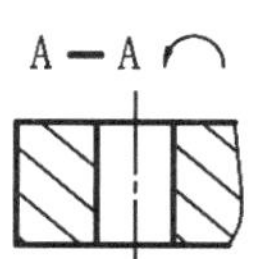

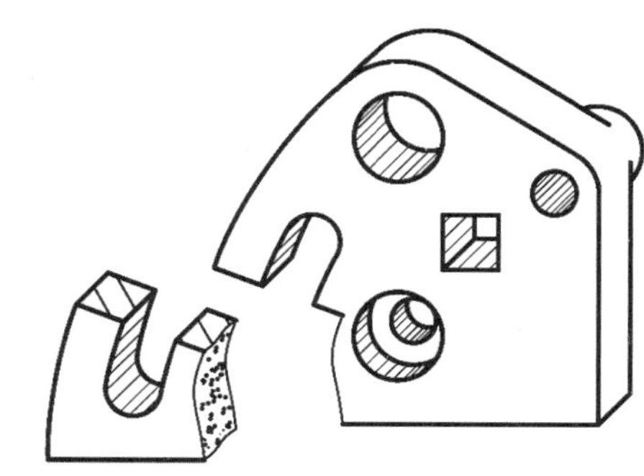

图5-27 斜剖视图

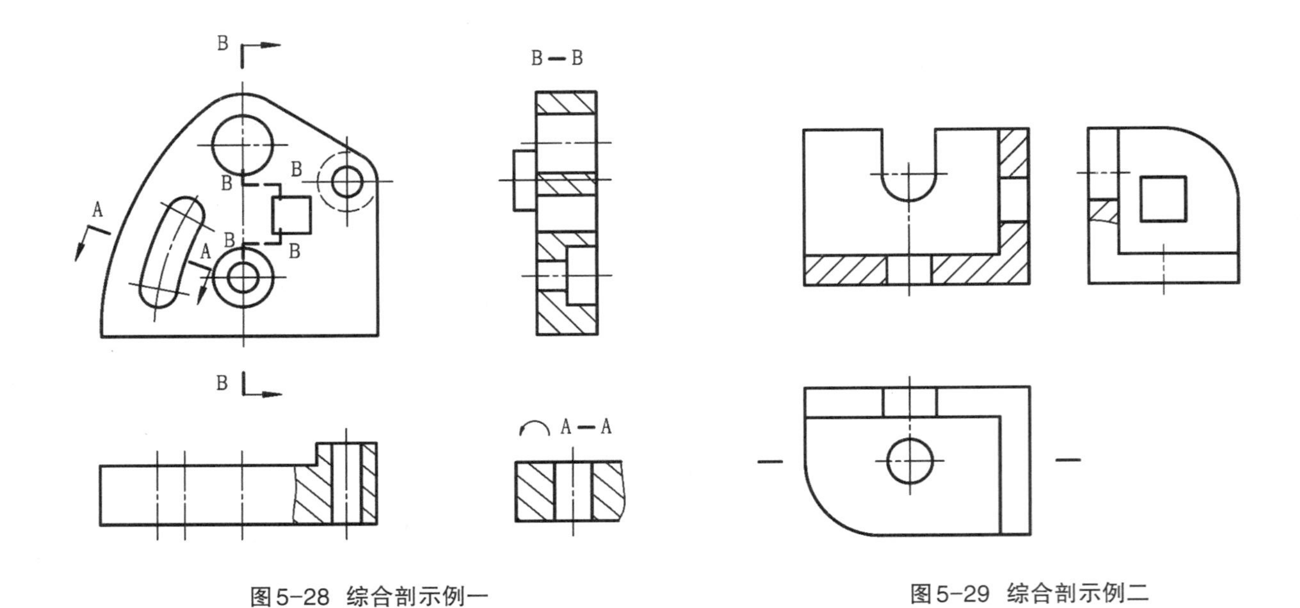

图5-28 综合剖示例一

图5-29 综合剖示例二

图5-28是将上述全剖（视图）、阶梯剖（视图）、局部剖（视图）、斜剖（视图）综合在一起的示例。图5-11所示的结构件主视图已将底板上的圆孔剖开表达，左视图就不用重复剖开表达，U形缺口用局部剖即可，图形更为清晰，见图5-29。

6. 断面图

假想用剖切平面将结构件某处切断，仅画出断面的形状，这种图形称为断面图，简称断面。断面图的形成见图5-30a。

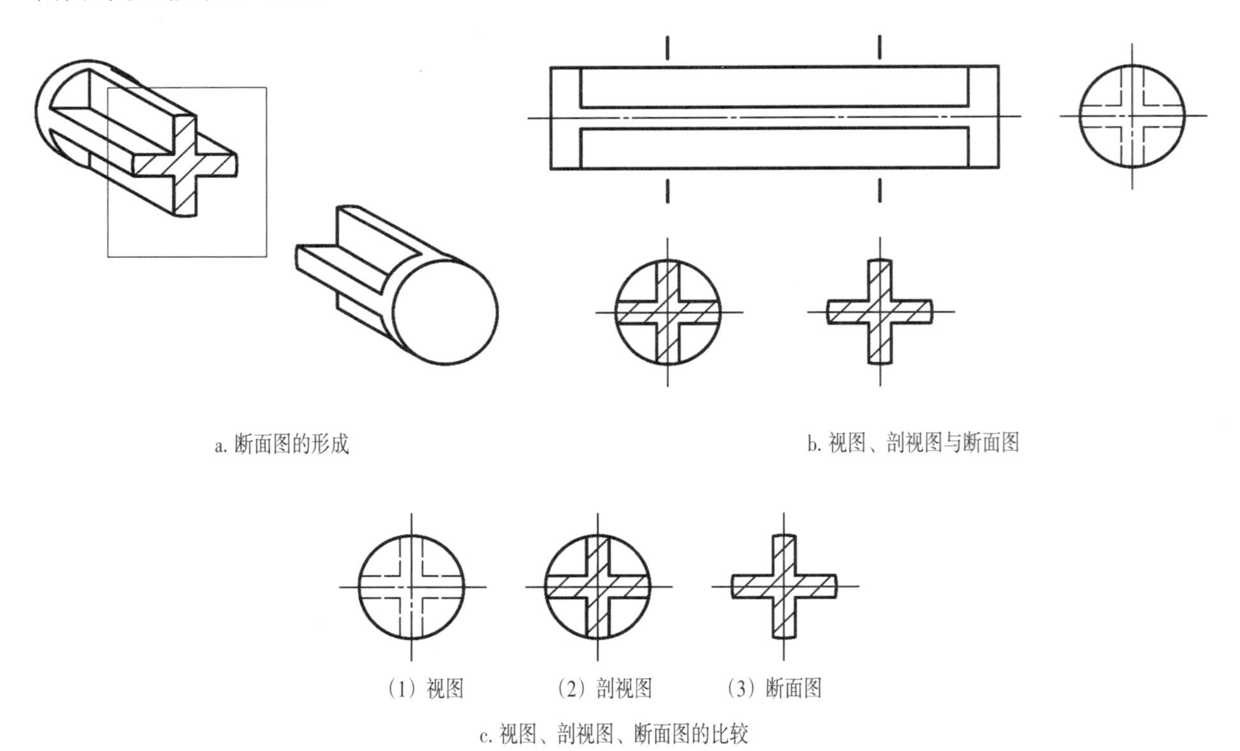

a. 断面图的形成

b. 视图、剖视图与断面图

（1）视图　（2）剖视图　（3）断面图

c. 视图、剖视图、断面图的比较

图5-30 断面图的形成

断面图常用来表达结构件上某些结构（如局部凹凸不平的表面、孔及肋板、轮辐等）的断面形状。断面所表示的是结构件局部结构正断面的形状。因此，剖切平面应垂直于该结构的主要轮廓线或轴线。

断面图与剖视图的区别在于断面图只画出断面的形状，而剖视图不仅要画出断面的形状，剖切面后的可见轮廓的投影也要画出来。图5−30c给出了视图、剖视图、断面图的图形，从中可以看出视图、剖视图、断面图的相似与不同之处。

断面图按其在图样中配置的位置不同而分为移出断面和重合断面。

（1）移出断面

画在视图外面的断面图称为移出断面。图5−30b所示的断面图即是移出断面。

画移出断面时应注意以下几点：

①移出断面图的轮廓线用粗实线绘制。

②移出断面图应尽量配置在剖切平面迹线（平面与投影面的交线称为迹线，剖切平面迹线是指垂直于投影面的剖切平面与投影面的交线，此交线即是剖切平面的积聚投影）上，必要时也可配置在其他位置，图5−31所示的是将断图画在细长件的中断处。

（2） 重合断面

与视图重合的断面图称为重合断面。

重合断面图的轮廓线用细实线绘制。视图的轮廓线仍应连续画出，当视图中的轮廓线与重合断面的轮廓线重叠时，也不可间断。图5−32所示为固定扳手的视图，其手柄的断面形状就是采用重合断面的表达方式。

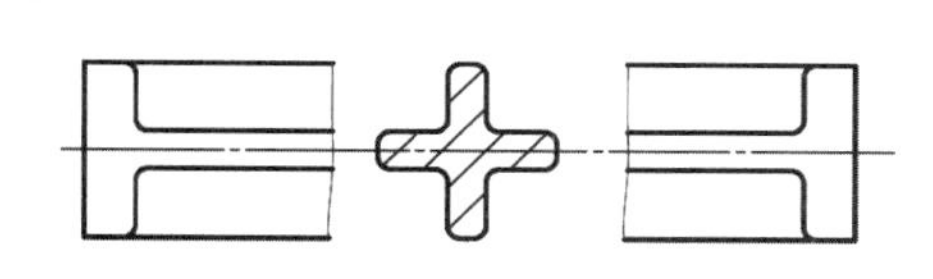

图5−31 断面图

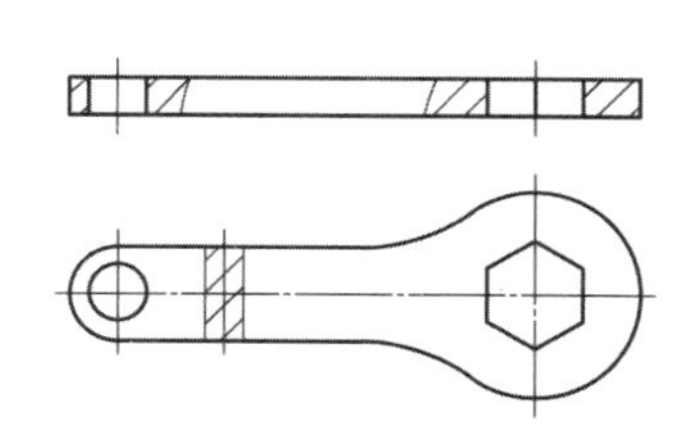

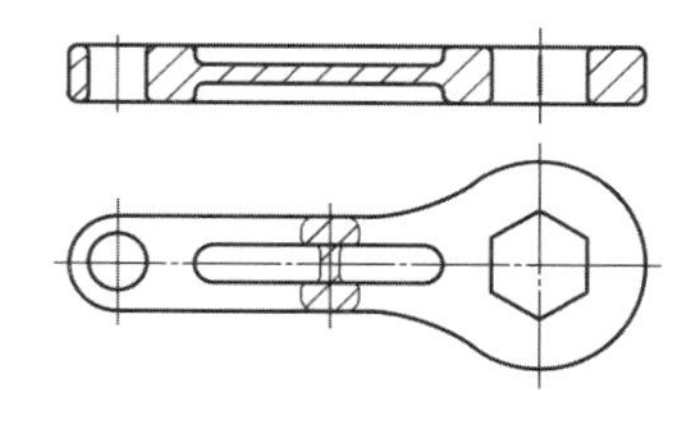

图5−32 重合断面

第三节 简化画法与其他画法

一、简化画法

简化画法是在视图、剖视、断面等图样画法的基础上，对结构件上某些特殊结构和结构上的某些特殊情况，通过简化图形（包括省略和简化投影等）和省略视图等方法来表示，以达到作图简便、视图清晰的目的。

为简化作图，国家标准还规定了若干简化画法和其他的一些表达方法，常用的有以下几种：

1. 相同结构的简化画法

(1) 若干个直径相同的孔（如圆孔、螺纹孔等），只需画出一个或几个，其余的用点画线表示其中心位置，并注明孔的总数（图5–33）。

(2) 对结构件上若干相同且按一定规律分布的结构（如槽、齿等），只需画出几个完整的结构，其余的用细实线连接，同时在图中注明该相同结构的总数（图5–34）。

2. 较长结构的简化画法

对长度方向上形状一致或按一定规律变化的较长的杆、型材状的结构件等，将其断开后缩短绘制，断开处一般用波浪线或两条平行的双点画线表示，但长度尺寸应按实际长度标注（图5–35）。

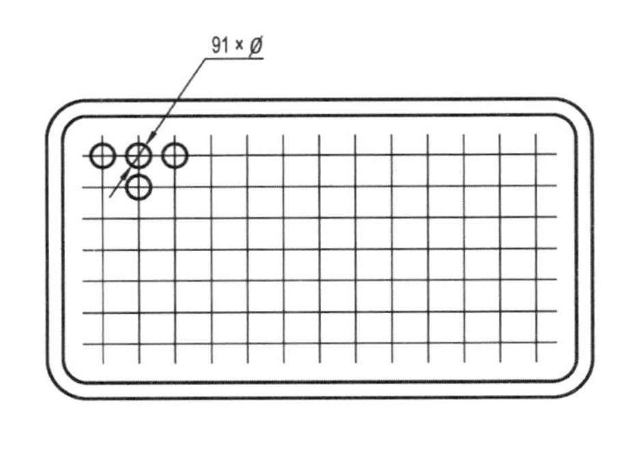

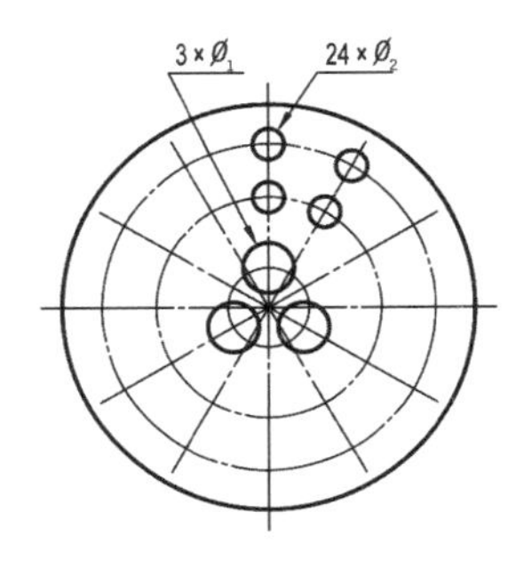

图5–33 相同结构的简化画法

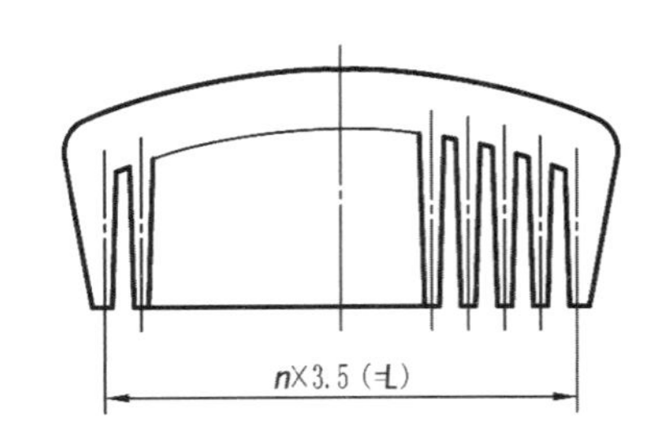

图5–34 规律分布结构的简化画法

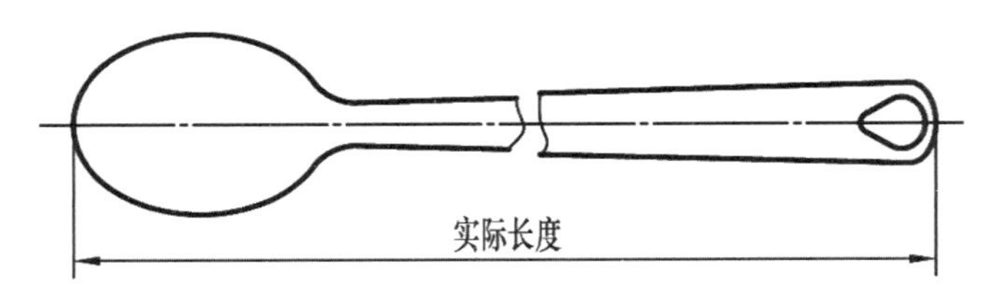

图5–35 较长结构的简化画法

二、其他画法

在设计制图中还有一些比较灵活的表达方法，如局部放大画法（图7–5中的图名为 I 的是局部视图的放大画法，图7–6中的图名为A–A的是剖视图的放大画法）。零件中某些结构，如倒角、小圆角等在视图中可以不画，但必须在技术要求中用文字加以说明。本书再举两例其他画法。

1. 较小平面

为使圆柱等结构件上的小平面结构在视图中充分表达，可采用平面符号（相交的两条细实线）表示（如图5—36）。

2. 网纹

对手轮等上的滚花、网状物或编织物等，可在轮廓线附近用细实线示意画出，并在零件图技术要求栏中注明这些结构的具体要求（图5—37）。

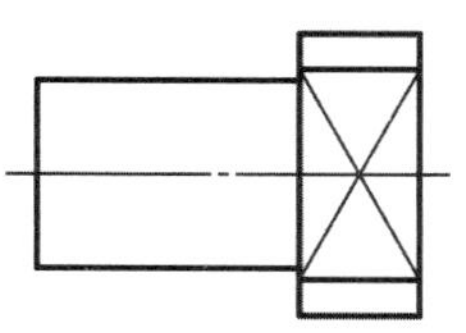
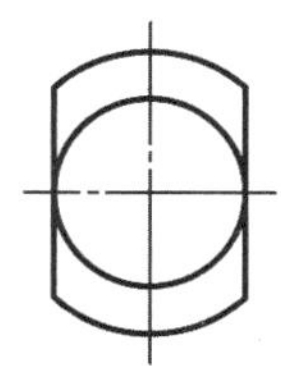
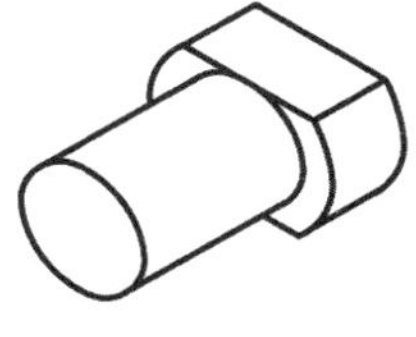

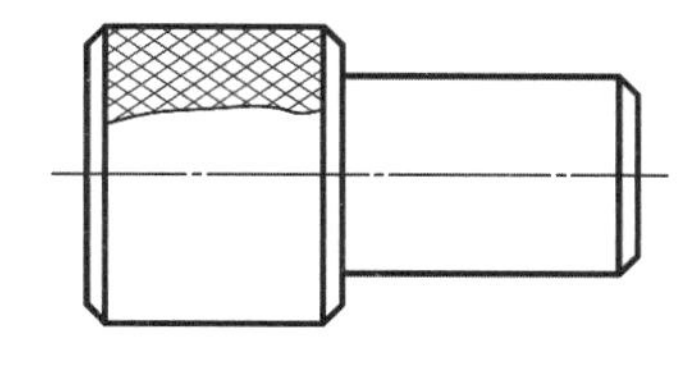

图5-37 网纹的简化画法

复习思考题:

1．什么是基本视图?基本视图中各个视图的名称及对应关系是什么?

2．视图、剖视图、断面图的异同点有哪些?可否举出不同于本书中的实例?

3．第一角与第三角投影的异同点是什么？画图时需要注意的是什么?

4．剖视图有几种类型?它们的适用条件是什么?举例说明?

5．断面图有哪些类型?哪些结构可采用断面图表达?

6．剖视图和断面图如何标注?在什么情况下不需标注？举例说明。

7．剖视图、断面图适用于工业产品的表达吗?举例说明。

第六章

零　件　图

第一节 连接结构

将两个或两个以上的零件连成一体的方式称为连接。为了满足结构、制造、安装及检修等方面的要求，机器设备、玩具、家具、笔、仪器中广泛采用各种连接。以下介绍螺纹连接结构和铆钉连接结构的规定画法、代号和标注方法。

一、螺纹连接

1. 螺纹的形状

螺纹是一个平面几何图形（如等腰三角形、梯形、锯齿形等）在圆柱或圆锥表面上沿着螺旋线运动所形成的、具有相同轴向断面的连续凸起和沟槽。具有螺纹结构的螺钉、螺柱、螺栓、螺母和丝杠等起着连接（如标准件）或传递运动和力（机械构造的千斤顶）的作用。

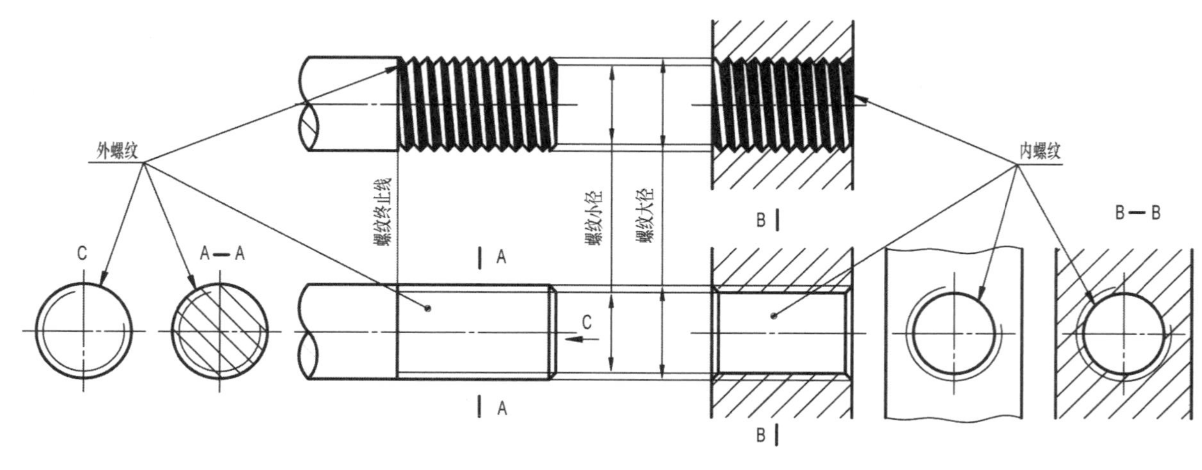

(1) 径向右视图　(2) 断面图　(3) 轴向视图

a. 外螺纹（螺纹轴）

(1) 轴向剖视图　(2) 径向左视图　(3) 径向剖视图

b. 内螺纹（螺纹孔）

图6-1　内外螺纹的画法

外螺纹：在圆柱（或圆锥）外表面上所形成的螺纹，图6-1中的左上图为外螺纹。

内螺纹：在圆柱（或圆锥）内表面上所成的螺纹，图6-1中的右上图为内螺纹。

牙型：在通过螺纹轴线的断面上，螺纹轮廓的形状称为螺纹牙型。它有三角形、梯形、锯齿形和矩形等，不同的螺纹牙型有不同的用途。

螺纹的直径：大径、小径和中径，图6-1只注出了大径和小径。

公称直径：公称直径是代表螺纹尺寸的直径，指螺纹的大径。一般螺纹的公称直径与实际尺寸不相等。

螺纹的终止线：螺纹终止的位置。

2. 螺纹和螺纹连接的画法

（1）外螺纹

无论是轴向视图还是径向视图（不包括不可见的投影），螺纹的大径一律用粗实线画，螺纹小径用细实线画。在垂直于螺纹轴线的视图中，表示小径的细实线需画约3／4圈的圆，此时倒角省略不画（图6-1a）。当外螺纹为不可见结构时，一律用虚线绘制。

（2）内螺纹

在剖视图中，螺纹的小径用粗实线画，螺纹牙底所在的轮廓线（即大径）用细实线画；在垂直于螺纹轴线的视图中，表示大径的细实线圆，需用约3／4圈的圆绘制，倒角省略不画（图6-1b）。在不可见的螺纹中，所有图线均按虚线绘制。

（3）内螺纹和外螺纹的连接

内、外螺纹的连接用剖视图表示时，其旋合部分按外螺纹画出，其余各部分仍按各自的画法绘制。当剖切平面通过实心螺杆（外螺纹结构，螺杆泛指螺纹轴、螺钉等）轴线时，按不剖绘制；内、外螺纹的大径线和小径线，必须分别位于同一条直线上；在内、外螺纹连接的图中，同一零件在各个剖视图中剖面线的方向和间隔应一致，在同一剖视图中相邻两零件剖面线的方向或视间隔应有所不同，图6-2所示为通孔螺纹连接画法，图6-3所示为盲孔螺纹连接画法。

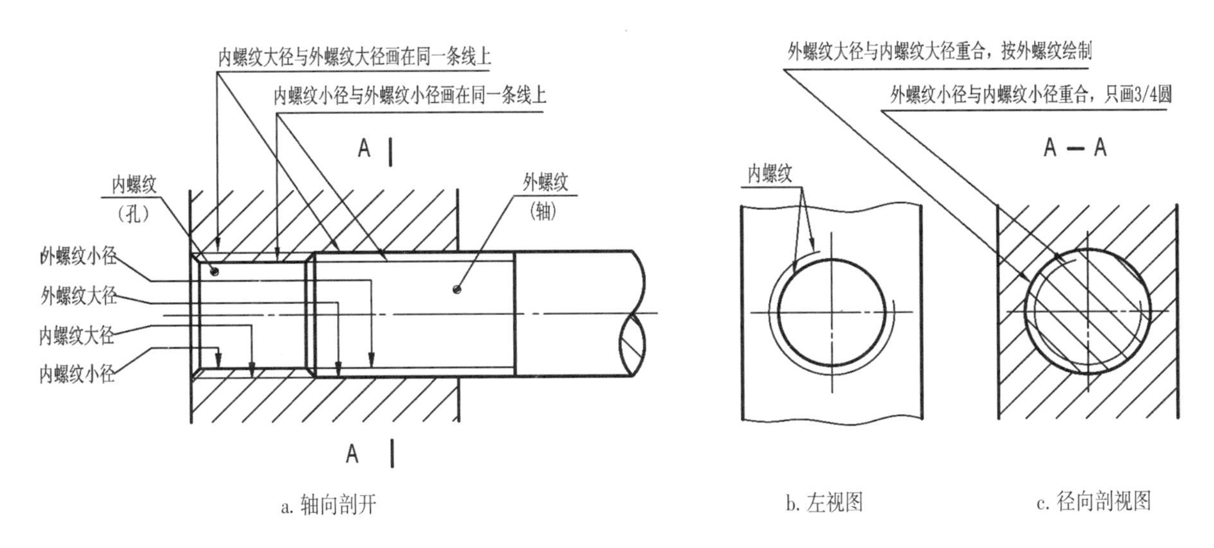

图6-2 通孔螺纹连接画法

（4）螺纹终止线

螺纹终止线为可见线时用粗实线画出，不可见时用虚线画出。

图6－4所示为盲孔螺纹连接最大限度重合的正确与错误画法，a图与b图画法正确，c图画法错误。若螺纹轴的端面与螺纹孔的底部重合，螺纹轴的螺纹终止线就不能与螺纹孔的端面重合；反之螺纹轴的螺纹终止线与螺纹孔的端面重合，螺纹轴的端面与螺纹孔的底部就不可能重合（原因是制作工艺不可能完成该设计）。

图6－5所示为管状外螺纹连接画法，图6－6所示为多重管状螺纹连接画法。

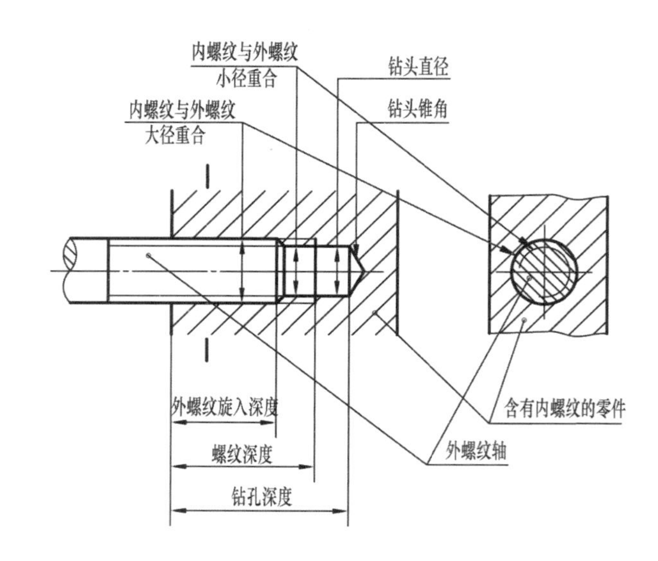

图6-3 盲孔螺纹连接的画法

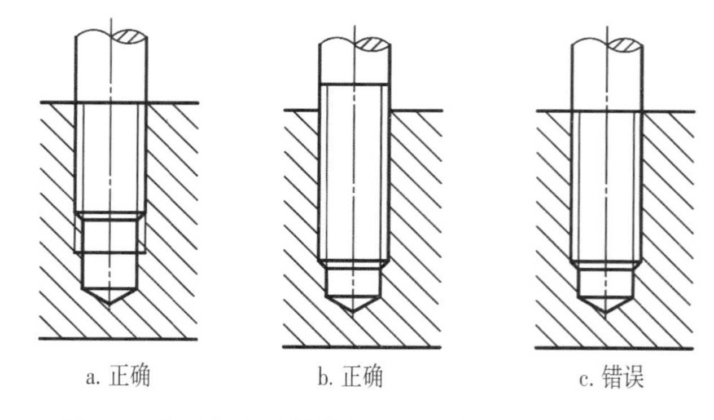

图6-4 盲孔螺纹连接最大限度重合的正确与错误画法

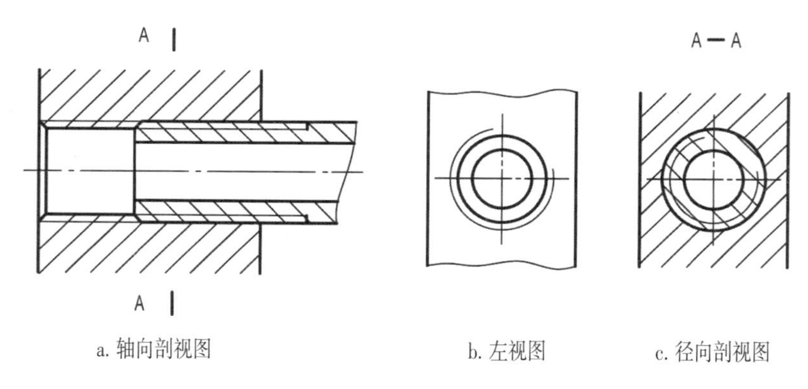

图6-5 空心外螺纹连接画法

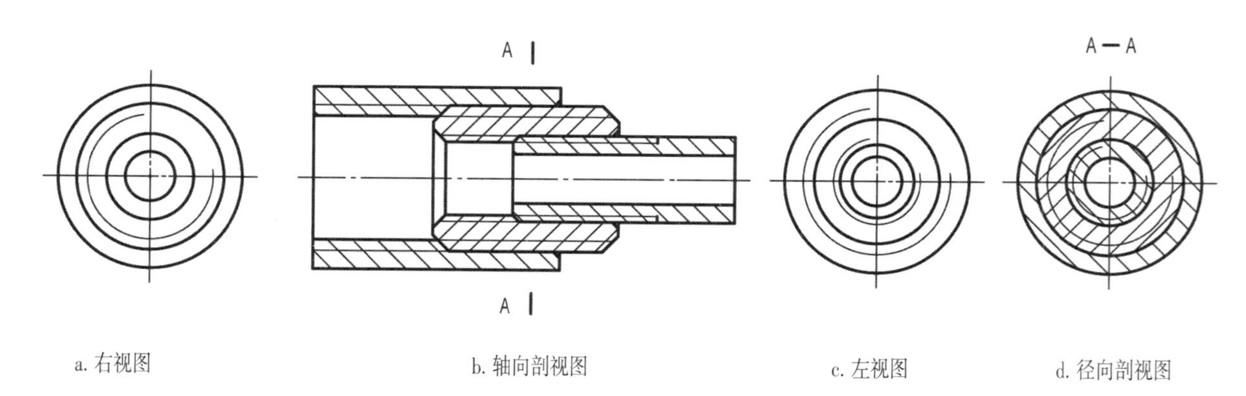

图6-6 空心内外螺纹连接画法

3. 螺纹的代号

螺纹牙型不同用途各异，表6–1列出几种常用螺纹牙型及其代号。

表6–1 常用螺纹牙型与代号

内容		外形与牙型	代号	说明
连接螺纹	普通螺纹（粗牙、细牙）	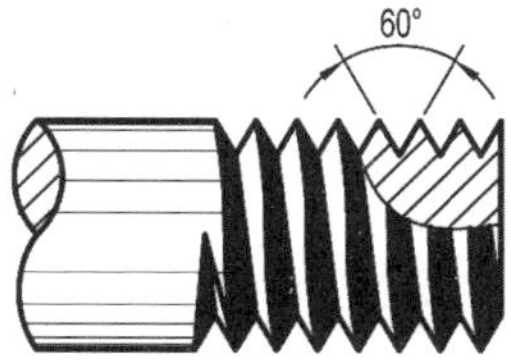	M	常用的连接螺纹，一般连接多用粗牙的，在相同的大径下，细牙螺纹的螺距较小，用于薄壁或紧密连接的零件。
	非螺纹密封的管螺纹	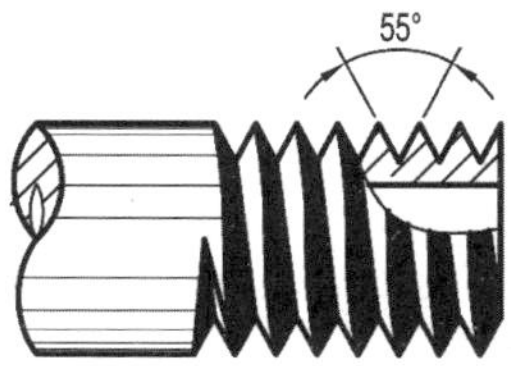	G	本身不具有密封性，若要求连接后具有密封性，可压紧被连接件螺纹副外的密封面，也可在密封面间添加密封物，适用于管接头、旋塞、阀门等。
	用螺纹密封的管螺纹	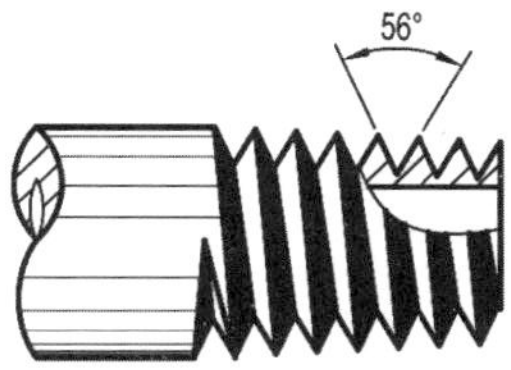	R Rc Rp	有圆锥、圆柱两种连接形式，必要时，允许在螺纹副内添加密封物，以保证连接的紧密性；适用于管路、管接头、旋塞、阀门等。
传动螺纹	梯形螺纹	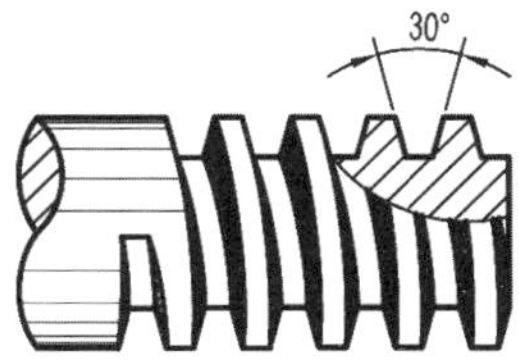	Tr	用于传递运动和动力，如车床丝杠、尾架丝杠等。
	锯齿形螺纹	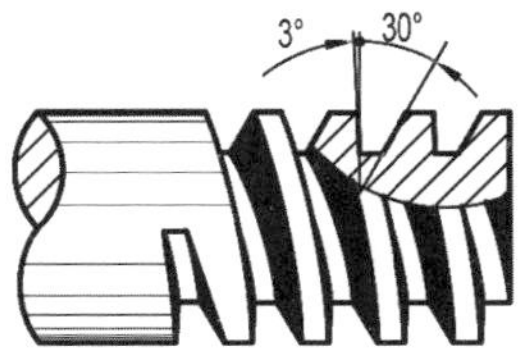	B	用于传递单向的动力，如机械千斤顶、台虎钳的螺杠等。

4. 几种常用螺纹标准件

用于螺纹连接和紧固的零件称为螺纹连接件，螺纹连接件是标准零件。常见的螺纹连接件有：螺栓、螺柱、螺钉、螺母、垫圈等，表6-2列出了几种常用标准件的标记与说明。螺纹连接件的尺寸、结构形状、材料、技术要求等都已标准化，根据标准件规定的标记符号，在相应的标准件手册中均能查出。购买时，也只需提供相应标记符号即可。

表6-2 几种常用标准件的标记与说明

内容	轴测图	图例与标记	标记说明
六角头螺栓	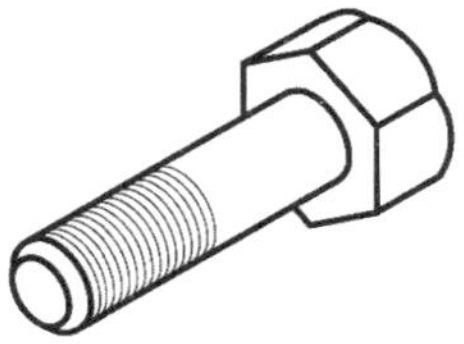	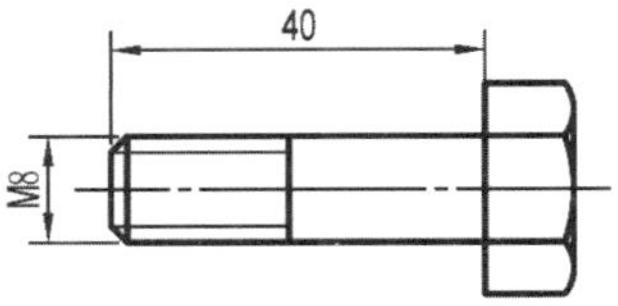 40 M8	螺栓GB/T5782 M8×40 螺纹规格M8，公称长度为40 mm
双头螺柱	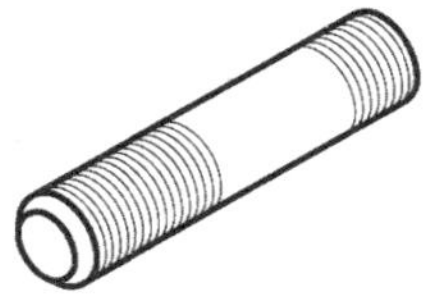	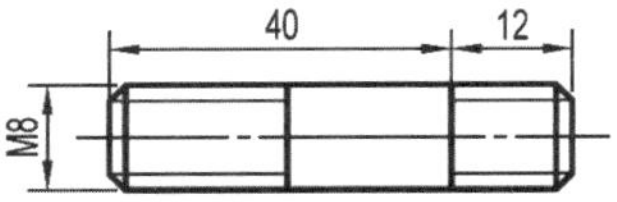 40　12 M8	双头螺柱GB/T899 M8×40 螺纹规格M8，公称长度为40 mm
开槽沉头螺钉	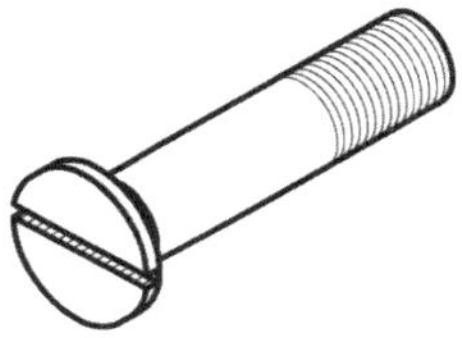	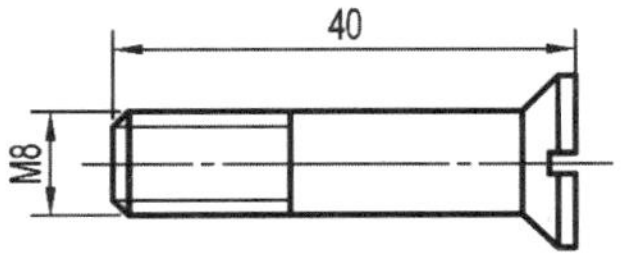 40 M8	螺钉GB/T68 M8×40 螺纹规格M8，公称长度为40 mm
螺母		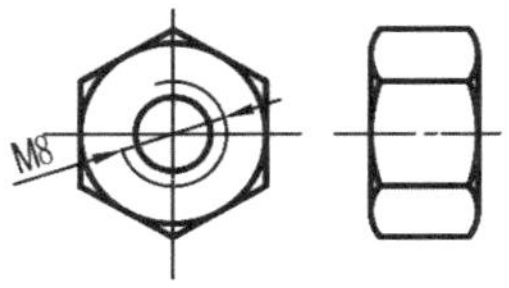 M8	螺母GB/T41 M8 螺纹规格M8
平垫圈	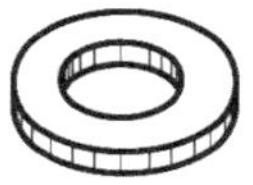	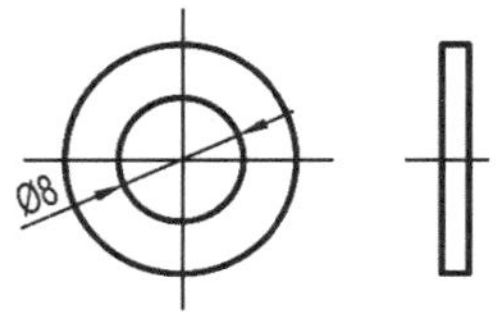 Ø8	平垫圈GB/T848 8 用于M8的螺纹连接
弹簧垫圈		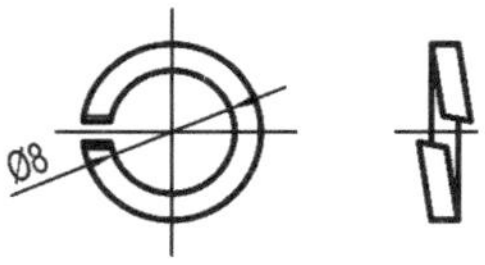 Ø8	弹簧垫圈GB/T93 8 用于M8的螺纹连接

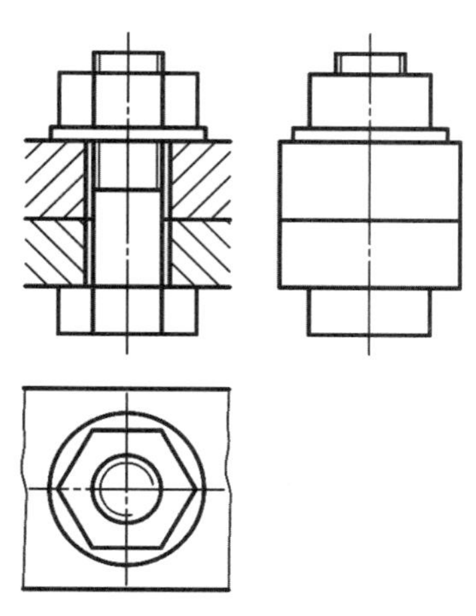

图6-7 螺栓连接的简化画法

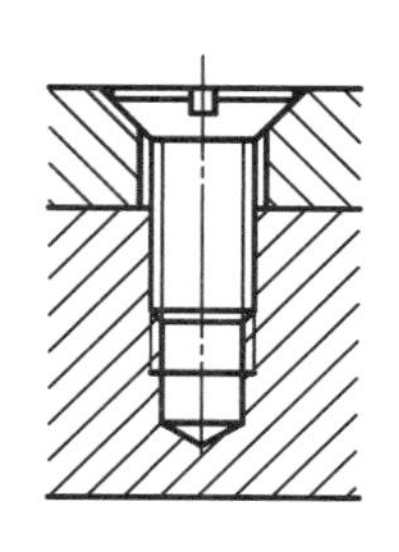

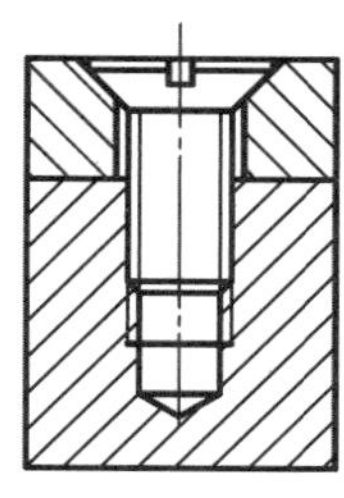

图6-8 螺钉连接的简化画法

5. 螺纹连接件的简化画法

螺栓连接：螺纹连接件由螺栓、螺母和垫圈构成。螺栓用于被连接的零件都不太厚、能加工成通孔，且连接力较大的情况，画法见图6-7。

用开槽沉头螺钉连接：不用螺母，直接将一个较薄的零件连接在较厚的零件上。一般用于不经常拆卸、要求将沉头埋入连接件的平面之下且受力不大的连接中，画法见图6-8。

螺栓与螺钉的连接可按比例绘制，画法见图6-9。图中符号：t表示连接与被连接件的厚度。螺钉d～$2d$的选择：钢取$1d$，铸铁取$1.25d$，铝取$2d$。L为螺栓或螺钉需要的长度：估算后根据国家标准中相应螺钉的有效长度系列值选取相应的标准值。

螺钉连接允许采用图6-10所示画法绘制。

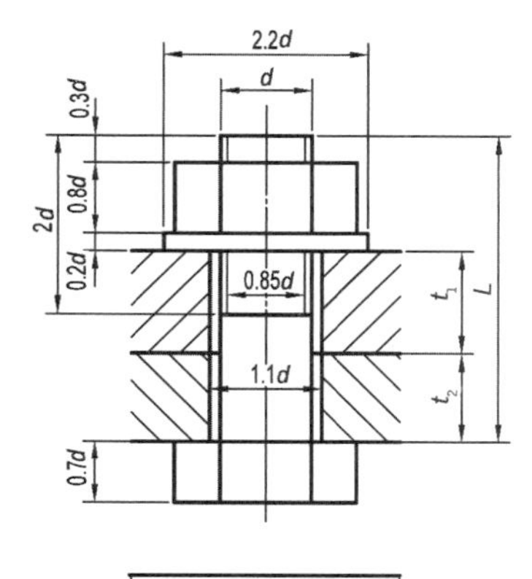

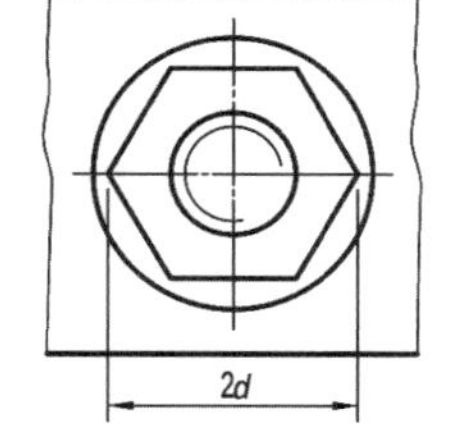

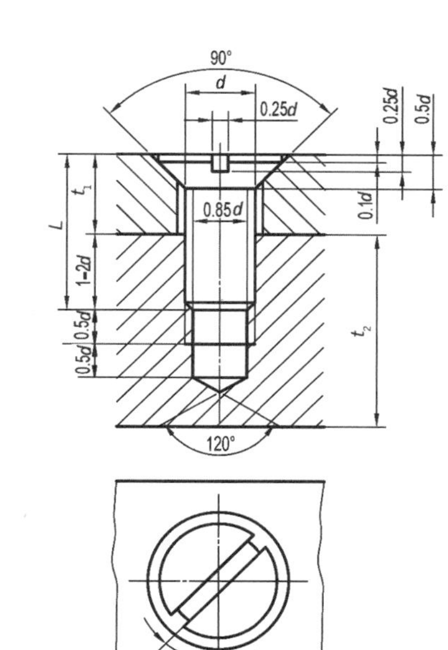

图6-9 螺栓与螺钉连接的比例画法

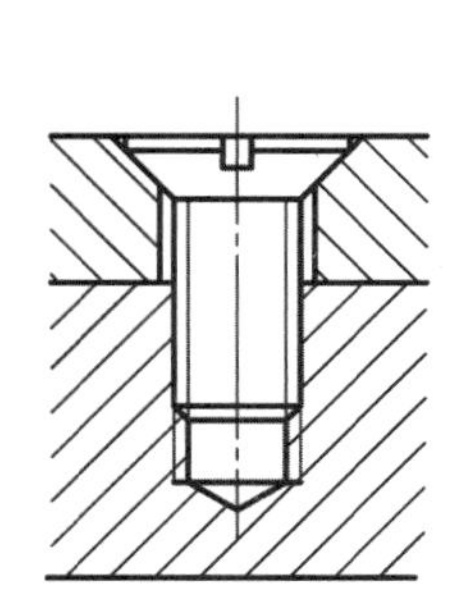

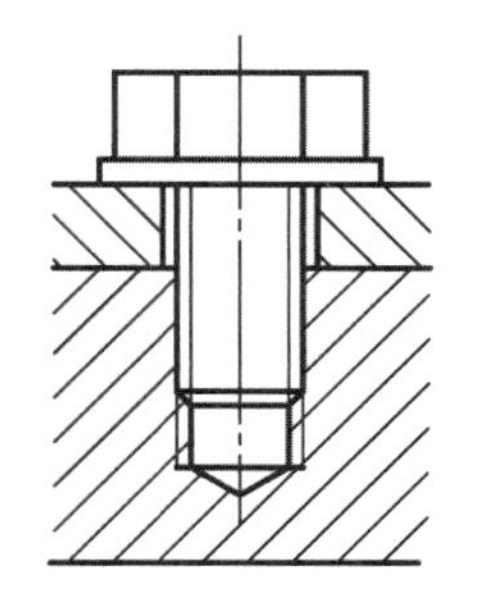

图6-10 螺钉连接的允许画法

二、铆钉连接

铆接是用铆钉把两个或两个以上零件连接在一起，是一种不可拆卸的连接。铆接既适用于金属材料之间的连接，也适用于金属与非金属之间、非金属与非金属之间、柔软的材料之间、软与硬材料之间的连接。

铆钉钉头和钉尾有多种形式，用途也很广泛。铆钉连接用于某些产品的外表，具有连接与装饰的双重作用。有些产品的标牌也用铆钉连接。

1. 铆钉

图6–11所示为普通铆钉的形状、装配过程及连接。

铆钉的安装方法：直径小于孔的铆钉插入如图6–11a两个薄壁件的孔后，在外力的作用下（用重力锤或压力机或者专用工具）至无铆头端压堆变形，参见如图6–11b，达到连接两个薄壁件的作用。

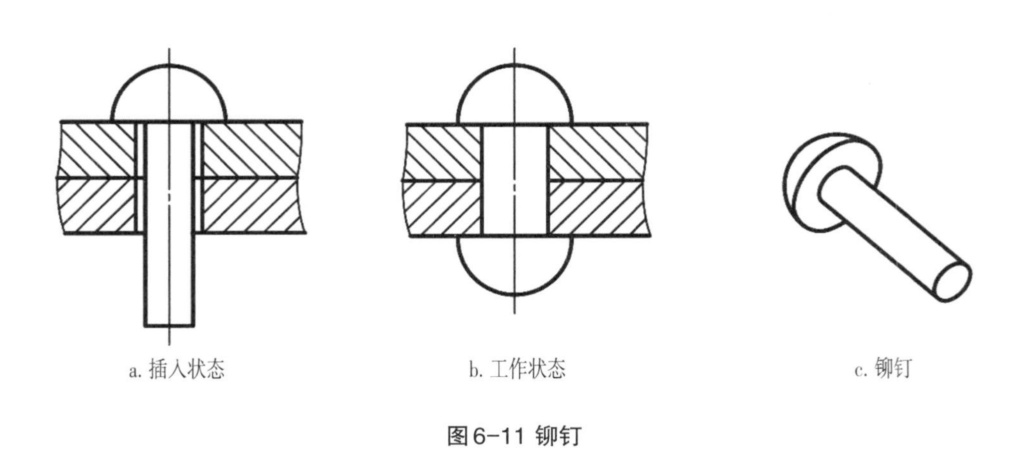

图6–11 铆钉

2. 铆钉轴

既有铆钉的作用又有轴的作用的连接件就是铆钉轴。图6–12所示的剪刀便具有有连接与转动作用的铆钉轴结构。

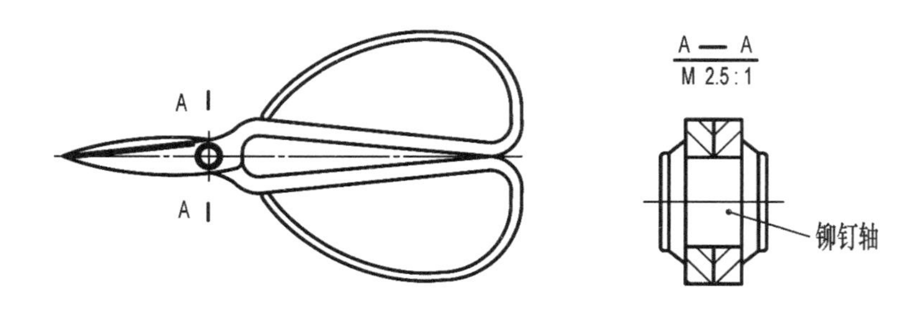

图6–12 铆钉轴

第二节 工业产品外形的常见结构

在生产实践中，组成产品的零件形状千差万别。但无论形状如何变化，总是和零件的功能要求、工艺要求、装配要求以及使用要求密切地联系在一起。在设计零件时，设计人员要综合考虑这几方面的要求，并从实际需要出发，合理设计零件的结构形状，以求最大限度地使零件的结构造型趋于合理，满足各种需求。进而使其作为壳体零件，能满足外观设计的要求；作为内部零件，结构简单、制造方便、成本低廉。

一、铸造工艺结构

铸造俗称翻砂，得名于传统的用砂子做型腔的铸造方式。把熔融的金属注入型腔后，经冷却凝固后得到的零件毛坯称为铸件，零件的这种成型过程称为铸造工艺。现代工业产品使用的材料很多都是用塑料制造的，塑料产品的某些零件的成型工艺与金属零件的铸造工艺极为接近。

铸造工艺结构是铸造工艺特有的结构，其中包括铸造圆角、起模斜度、均匀壁厚等。

1. 铸造尖角与圆角

在铸件内外表面的转折处、加强肋的根部等处都应做成适当大小的圆角，目的是为了防止铸件浇铸时在转角处的落砂现象，避免熔融的液体冷却时产生裂纹。这种铸造圆角在零件图中需要画出，其半径尺寸可统一注写在技术要求中，材料与厚度不同，圆角的半径也有所不同。图6-13为直角结构，若是锐角时应采用图6-14所示的结构。

除了金属的铸件结构有圆角外，塑料件也应有圆角，只是圆角的半径要小一些。

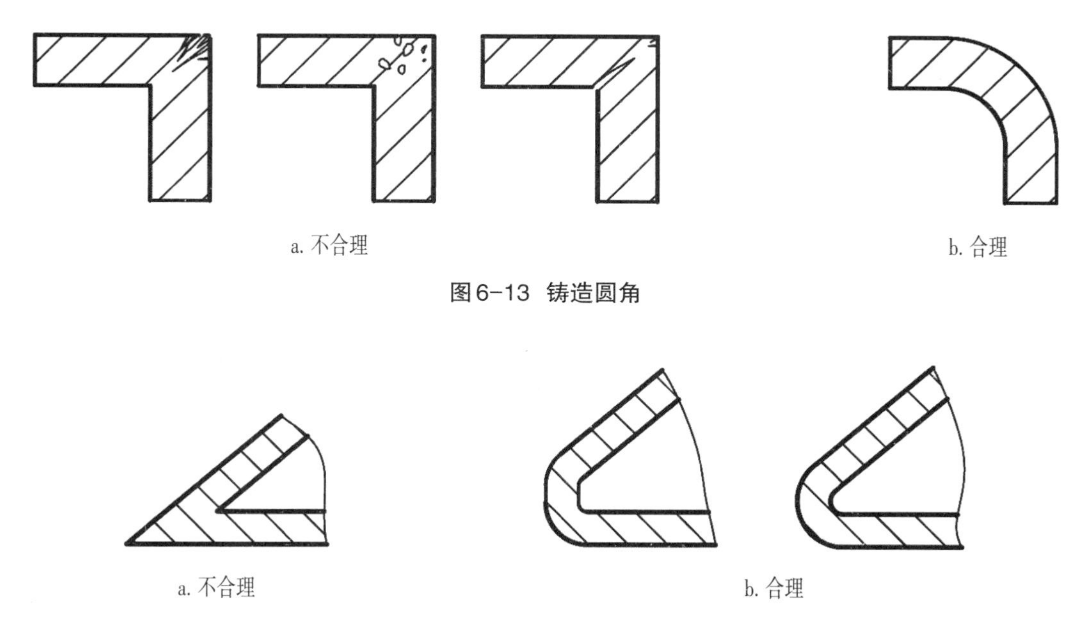

图6-13 铸造圆角

图6-14 铸造尖角

2. 过渡线

由于铸件上不同结构的连接处有圆角，铸件上各表面的交线就不太明显。为了区别不同的表面，在零件图上仍要画出这条交线，该线称为过渡线。过渡线用粗实线画出，过渡线的画法与两体的交线的画法基本相同，过渡线的产生位置就是两形体理论交线的位置。在两表面轮廓线相交处画出圆角，在理论交线处画出过渡线，过渡线的两个端点不与轮廓线相交。图6-15a为电吹风的视图，电吹风的机体和手柄、机体与出风管的结合处存在过渡线。过渡线的位置与画理论交线的位置一致（图6–15b）。

圆柱与连接板连接，由于圆角的存在，也会产生过渡线。连接板的断面形状与连接位置不同，过渡线的形状也有所不同，图6–16列出了不同断面形状的连接板与圆柱连接处的过渡线的弯曲形状。

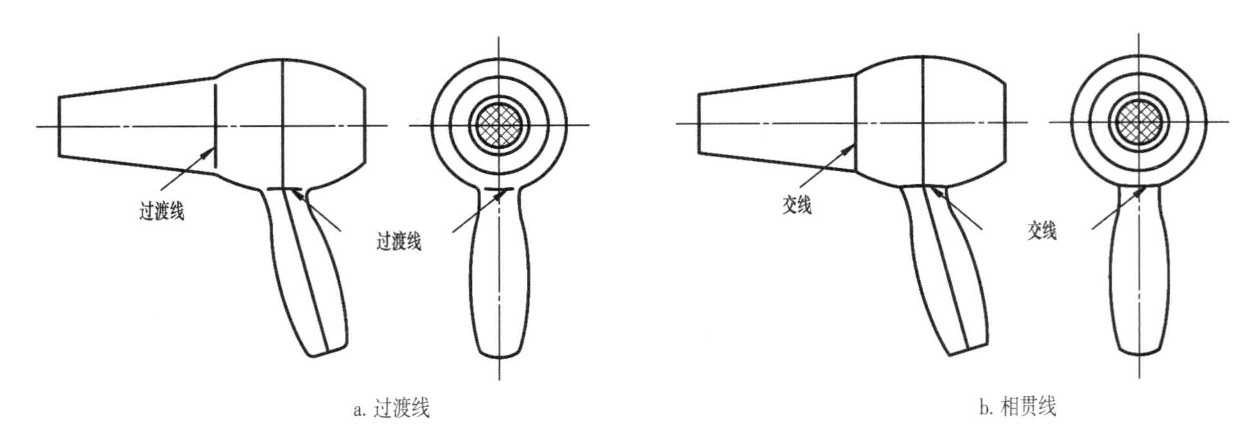

图6–15 过渡线与理论交线

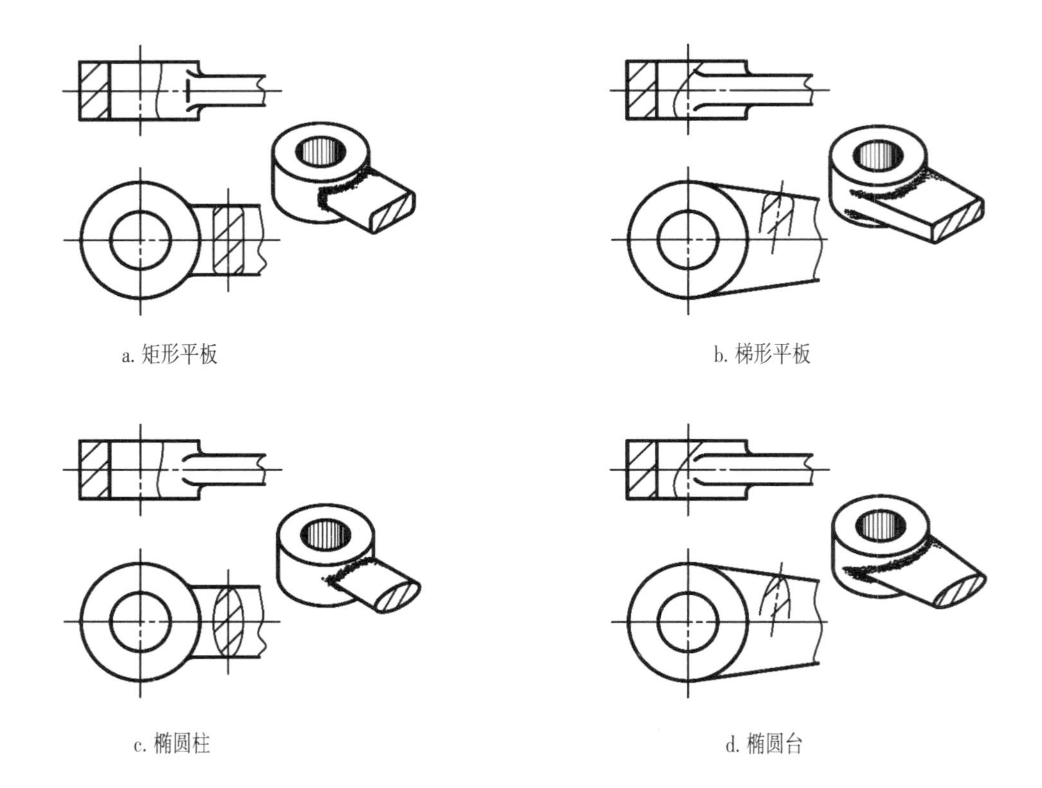

图6–16 圆柱与连接板连接的过渡线

3. 起模斜度

制作如图6−17a所示的铸件时，为了便于把模型从型腔中取出来，在铸件内外壁沿起模方向应有适当的斜度，即起模斜度（图6−17b）。这种斜度过小，在图中允许不画，也可以不标注出尺寸。图6−17c是模型在型腔中增加斜度后，这样便于将模型从型腔中取出（图6−17d）。当必须表示出起模斜度时，可在技术要求中用文字加以说明。

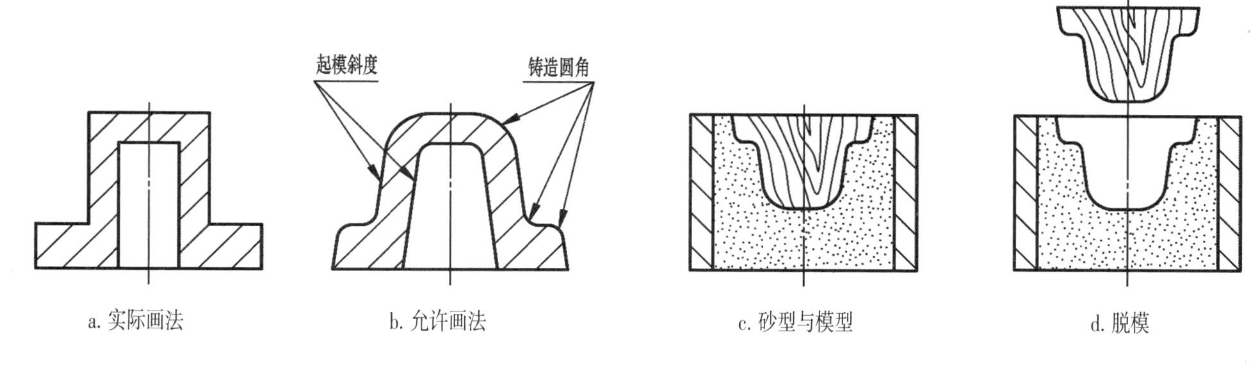

图6−17 起模斜度

4. 壁厚

为保证铸件的质量，应尽量使铸件的壁厚均匀一致。壁厚不均匀，会导致熔融的材料液体流动速度和冷却凝固速度不同而在厚壁处产生缩孔、裂纹、薄壁处浇不到的现象。若必须采用不同凝固壁厚时，应采用逐渐过渡的方式（图6−18）。

图6−18 铸件的壁厚

5. 边缘结构

容器和壳体的边缘用各种形式的翻卷，采用台阶式凸缘结构，可以提高容器型外壳边缘的刚性，尽量避免采用无变化的直线型结构（图6−19）。

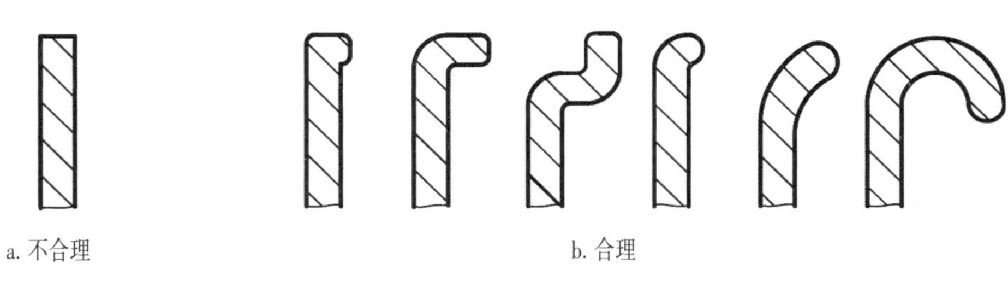

图6−19 边缘结构

6. 设计结构

铸件上与主脱模方向垂直的侧孔（或侧向凸起）（图6-20a），须在模型上设计侧向分型或型芯结构来成型。模具结构复杂、成本高，参见图6-20b。因此，在满足铸件使用要求的前提下，应尽量避免设计侧向孔、槽和凸起，也可以适当地组成部分改变铸件的结构，来简化模具结构，图6-20a所示结构的改进参见图6-21a。改进后结构的成型模具由原来的四个变为二个，虽然凹模的模具（上模）形状稍复杂，但脱模的的方向由两个变为一个（图6-21b），节省了脱模运行轨道与脱模空间，进而简化了模具，降低了模具的费用（图6-20与图6-21均省略了起模斜度）。

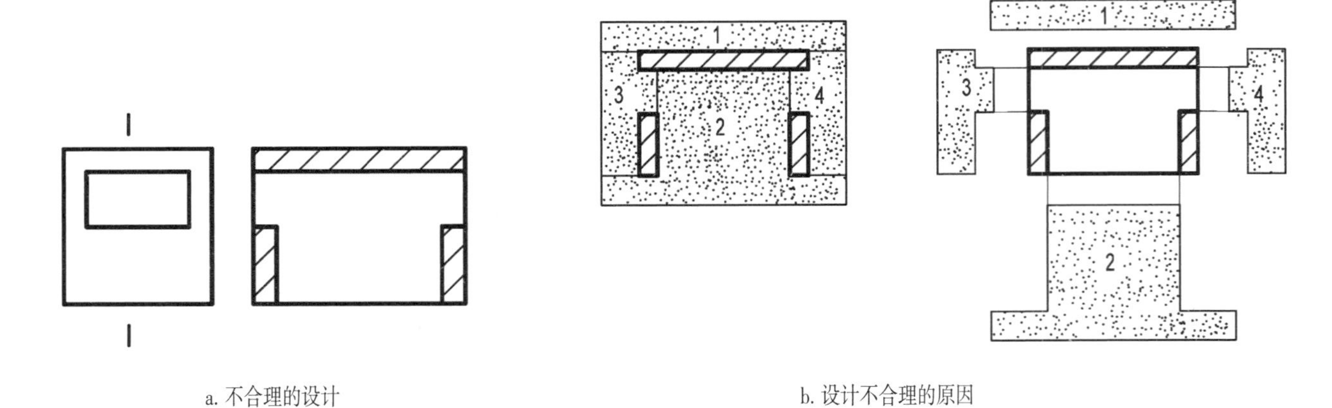

a. 不合理的设计　　b. 设计不合理的原因

图6-20 铸件设计结构的复杂性分析

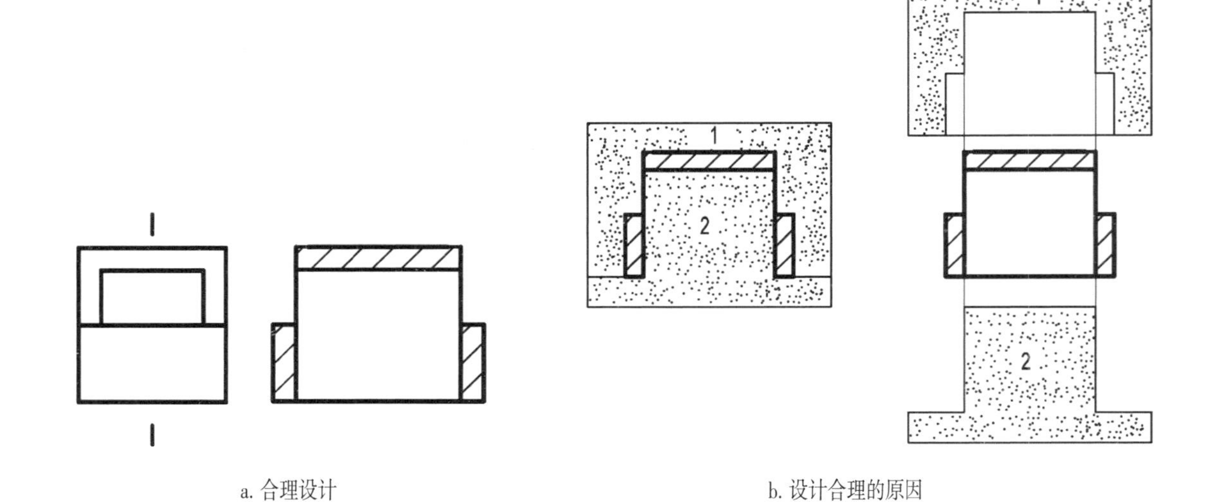

a. 合理设计　　b. 设计合理的原因

图6-21 铸件设计结构的合理性分析

二、机械加工工艺结构

1. 钻孔结构

用钻头钻出的盲孔，在底部有一个120°的锥角，而不是90°的锥角。该锥角是钻头的头部形状，是在钻孔加工过程中形成的。钻孔深度是指圆柱部分的深度，不包括圆锥结构。盲孔的画法如图6−22所示。

在设计需钻孔的位置时，为保证钻孔准确和避免钻头折断，应尽量使孔或钻头的轴线垂直于孔的端面，不能直接设计在斜面或图6−23a所示的曲面位置。当不可避免时，可将倾斜的部位设计成凸台或凹坑，如图6−23b所示。

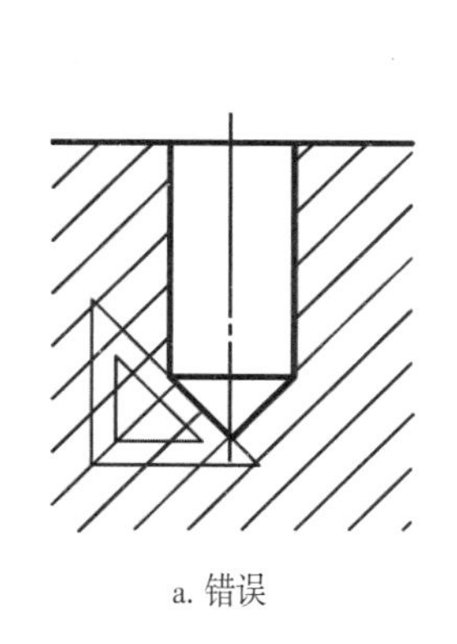

a. 错误

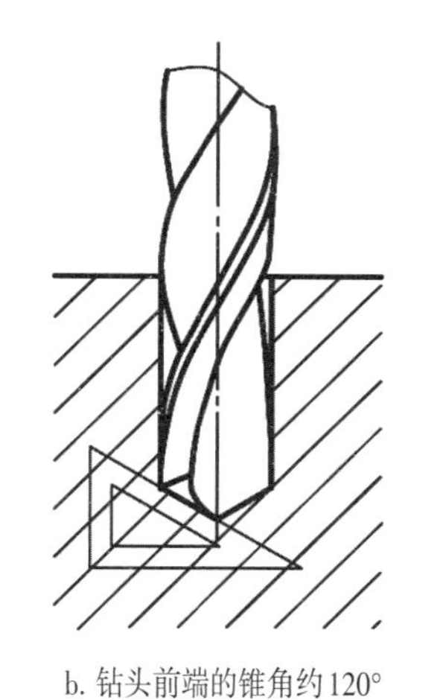

b. 钻头前端的锥角约120°

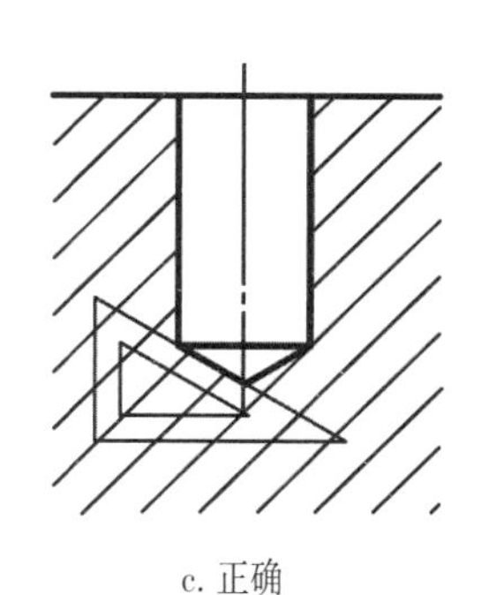

c. 正确

图6−22 盲孔的画法

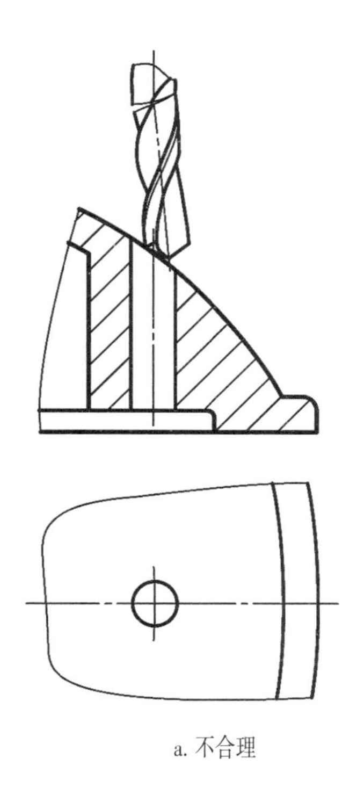

a. 不合理

b. 合理

图6−23 钻头接触面的合理设计

2. 接触表面

当产品的底平面或零件上与其他零件接触的表面为平面时，为了保证能平稳地放置在平面上，相接触零件的各平面之间应有良好的接触表面。同时为减少加工面积和加工成本，减轻重量，不能将其底部设计成如图6−24a所示的结构，而应设计成如图6−24b所示的几种结构。图6−25为盆类容器，其底部结构也有相同的设计（盆类容器成型工艺不属于机械加工，仅涉及接触平面结构）。

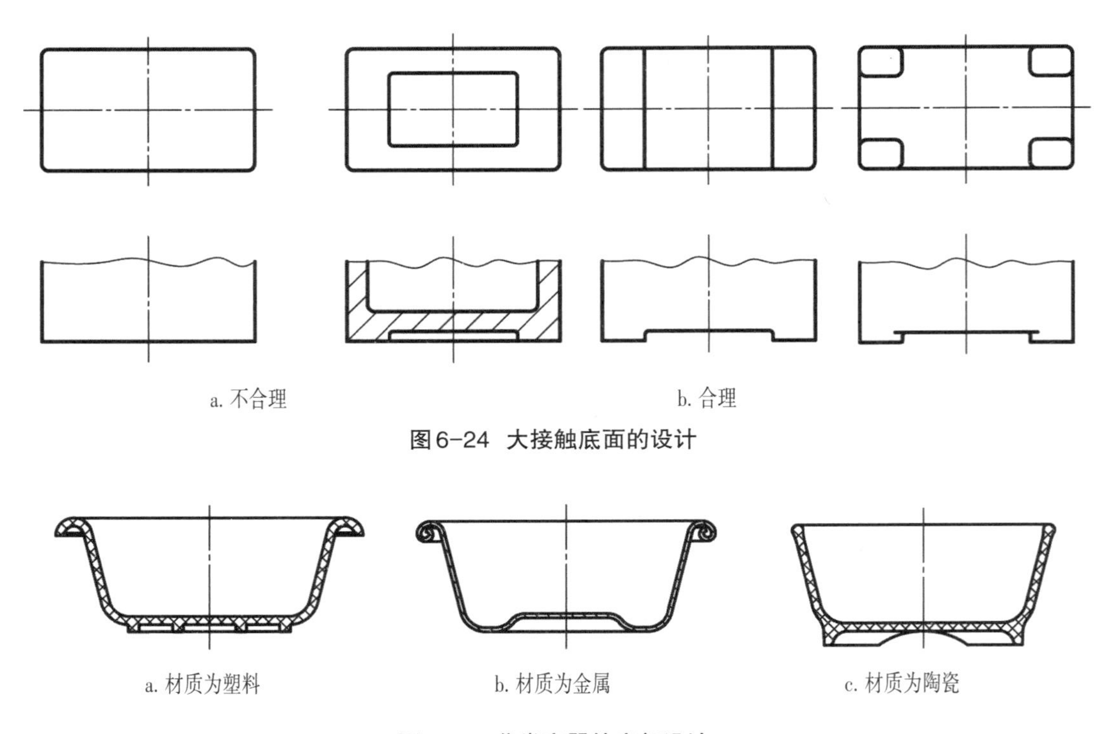

a. 不合理　　b. 合理

图6−24 大接触底面的设计

a. 材质为塑料　　b. 材质为金属　　c. 材质为陶瓷

图6−25 盆类容器的底部设计

三、冲压工艺结构

冲压是将板料放在冲模的上下冲头之间，使其受压力而产生分离或变形的加工方法。适合冲压的板的厚度一般小于6 mm，冲压一般在常温下进行。冲压可制得形状复杂的零件，废料少，制品具有较高的精度和光滑的表面，互换性好，可获得重量轻、强度和刚度较高的零件。通过冲压工艺可以得到如切断、弯曲、几何图形的板状及孔等结构，图6−26所示是用冲压工艺实现的结构图。

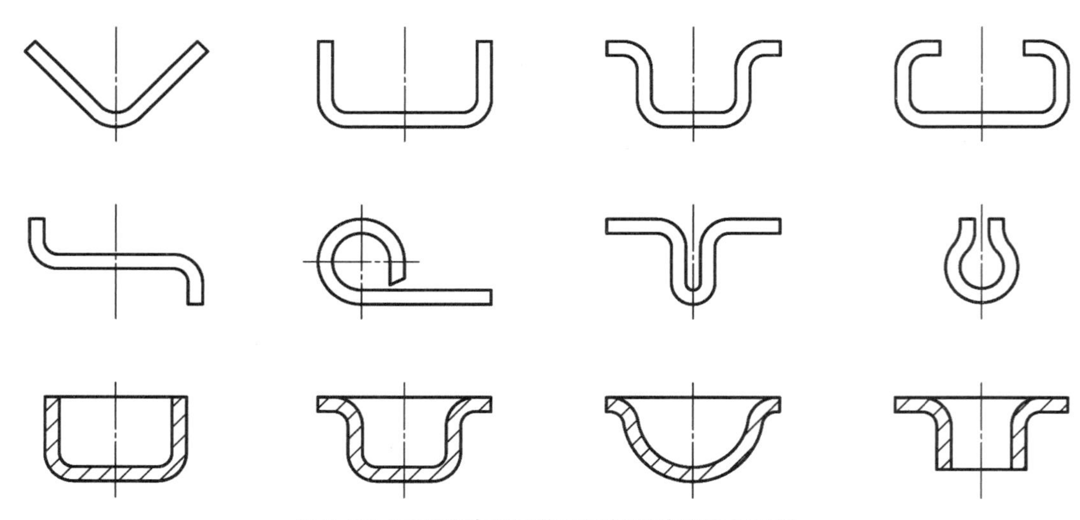

图6−26 可以用冲压工艺加工得到的结构与形状

四、加强结构

1. 肋板

为提高构件的刚度，可增设板状的结构，即肋板可起到减小变形、提高抗冲击能力的作用。图6-27a是焊接结构中的加强肋，图6-27b是铸造结构中的加强肋。

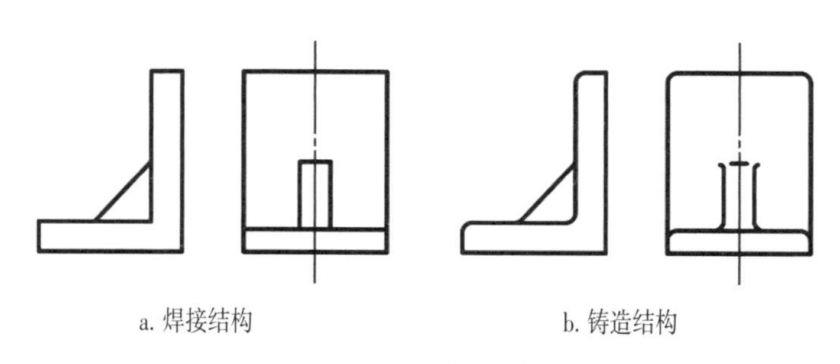

图6-27 加强肋

2. 肋条

塑料模压件是壁厚均匀的薄板结构件，为提高塑件的刚度，增设薄板加强肋（凸起或凹陷的结构），同时既提高抗冲击能力，也可减小塑件的翘曲变形。加强肋在构件上的分布形式应该相互错开，尽量不采用十字交汇式。加强肋可用凸出的周边或长条结构，条状支撑还能提高底面的刚性。大平面的底面或顶盖（如箱体的箱与盖），应设计成波浪形式或拱形曲面，或设计成沿圆周或纵横交叉分布的凹凸不平的环状肋或条状肋，以提高大平面型构件的刚性（图6-28）。

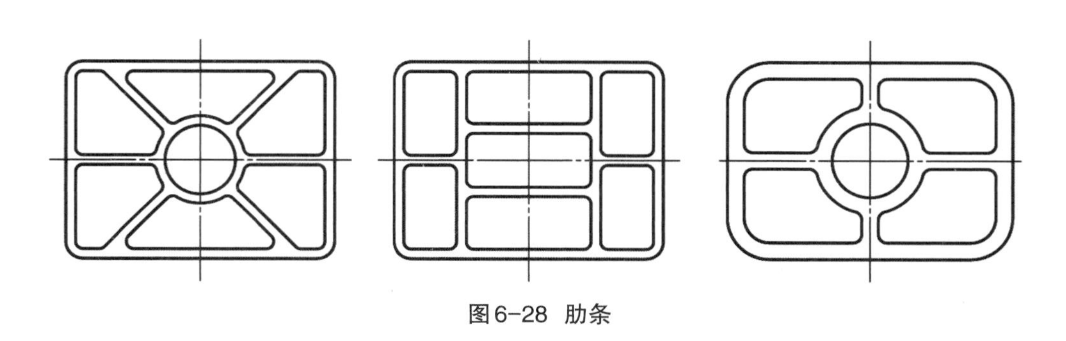

图6-28 肋条

第三节 零件图的表达方法

一件工业产品从设计、制造到投入使用是一个复杂的过程。它包括可行性分析研究、方案设计、外观设计、总体设计、零部件设计、制造、检验、装配、使用与维护等诸多环节。在每个环节中，都可能用到各种不同的图样，这些图样都叫作工程图。这些图样由于在机械的设计、制造过程中所起的作用不同，对图样的要求也有所不同。在这些图样中，最主要也是最基本的图样之一是零件图。

一、零件图的作用与内容

表达零件的图样称为零件图，是设计部门提交给生产部门必需的技术文件。它体现了设计者的设计意图，表达机器或部件对零件的要求，指导零件的生产制造过程，保证加工好的零件符合设计要求。因此，零件图是加工制造零件的依据。它不仅要表达零件的结构与大小，而且还要注明零件在加工和检验时所必需的技术要求。

从图6-29所示的滑块的零件图中分析，零件图应包括以下四部分内容：

1. 一组图形

用一组图形，采用视图、剖视图、断面图、向视图等各种相关国家标准规定的表达方法，完整、清晰、简洁地表达出零件的形状与结构。

滑块用三个视图进行表达，主视图采用投影图，左视图采用全剖视图，俯视图采用局部剖的形式。

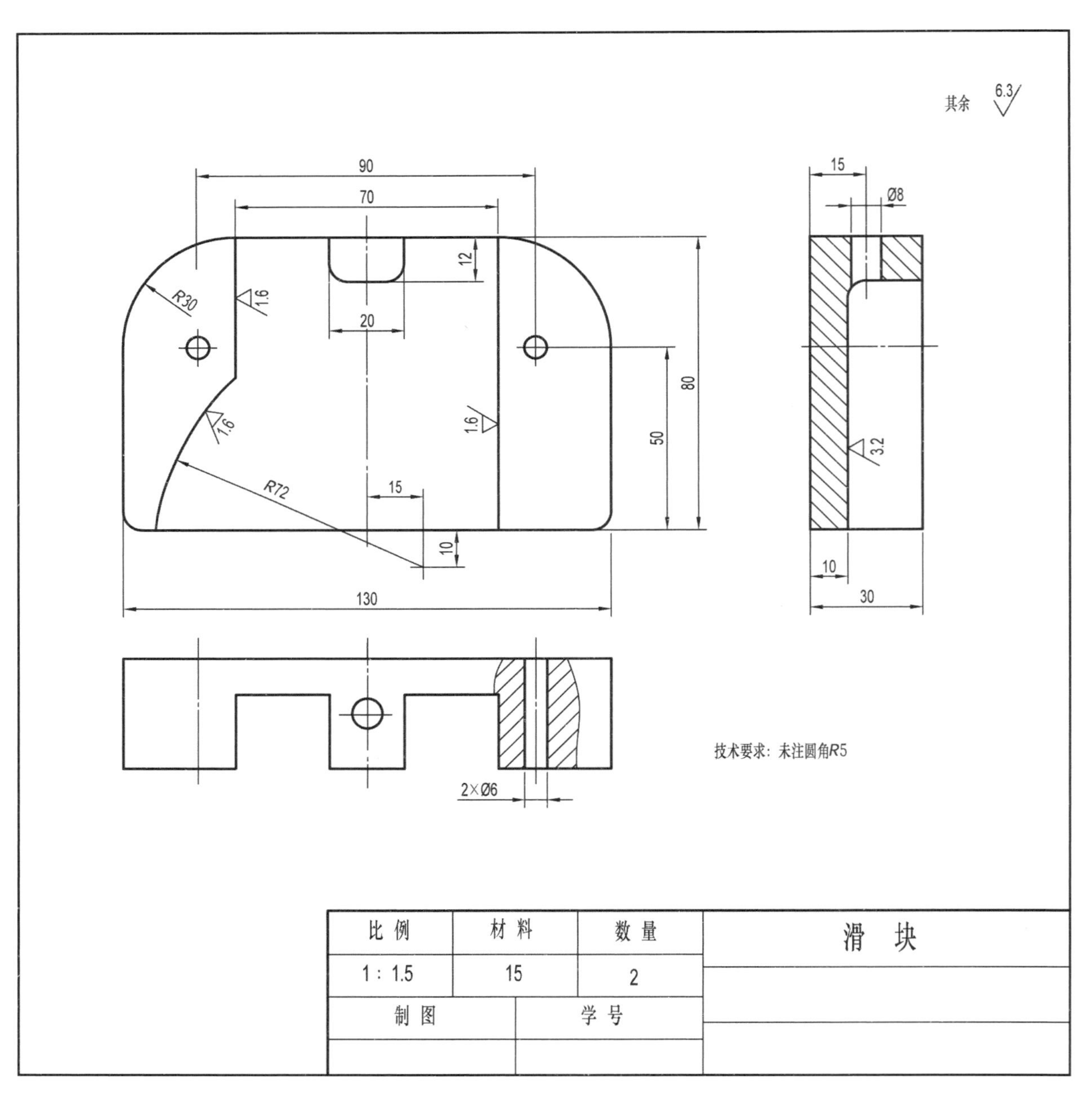

图6-29 零件图

2. 完整的尺寸

用一组尺寸正确、完整、清晰、合理地标注出零件各部分结构与形状的大小和相对位置关系。

3. 技术要求

用一些规定的符号、数字、字母和文字，注出零件在加工、制造、检验时所应达到的一些技术性要求，如表面涂镀方式、表面粗糙度、尺寸公差、材料和热处理等要求。

滑块的技术要求有两项：一个是用符号与数字表示的表面粗糙度要求，如$\overset{1.6}{\surd}$、$\overset{6.3}{\surd}$等，另一个是未注圆角的半径为$R5$在图纸的空白处用的文字进行说明。

4. 标题栏

用标题栏注出零件的名称、材料、图样的编号、绘图比例、设计审核和制图人员姓名、单位等信息。

二、视图的选择

每个零件都具有不同的实际功能，因而，确定零件的视图表达方案时，必须紧紧围绕其功能考虑。不同的结构形状决定了零件具有不同的功能，而不同的结构形状应采用不同的视图方案来表达。在确定零件表达方案时，应首先考虑的是看图方便。而后，零件各部分结构形状在表达完整、清晰的前提下，力求画图简便、布局合理。

零件图的表达方案选择的主要内容包括主视图的选择、视图数量的确定和表达方法的选择。

1. 主视图的选择

主视图在一组图形中占据核心位置。主视图选择得是否合理，将直接影响到其他视图的数量和表达方式，同时，也影响到画图的效果。因此，主视图的确定是零件表达方案的首要任务。选择主视图时主要应考虑以下三种位置：

（1）零件的自然摆放位置

零件在主视图上所表现的位置，常常采用零件的自然摆放位置，如轴类零件水平摆放，具有较大平面底座的零件底座位置在下。

（2）工作位置

工作位置是指零件在机器中的安装和工作时的位置。若主视图的位置和零件工作位置一致，则能较容易地将零件图和零件在装配图中的位置联系起来，便于了解零件的工作、形状及性能等要求，也便于根据装配关系来考虑零件的尺寸，方便阅读理解。

（3）加工位置

加工位置是指零件加工时在机床上的装夹位置。

图6–30中表达的零件除有一个孔是曲面体外，其余均是平面结构。若不考虑安装与工作位置，仅就加工而言，大结构在下，适合于铣床、刨床的装夹与加工；就结构而言，较长结构应在长度（OX轴）方向布局较为合适。图示主视图左边有斜面结构，其在左视图中的投影是可见的，所以，图示主视图的选择较为合理。

2. 视图数量的确定

要完整、正确、清晰、简明地表达零件的内外结构与形状，仅有主视图是不够的，还需要适当地选择一定数量的其他视图。视图数量的多少主要取决于零件结构的复杂程度，当然也和表达方式的选择有关。如对于只有回转结构的零件，只需绘制一个视图与相应的标注，就可以将其结构与形状表达清楚。

选择视图数量的基本原则是：灵活采用相关国家标准允许的各种表达方法，在满足完整、正确、清晰地表达零件的前提下，尽可能减少视图的数量。

图6-30中的视图数量采用了三个：主视图、左视图结构特征明显，必不可少；俯视图的作用相对弱一些。俯视图的作用在于将高度尺寸为5的底座形状表达充分，将零件左边的梯形结构表达得更为醒目与准确。

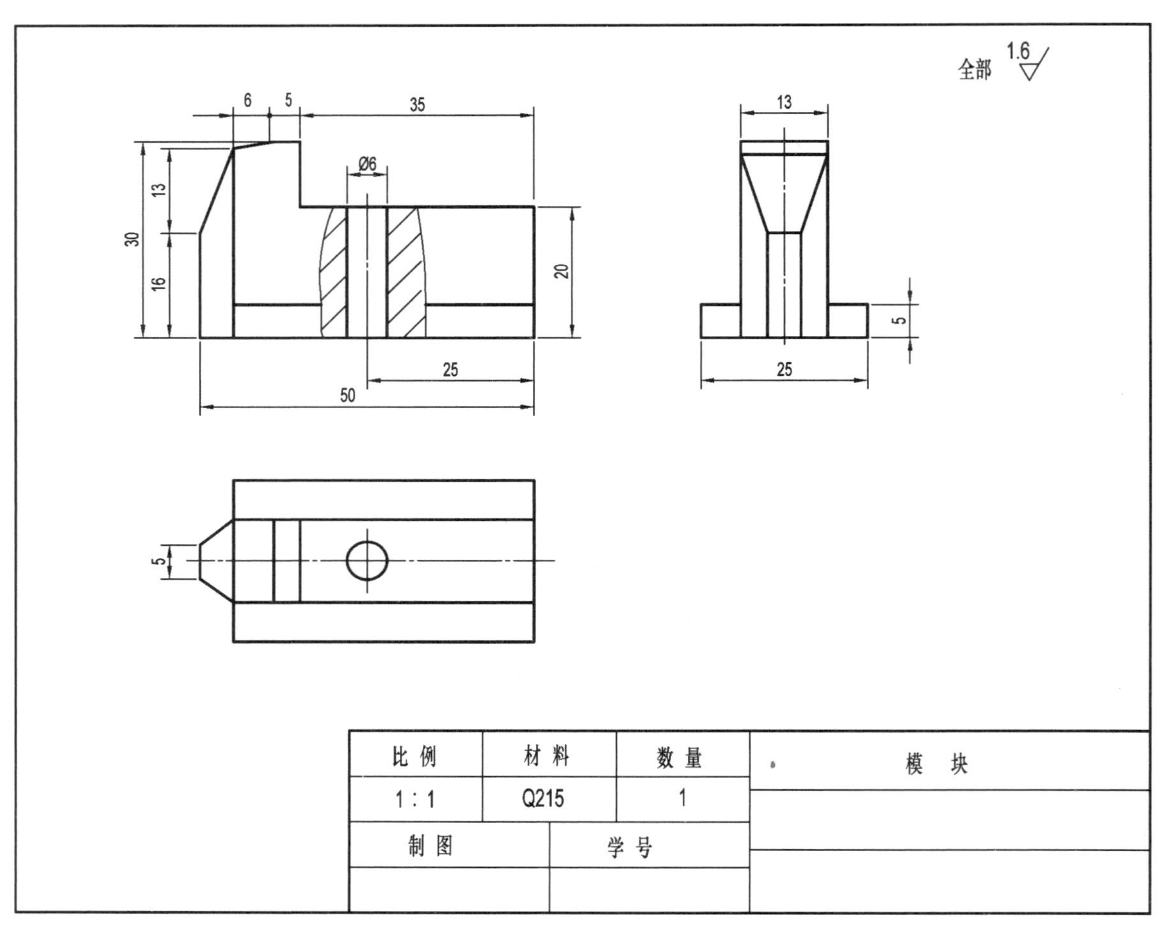

图6-30 模块零件图

三、技术要求

零件图上除了视图和尺寸外，还需要有制造该零件时应该达到的一些质量要求，这些质量要求被称为技术要求。零件图上要注写的技术要求包括：表面粗糙度；尺寸极限、表面形状和位置公差；热处理及表面处理材料；零件的特殊加工、检验等。

其中有些项目有技术标准规定，必须按规定的代号或符号注写在图纸上，如表面粗糙度、尺寸极限、表面形状和位置公差等。没有技术标准规定的，可用文字简明地注写在图样的空白处（一般是写在图样的下方）。

在此仅就表面粗糙度的概念、代号及其注法等有关规定做简要介绍。

零件表面经加工后，看起来很光滑。若用放大镜观察，则会看到表面有明显高低不平的粗糙痕迹（图6-31）。这种零件加工表面上存在较小间距的峰与谷组成的微观几何特性称为表面粗糙度。

图6-31 微观表面不平

表面粗糙度反映了零件表面的质量，它对零件的装配、工作精度、疲劳强度、耐磨性、耐蚀性和外观等都有一定的影响。零件工作时对表面的要求各有不同，因此同一个零件的不同表面粗糙度也不相同。对不同的表面粗糙度需要采用不同的加工方法才能获得，粗糙度数值越小，加工越精细，成本就越高。因此，零件的表面粗糙度应根据零件表面的功能恰当选择，从而在保证产品性能与外观要求的前提下，尽量降低生产成本。

表面粗糙度的参数值越大，表面越粗糙；表面粗糙度的参数值越小，表面越光滑。制图中一般采用*Ra*（微观不平十点高度）表示表面粗糙度的参数值，其单位是μm。当*Ra*的数值是0.2时，表面如同镜面。图6-32是国家标准规定的表面粗糙度符号及其画法，表6-3为表面粗糙度符号的意义与标注的解释（表面粗糙度的单位虽然不是毫米，但在应用中必须与表面粗糙度的符号并用，故在图纸中不注明单位或单位符号）。

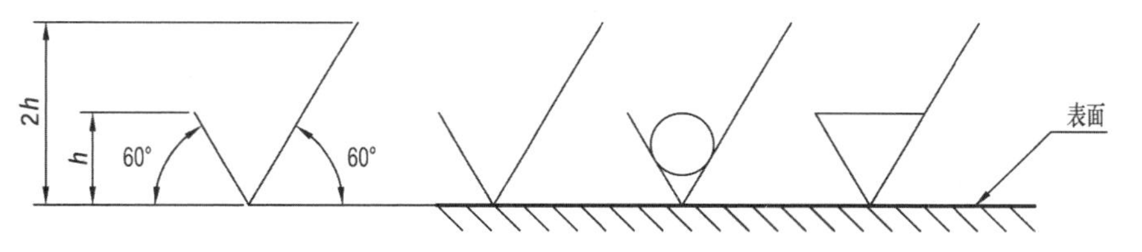

图6-32 表面粗糙度代号的画法

表6-3 表面粗糙度符号及其意义

符号	意 义	示例	说明
	基本符号，表示表面可用任意方法获得。当不加注粗糙度参数值或有关说明（例如：表面处理、局部热处理状况等）时，仅适用于简化代号标注。	3.2	用任意方法获得的表面粗糙度，*Ra*的最大值为3.2μm。
	基本符号加一短画，表示表面是用去除材料的方法获得的。例如：车、铣、刨、钻、磨、剪切、抛光腐蚀、电火花加工、气割等。	3.2	用去除材料的方法获得的表面粗糙度，*Ra*的最大值为3.2μm。
	基本符号加一小圆，表示表面是用不去除材料的方法获得。例如：铸、锻、冲压变形、热轧、冷轧、粉末冶金等；或者是用于保持原供应状况的表面（包括保持上道工序的状况）。	3.2	用不去除材料的方法获得的表面粗糙度，*Ra*的最大值为3.2μm。

四、读零件图

以图6－33为例介绍零件图的读图方法。

1. 概括了解

首先通过标题栏，了解零件的名称、材料、比例等，并浏览全图，对所表达的零件建立一个初步的认识。

零件图的名称直接指明其产品的名称及零件的用途，“后盖”表示该零件具有包裹与容纳的作用。

2. 结构分析

根据零件的结构与形状，可将零件分解为几个较大部分，如工作部分、连接部分、安装部分、加强和支撑部分等。找出零件的结构各通过哪些视图表达，明确每一结构在各视图中的轮廓投影范围以及各部分之间的相对位置。在此基础上，仔细分析每一结构的局部细小结构和形状。在分析过程中，要注意零件表达方法中的一些规定画法和简化画法。最后，想象出零件的完整结构与形状。

从图6－33中可见，两个视图中表达的壳体，其厚度是均匀一致的，右端面有空腔的底，左端直边无底，正适合冲压设备中的凸模脱开，此件乃是比较典型的冲压结构件。

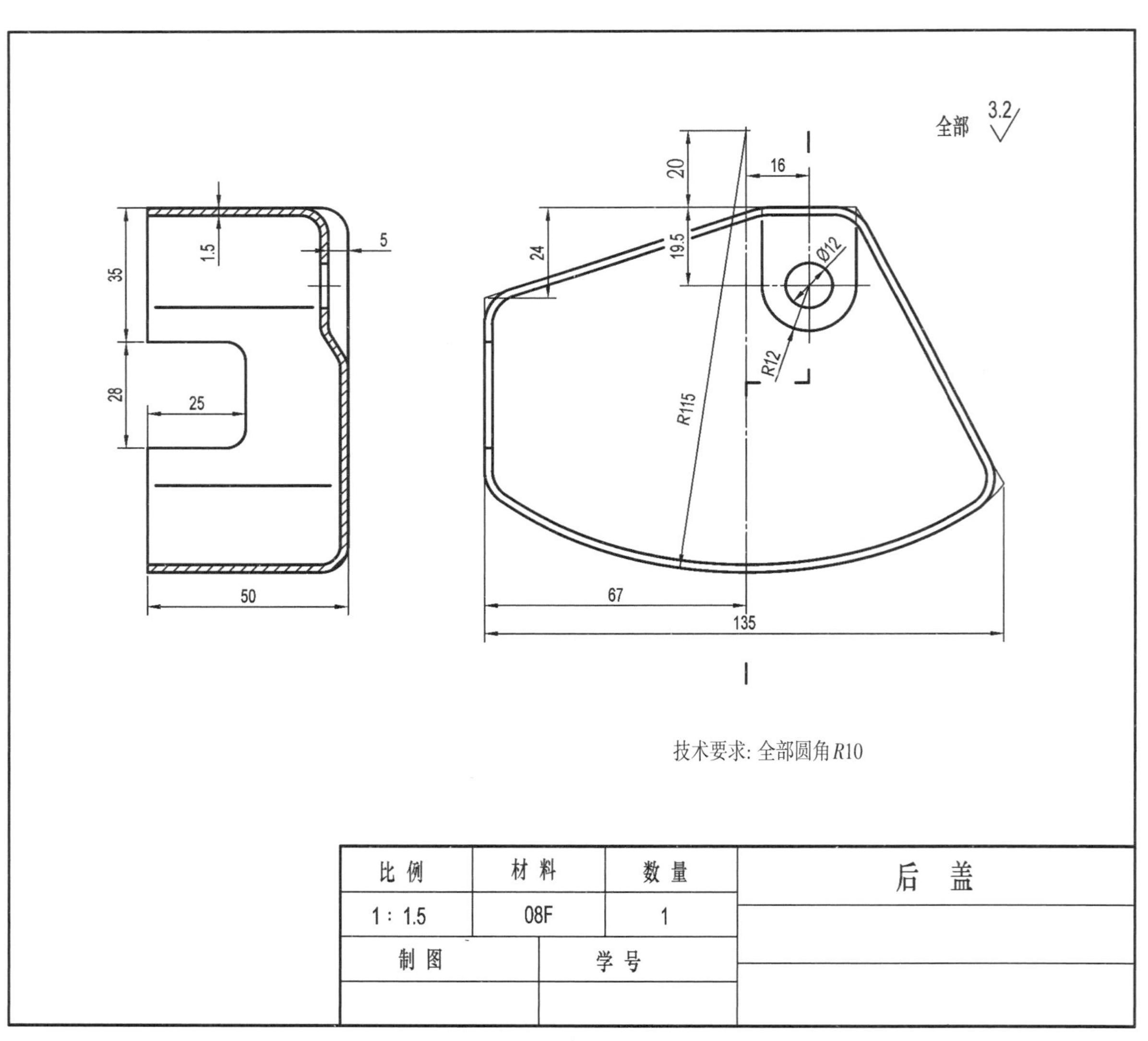

图6－33 壳体零件图

3. 表达方案分析

根据零件图中的视图布局确定主视图，然后围绕主视图，分析其他视图的配置情况及表达方法。特别是要弄清各种视图、剖视图、断面图的来历，包括剖切方法、剖切位置、剖切目的及彼此间的对应关系等。

本例是用两个视图进行表达的方案：从图中分析可见，主视图用阶梯全剖的方法表示，将后盖的壳体形状、厚度、矩形缺口、$\Phi 12$的孔、$\Phi 12$孔的周边结构表达清楚，剖切位置在左视图中注出。

4. 尺寸分析

根据零件的类别及整体构形，分析长、宽、高各方向的尺寸标注基准，弄清尺寸的具体含义。然后根据尺寸标注的形式，找出各部分的定型尺寸和定位尺寸。

总体尺寸$50 \times 135 \times$总高，总高尺寸需通过绘制图形或计算得出；$\Phi 12$的孔的位置距$R115$圆弧的前后对称中心线的距离是16，其所在平面在长度方向上与壳体的右端底面的距离是5。通过尺寸分析，将结构与形状、尺寸一一对应，读完全图的尺寸。

5. 技术要求分析

根据图上标注的表面粗糙度、尺寸公差、形位公差及其他技术要求，明确主要加工面及重要尺寸，以便制定合理的加工工艺方法。

技术要求有两条：一是表面粗糙度，全部采用相同的表面粗糙度要求，标注在图纸的右上角；另一个技术要求是在图纸的空白处用文字给出的，内容是关于圆角的要求。这两点技术要求也说明该零件是冲压结构件。

6. 综合归纳

综合上面的分析，在对零件的结构形状特点、功能作用等有了全面了解之后，才能对设计者的意图有较深入的理解，从而达到读懂零件图的目的。应当指出，在读图过程中，上述各步骤常常是交叉进行的。

复习思考题:

1．零件图一般应包括哪几方面的内容?

2．零件图中常见工艺结构有哪些?是否一定要了解工艺结构?

3．内外螺纹有哪些规定画法?在什么情况下螺纹的结构线都用虚线表达?

4．工业产品与零件、工艺结构有什么必然联系吗?

第七章

装　配　图

第一节 装配图的内容与画法

前面所学的基本上都是用若干个视图表达单个组合体或者一个零件。图7−1所示的是装配图，是普通放大镜的装配图。装配图与零件图的不同点在于装配图表达的是若干个零件的装配关系，多数尺寸是装配尺寸，各个零件的细部结构虽然没有像零件图那样充分表达，但大致结构已明确给出，且在图纸的右下位置的明细栏最为明显。

装配图的作用是表达产品或机器的工程图样，是设计、审核、装配、检验、调试和维修的技术文件，可以说没有装配图就没有工业化的产品。装配图能够反映设计者的意图，表达产品或部件的工作原理、性能要求、各零件间的装配关系和零件的主要结构、形状、大小及必要的技术数据。在产品的设计过程中，一般要首先画出装配图，然后根据装配图画出零件图，再依据装配图将零件装配成机器或部件。在机器的使用过程中，装配图可帮助使用者了解机器的构造或部件的结构，为维修和养护等提供相关的技术信息。所以，装配图是设计、制造和使用产品的重要技术文件之一。

一、装配图的内容

图7−1是一个连接件的装配图，从图中可以看出装配图一般包括以下内容：

1. 一组视图

用一组视图清晰地表达产品或部件的工作原理、各零件间的装配关系（包括配合关系、连接方式、传动关系、相对位置等）和主要零件的基本形状与结构。本例共有四个图：用两个全剖的视图将装配结构表达清楚，用两个视图将外部结构与形状表达充分。

2. 必要的尺寸

包括表示机器或部件性能、规格以及装配、部件和安装尺寸。如尺寸20是总长尺寸，尺寸7.3是两轴的中心距离。

3. 技术要求

用文字或符号说明产品或部件的性能、装配方式和调试要求、试验、验收、维修及使用要求等。图7−2的技术要求是：金属件表面镀铬（金属铬具有防腐、装饰、耐磨的作用，颜色呈微蓝的白色）。

4. 零件序号、明细栏、标题栏

编写零件的序号，将序号、名称、件数和材料、机器的名称、绘图比例等内容填写在明细栏和标题栏中。名称是连接件，比例是2.5：1，共有六个序号的零件。

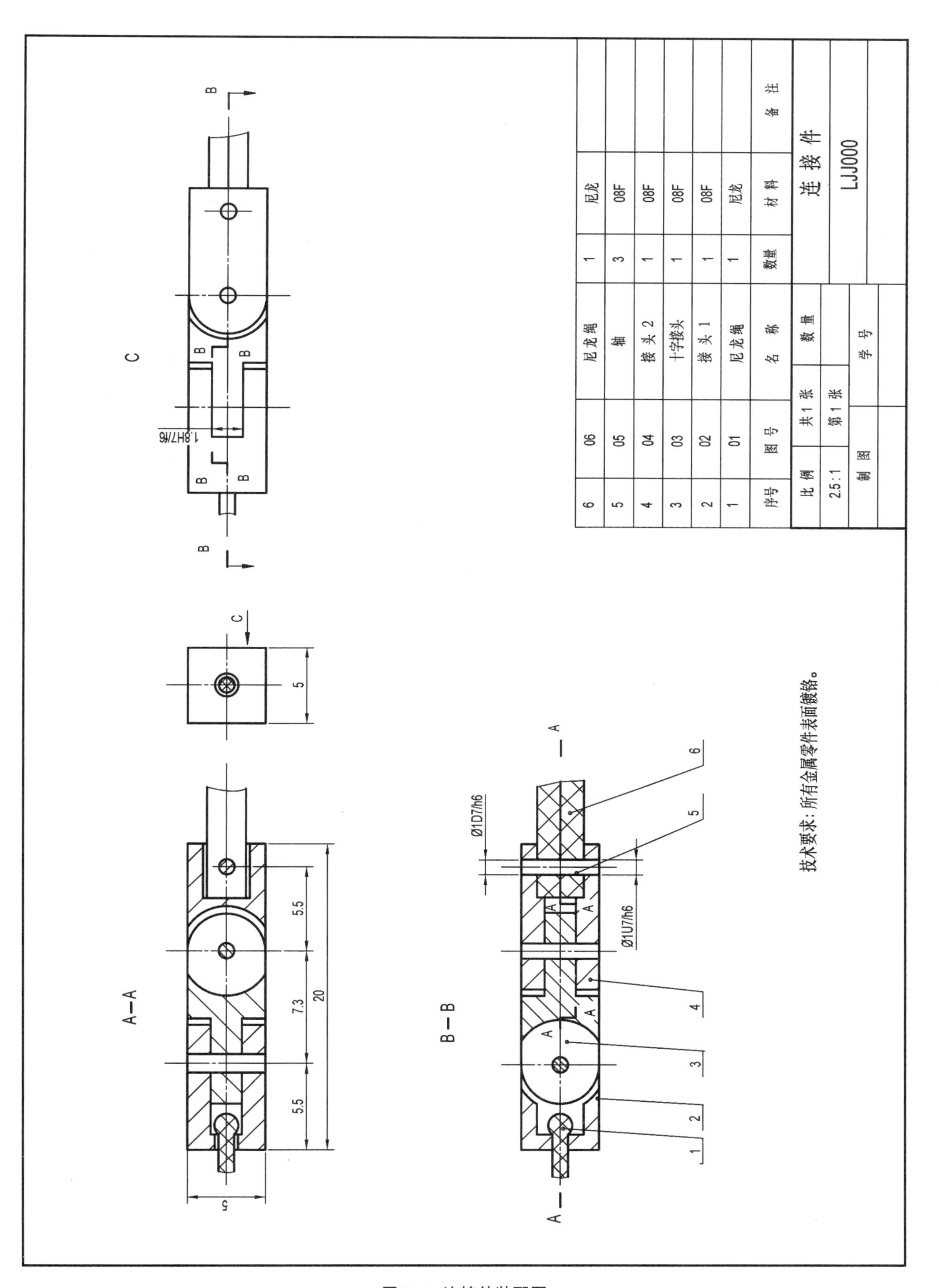

A—A
B—B
C
B
A
5.5
7.3
20
5
1.8H7/f6
Ø1D7/h6
Ø1U7/h6
1
2
3
4
5
6
技术要求：所有金属零件表面镀铬。
序号
图号
名称
数量
材料
备注
6
06
尼龙绳
1
尼龙
5
05
轴
3
08F
4
04
接头 2
1
08F
3
03
十字接头
1
08F
2
02
接头 1
1
08F
1
01
尼龙绳
1
尼龙
比例
2.5:1
共1张
第1张
数量
制图
学号
连接件
LJJ000

图7-1 连接件装配图

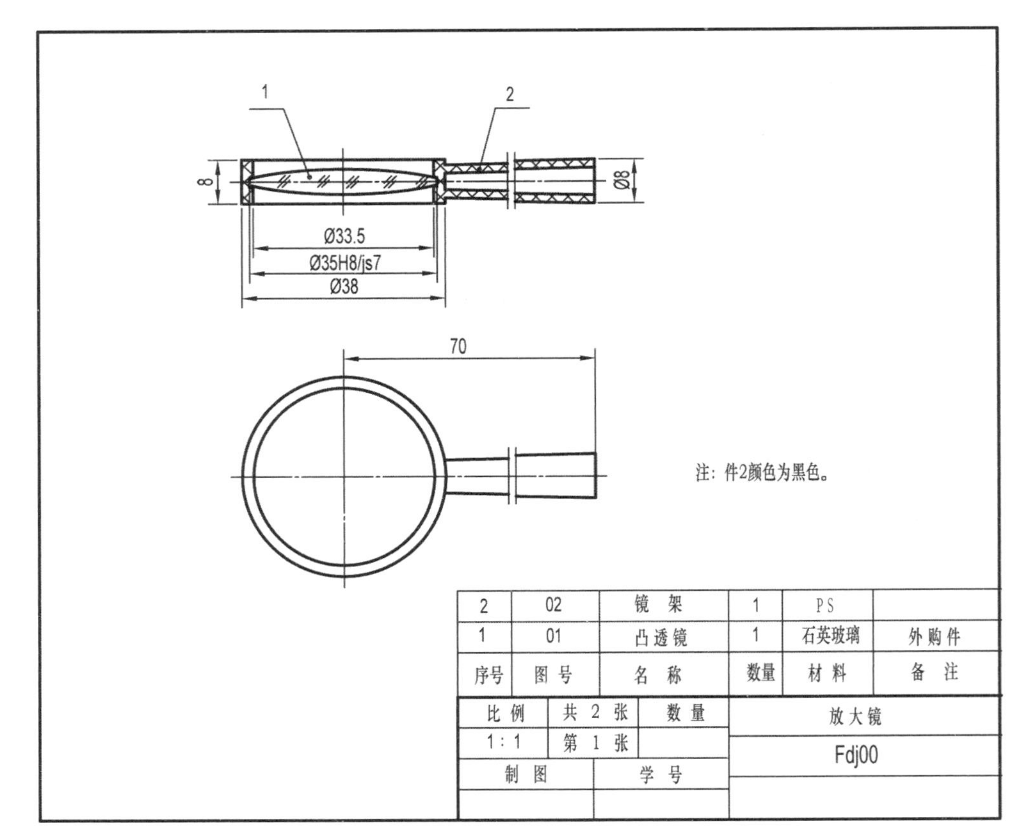

图7-2 简易放大镜装配图

二、规定画法

（1）两个零件的接触表面或配合表面用一条线表示（图7-3c）。不接触的两个零件表面，即使间隙很小，也要画出两条线。

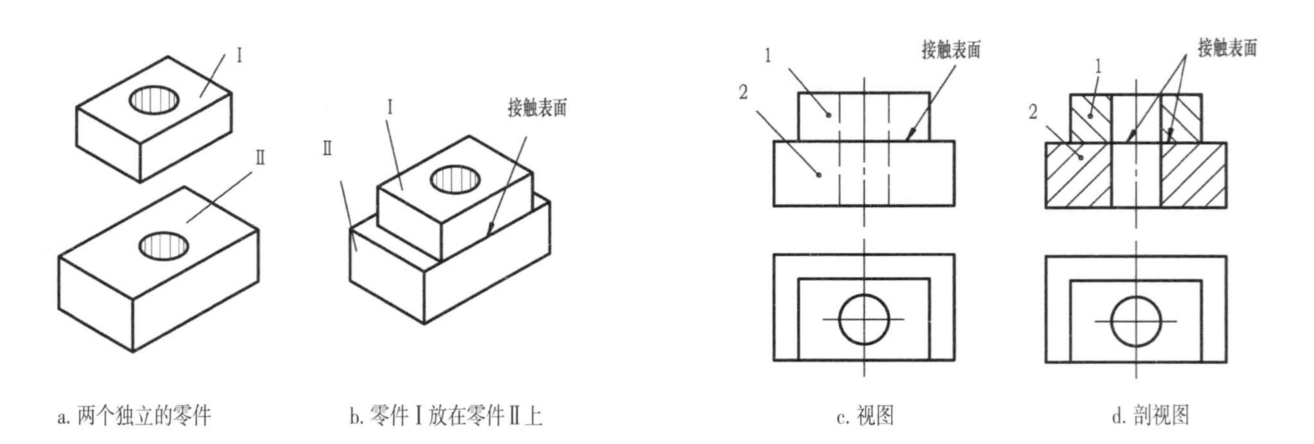

图7-3 表面接触的两个零件的画法

（2）在剖视图中，为了区分不同零件，相邻两零件的剖面线必须是方向相反或者同向相错（方向相同间隔不一致）（图 7–3d），薄壁件可用涂黑的形式表示。

图 7–4 所示的画法都是错误的。

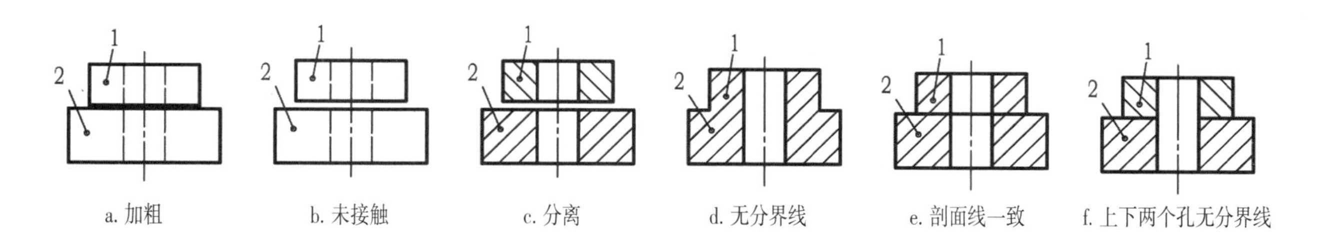

a. 加粗　b. 未接触　c. 分离　d. 无分界线　e. 剖面线一致　f. 上下两个孔无分界线

图 7–4　零件表面接触的错误画法

（3）若剖到实心杆件（如轴、拉杆、球等）和标准件（如螺母、螺栓、垫圈、键、销等），或整体的外购件（如电机、传感器、电子元件等）时，只需画出外形的结构线。

三、特殊画法

1. 拆卸画法

可拆去一个或几个零件，只画出所要表达的零件或部件，用以表达被遮挡的装配关系或其他零件。

2. 单独表达某个零件

为了表达主要零件的结构，可单独画出该零件的某一视图；特殊情况可以将零件表达清楚。图 7–5 是只有一个零件的产品，视图表达的既是零件又是产品，既包含有装配图，又包含有零件图。

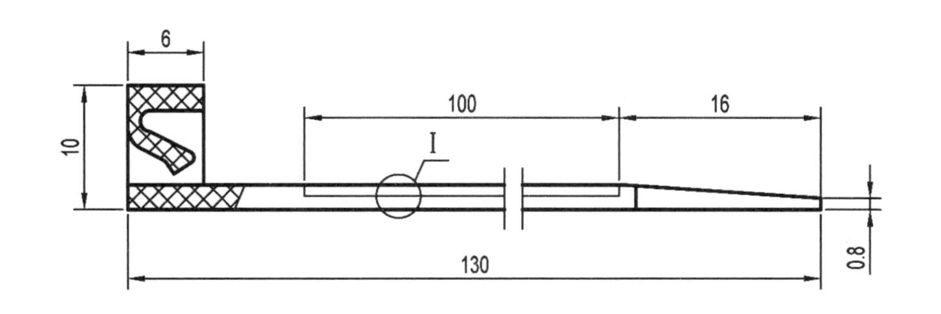

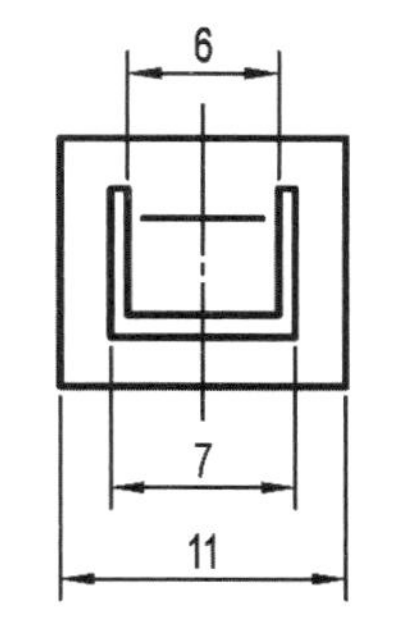

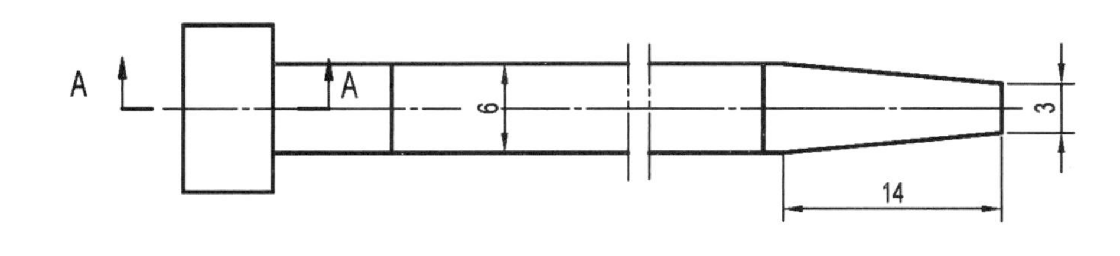

a. 视图

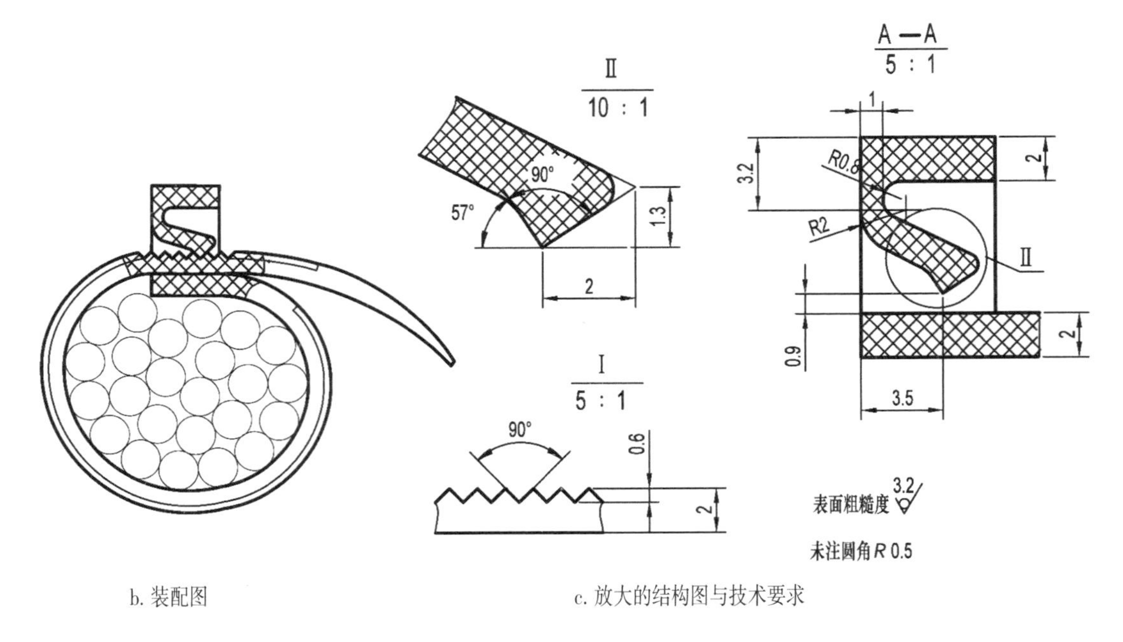

b. 装配图　　c. 放大的结构图与技术要求

图7-5　一个零件的装配图

3. 夸大画法

遇到薄壁零件、细丝弹簧、微小间隙时，无法按实际尺寸画出，或虽能如实画出，但不能明显地表达其结构，均可采取夸大画法，把垫圈的厚度、簧丝的直径、微小间隙以及锥度等适当夸大画出。

4. 假想画法

在装配图中，可用双细点画线画出某些零件的外形，也可将机器或部件中某些运动零件的极限位置或中间位置用双细点画线画出其轮廓，参见图1—6。

5. 简化画法

（1）在装配图中，零件的工艺结构，如圆角、倒角等可以不画。

（2）在装配图中，螺母和螺栓可采用简化画法。遇到螺纹连接件或铆钉连接件等相同零件组时，可只完整地画出一处，其余只用点画线画出其中心位置。

第二节 尺寸标注与技术要求

一、尺寸标注

装配图和零件图的作用不同，对尺寸标注的要求也有所不同。装配图中仅需标注以下几类尺寸，以图7—6为例：

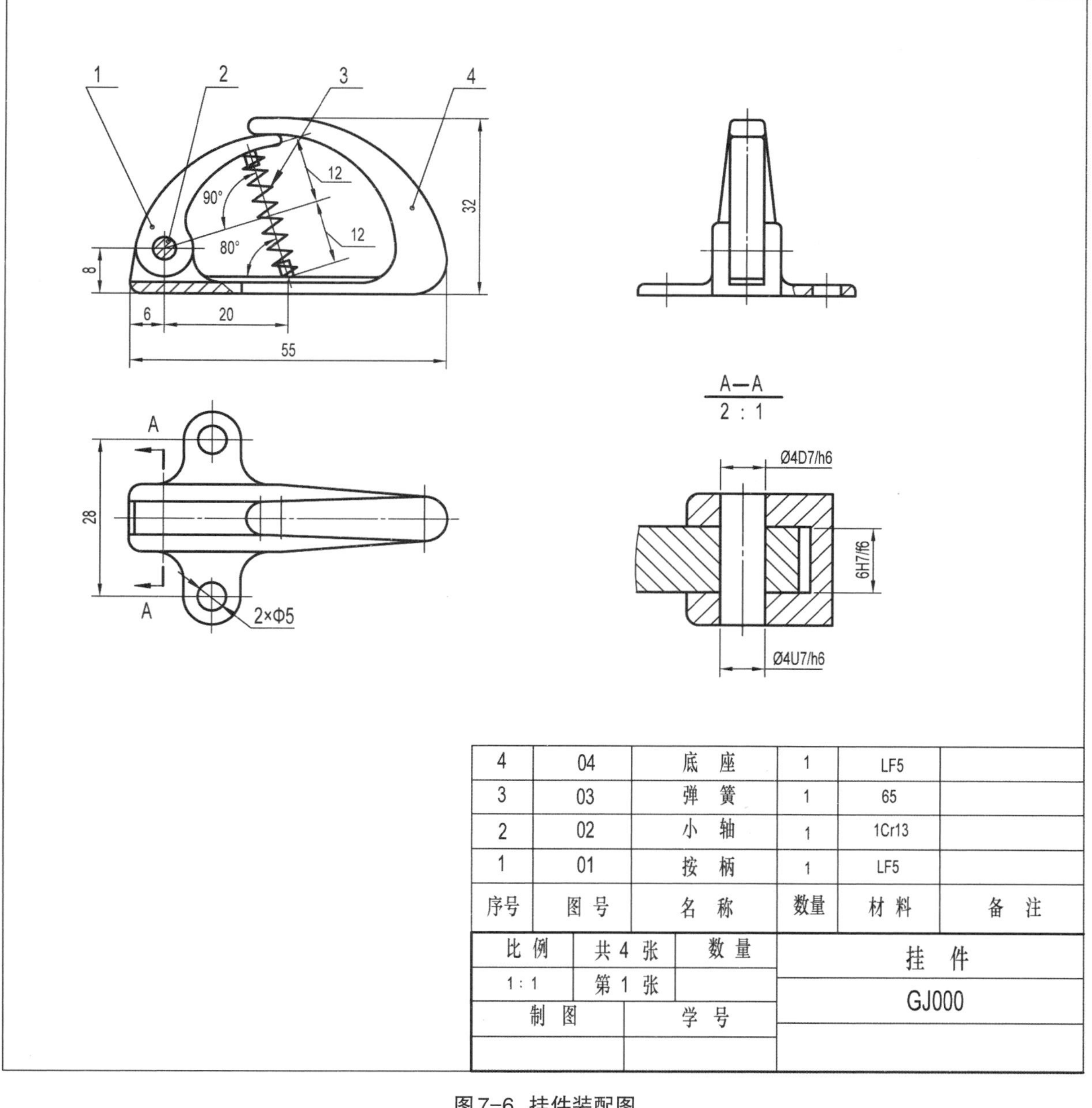

图7-6 挂件装配图

1. 规格或性能尺寸

规格或性能尺寸反映产品或部件的性能和规格，这类尺寸在设计时应首先确定。如尺寸32，虽然是外观尺寸，但却限制了预挂件的粗细，预挂件的粗细应限制在Φ20 mm以内。

2. 配合尺寸

配合尺寸是表示两个零件（轴与孔）之间连接时间隙大小与有无的尺寸，配合有三种类型：

（1） 间隙配合是指转动灵活的一种配合。孔的尺寸减去轴的尺寸，差值总为正。

（2） 过盈配合是指不允许转动的一种配合。孔的尺寸减去轴的尺寸，差值总为负。

（3） 过渡配合是指介于间隙配合与过盈配合之间的一种配合。孔的尺寸减去轴的尺寸，差值可能为正也可能为负（指在一批轴与孔的配合中，对于具体的一对孔轴而言只能是一种，或正或负或为零）。

Φ4D7/h6是用符号表示的配合，属于间隙配合；Φ4U7/h6属于过盈配合（欲详细了解请查阅相关国家标准或书籍）。

3. 外形尺寸

外形尺寸表示产品或部件外形轮廓的大小，即总长、总宽与总高，为包装、运输、产品安装以及厂房设计提供必要的依据。如挂件的总长尺寸55、总高尺寸32、给出的最大宽度尺寸是28，而实际宽度应是28再加上两个半圆的半径。

4. 安装尺寸

安装尺寸是产品或部件安装在地面上或其他机器上所需要的尺寸，如尺寸28就是安装尺寸。

5. 其他重要尺寸

其他重要尺寸是在设计过程中经计算确定或选定的尺寸，但又不包括在以上四种尺寸之中。这种尺寸在拆画零件图时，是不能改变的。如运动零件的极限尺寸和主要零件的重要尺寸等。如角度80°、尺寸20，即是此类尺寸。

二、技术要求

在装配图中，有些信息是无法用图形或符号表达清楚的，只能用文字进行补充说明。如装配过程中应达到的技术要求，产品执行的技术标准、试验、验收等的技术与操作规范，产品外观如油漆、包装、防震等要求。这时需要用文字在技术要求中加以说明，这就是装配图中的技术要求。

装配图中技术要求的说明文字可写在标题栏的上方或左边，其内容应根据实际要求注写。装配图中的技术要求一般包括以下三种：

（1）产品的功能、性能、安装、使用和维护的要求。

（2）产品的制造、检验和使用的方法及要求。

（3）产品的特殊要求。如图7-6挂件的技术要求是：各零件的外表面均应光滑（既具有审美性，又具有安全性）。

第三节 零部件序号、明细栏

为了便于读图，装配图上对每个零件或部件都必须编写序号或代号，并填写明细栏的各项内容。在看装配图时，同样需要根据装配图中零件的序号查阅明细栏，以了解零件的名称、材料和数量、零件图的图号、辅助说明等。零件的序号、数量、材料等自下而上，序号由小到大填写在标题栏上方的明细栏中。装配图中零件或部件序号及编排方法均应遵循国家标准的规定。

一、序号

装配图中的序号有如下的规定（图7-7）：

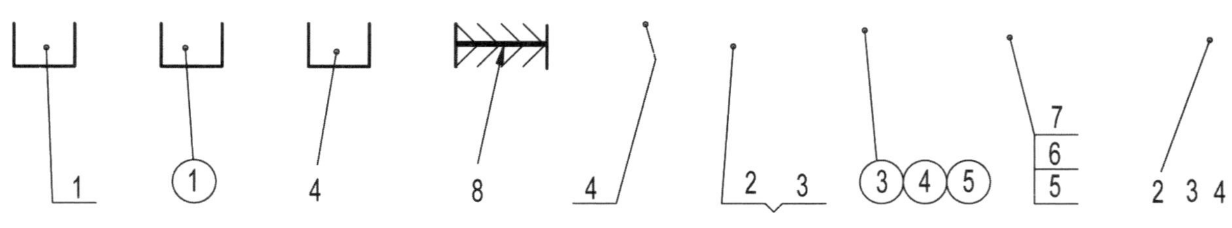

图7-7 零件或部件的序号

（1）指引线为细实线，其图外端的横线或圆也应该用细实线绘制。指引线之间应尽量分布均匀且不允许相交，也不要过长，但允许弯折一次。

（2）序号数字一端应注写在图形轮廓线的外边。序号数字的字高应比该装配图中所标注的尺寸数字的高度大一号或两号。序号数字一端的图形可以是直线，也可以圆，但在同一张装配图中必须一致。

（3）当指引线通过剖面线区域时应与剖面线斜交，避免与剖面线平行。

（4）指引线的另一端为圆点，应画在所指零件的可见轮廓内，如零件已剖开，则应画在该零件的剖面区域内。当指引线末端不便画出圆点时，可在指引线末端画出箭头，箭头指向该零件的轮廓线。

（5）紧固件（由螺钉、螺母、垫圈等组成）装配关系清楚时，可以以一个零件组的形式采用公共指引线，在公共指引线的序号数字一端注写零件组中全部零件的序号。

（6）每一种零件在所有视图中只编一个序号。若干个规格尺寸材料等完全一致的也只编一个序号，零件的数量写在明细栏里。

（7）装配图中零部件的序号应与明细栏中的序号一致。

（8）序号应按顺时针方向或者逆时针方向排列整齐。

二、标题栏与明细栏

明细栏是全部零件（或部件、组件）的详细目录，其内容一般有：序号、代号、名称、数量材料以及备注等。图样上的标题栏和明细栏可根据国家标准绘制。在做制图作业时，可以采用第一章中图1–3所示的标题栏和明细栏格式。

在填写明细栏时，必须与图中所注的序号一致，并注意以下规定：

（1）明细栏画在标题栏上方，序号应按自下而上的顺序填写，位置不够时可在标题栏左侧接着填写。

（2）对于标准件，在名称栏内还应填写除了标准号以外的其余内容，例如“螺钉M10×1.5”（细牙螺纹的螺距需注出，粗牙螺纹的螺距则不需注出）及国家标准代号。

（3）材料栏内填写该零件在制造时所使用的材料的名称或牌号、代号等。

（4）备注栏内填写有关的工艺说明，如零件的热处理、表面处理、外购件的购买地等要求或其他说明。

第四节 装配图的画法

一、了解部件的装配关系和工作原理

仔细观察、分析与研究实物，分析装配图，可以了解各零件间的装配关系及产品或部件的工作原理。图7–8所示的旋转笔筒，由上内筒（件1）、下内筒（件3）、装饰筒（件2）、底座（件4）、滚动球（件5）、固定架（件6）、衬垫（件8）、螺钉（件7）组成；由于下内筒的下部与底座之间有滚动球，所以笔筒与底座可以相对做旋转运动；为使转动灵活与平稳，滚动球的数量设计为六个，因为滚动球没有固定转轴，用固定架将六个滚动球固定；为了防止笔筒与底座分开，用螺钉将底座、下内筒、装有滚动球的固定架连接起来；上内筒、下内筒将装饰筒固定在上内筒、下内筒之间，为防止三者松动，上下内筒可在文字“7”处采用粘接方式连接；衬垫的作用是将螺钉结构遮

A—A
2 : 1

Ø60 96 130 Ø140 1 2 3 4 5 6 7 8 A A

技术要求：
件1、件3与件2粘合连接。

序号	图号	名称	数量	材料	备注
8	07	衬垫	1	PVC	
7	GB/15856.2	螺钉4×10	1	10	
6	06	固定架	1	PVC	
5	05	滚动球	6	10	
4	04	底座	1	ABS	
3	03	下内筒	1	ABS	
2	02	装饰筒	1	骨灰质瓷	
1	01	上内筒	1	ABS	

比例	共 7 张	数量	旋转笔筒
1 : 2	第 1 张		XZBT000
制图		学号	

图7-8 旋转笔筒

住，具有装饰性的作用，同时也起到将笔放入笔筒时的缓冲作用。为防止衬垫在筒内窜动，采用粘接的形式将衬垫与下内筒连接。

二、确定视图表达方案

装配图视图的选择应能清楚地表达产品或部件的工作原理与性能。这些特征通过各零件的相对位置、装配连接关系以及零件的主要结构形状来体现。所以在选择表达方案时，应首先选择主视图，然后选择其他视图。

1. 主视图的选择

（1）按产品或部件的工作位置放置。若工作位置是倾斜的，则将它放正，使具有主要装配关系的安装结构处于特殊位置（与投影面垂直或平行）。

（2）有利于表达产品或者部件的工作原理和结构特征。

图7-9所示的指甲刀主视图有2种方案，结构特征与工作原理都非常明显。

方案a：手柄在上，符合应用指甲刀的工作状态。

方案b：手柄在下，不符合应用指甲刀的工作状态。

（3）主视图的投影方案确定后，还要确定其表达方案。

三根轴的中心都位于指甲刀前后对称中心面，所以剖切平面设置在前后对称中心面处，分析参见图7-10。

方案a：全剖，但轴类零件在剖视图中应按不剖绘制，故舍去。

方案b：全剖，但轴类零件在剖视图中应不剖且按投影绘制，故舍去。

方案c：全剖，轴类零件画法正确，但由于指甲刀的主体与手柄都是薄壁细长件，除了两端有结构需要表达，中间都是连续一致的形状，没有必要剖开，故舍去。

方案d：两端轴采用局部剖，其他处按投影绘制，结构表达正确，图形清晰，方案最佳。

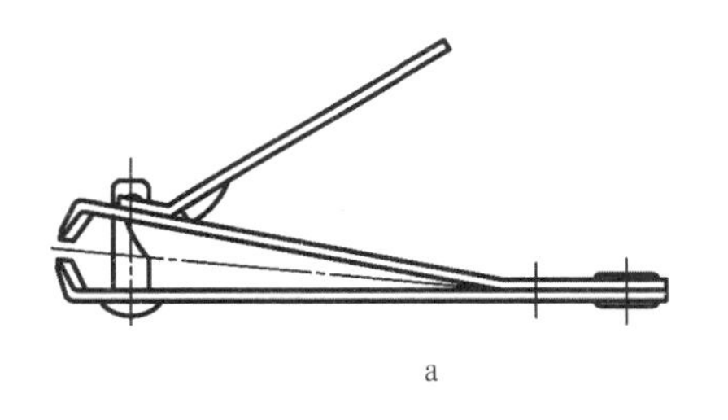

b

图7-9 主视图投影方案的选择

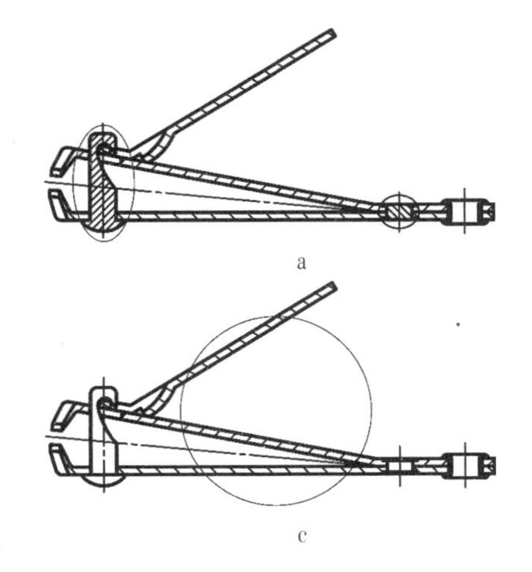

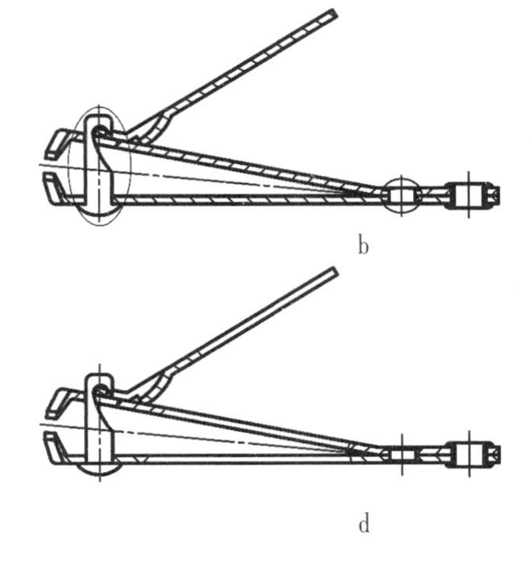

图7-10 主视图的表达方案

2. 其他视图的选择

选择其他视图时，要分析产品或部件中还有哪些性能，工作原理、主要零件的主要结构有没有表达清楚，然后再补选其他视图。一般情况下，每个零件至少应在所有的视图中出现一次，以便了解其位置和进行编号。对某些影响机器或部件工作性能的重要的零件应单独画出。

俯视图方案分析，参见图7-11。

方案a：俯视图除了右端以外，其他显示的是变形结构，不能标注尺寸。

方案b：手柄的结构没有显示，但俯视图显示的是真实结构，可以标注尺寸。

方案c：改进了方案a俯视图是变形的结构图形，但没有完整的俯视图，不能标注尺寸。

方案d：改进了方案b没有显示手柄连接端的结构，但没有完整的俯视图，不能标注尺寸。

综上分析，指甲刀主视图方案确定为图7-12所示，既满足了手柄在上，符合应用指甲刀的工作状态，画在俯视图位置上的是A向完整视图，满足了显示真实结构的要求，可以正常标注尺寸。唯独手柄的表达还不充分，可以采取其他形式予以表达。

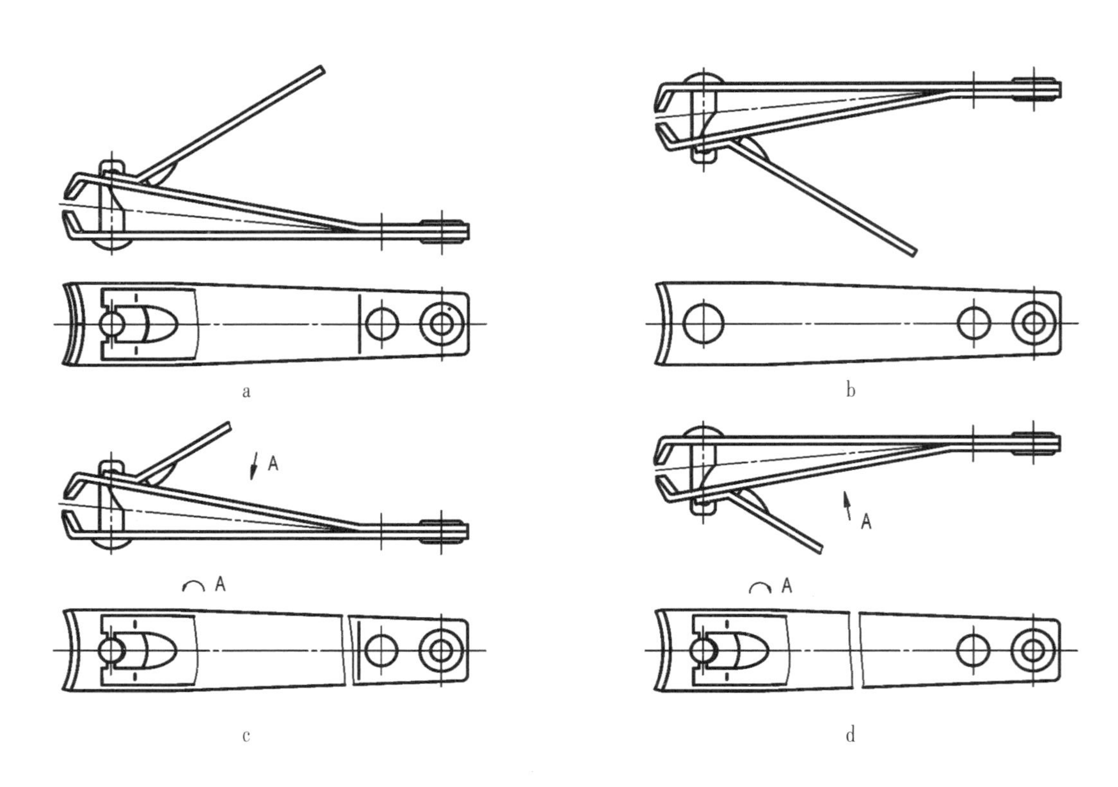

图7-11 其他视图的选择

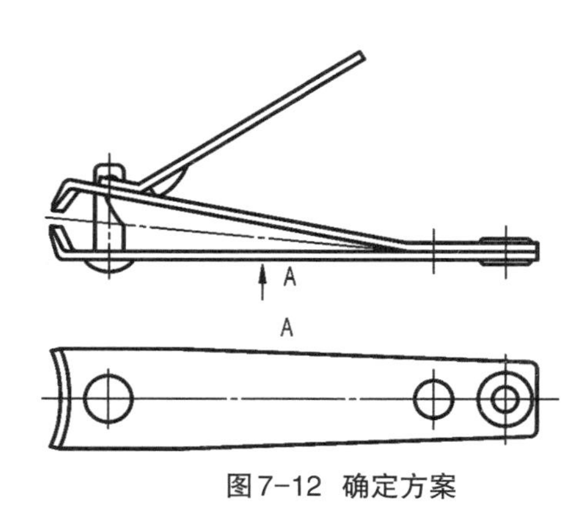

图7-12 确定方案

3. 外观形状与视图的数量

视图的数量能将产品的内部结构、工作原理等表达清楚即可。外观形状的表达以适当为宜，特殊情况可以将产品的外观单独画出。

指甲刀采用一个主视图、一个向视图已能将工作原理和外观结构特征表达出来，但有些细节及小结构没有表达清楚。如指甲刀上的三根轴的结构，在主视图和俯视图中都有显示，但由于尺寸太小，需要用放大的剖视图予以表达；同时，指甲刀刃口与轴的结构也需要放大表达；手柄连接处的形状比较复杂，仅用一个侧面投影表达还不够，故又增加一个向视图。

其他分析：由于指甲刀的结构尺寸较小，大尺寸画占幅太大，故主视图与向视图采用小尺寸画，局部剖视图用放大的图形绘制压柄左端结构与功能已表达清楚，至于具体的形状在零件图中表达即可。对以上分析与选择进行汇总，综合表达参见图7−13。

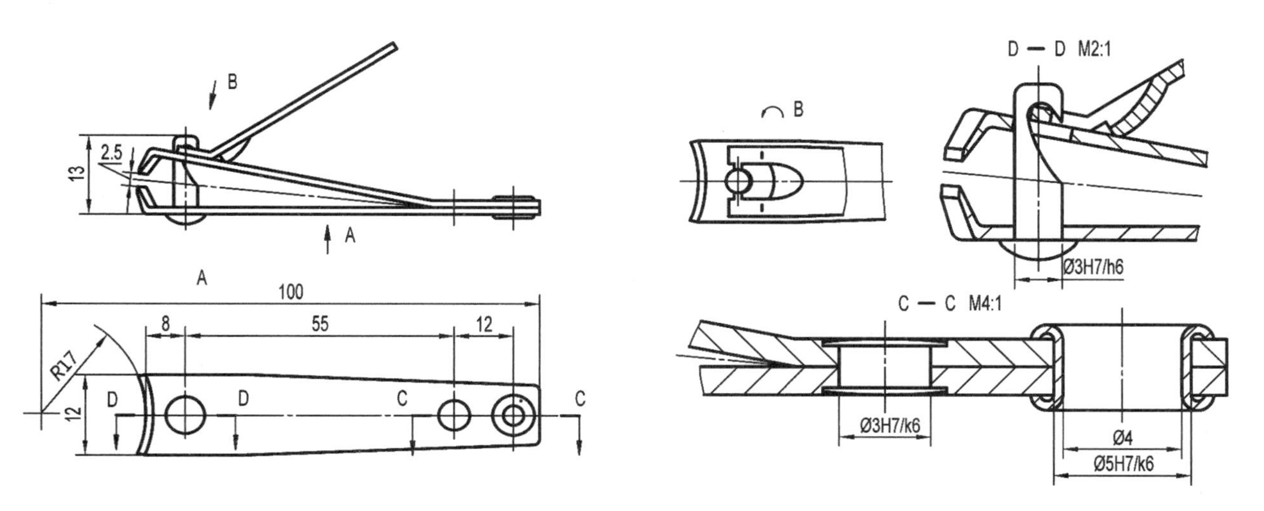

图7−13 综合表达

三、画装配图的步骤

以图7−8旋转笔筒为例介绍画装配图的步骤：

（1）根据视图表达方案，选取适当比例，画好图框、确定标题栏和明细栏的位置。

（2）布置视图，画出各视图的基准线及其主要零件的轮廓。布图的方法与画零件图相同，布图时还要注意为标注尺寸和编写序号等留有足够的空间。

（3）画图，一般从主视图入手，几个视图配合进行。画剖视图时，由内向外逐个地画出各个零件，其优点是按装配顺序逐步向外扩展，层次分明；可见与不可见轮廓线容易区分。也可以由外向内画，将整体控制在一定的尺寸范围内。

（4）标注必要的尺寸。

（5）画剖面线。

（6）检查底稿，编写零件序号和加深。

（7）填写明细栏、标题栏和技术要求。

画装配图的过程图见图7−14a～图7−14d。

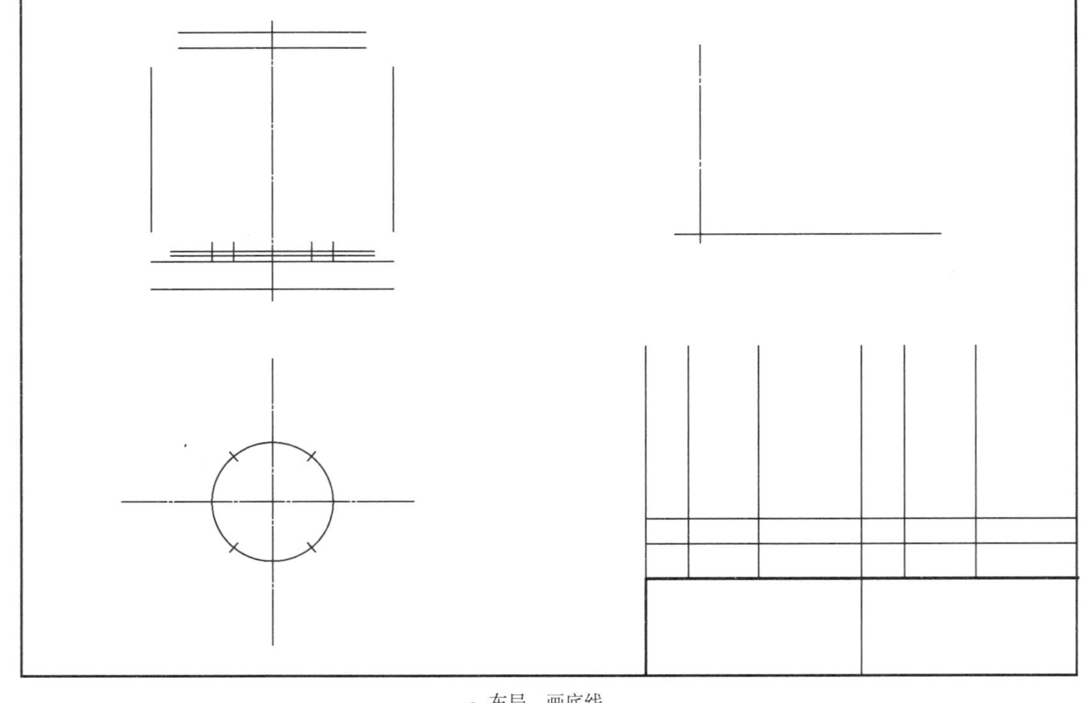

a. 布局、画底线

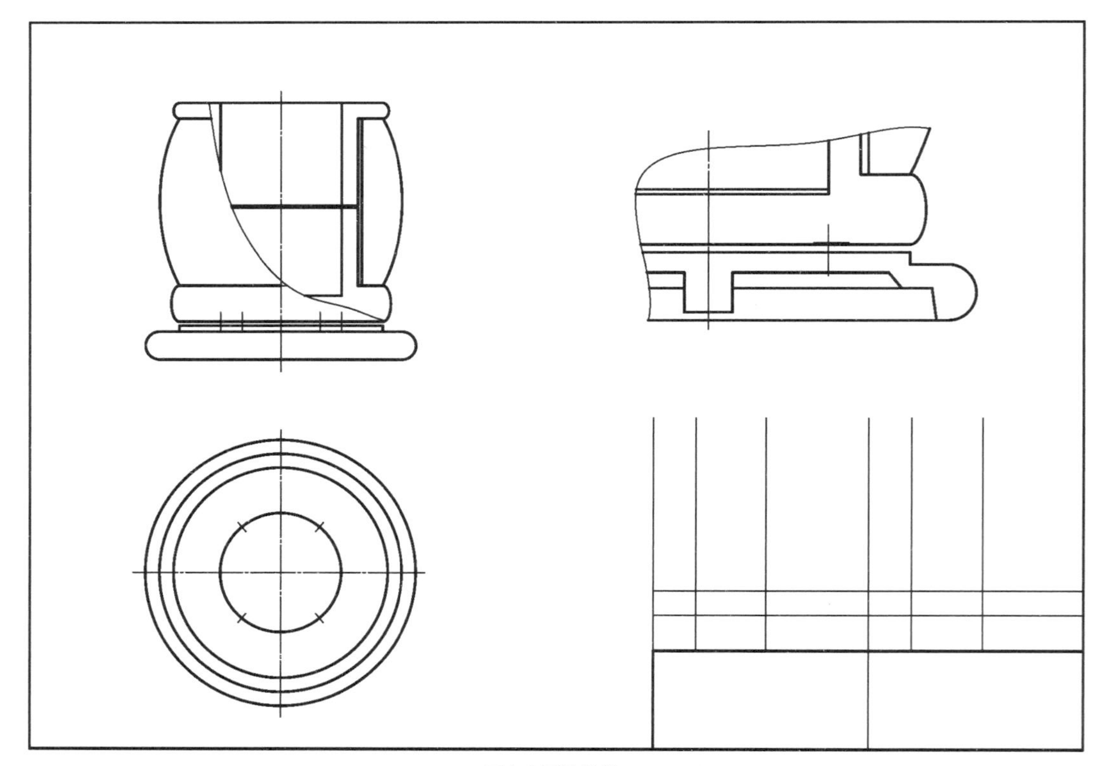

b. 画出主要结构线

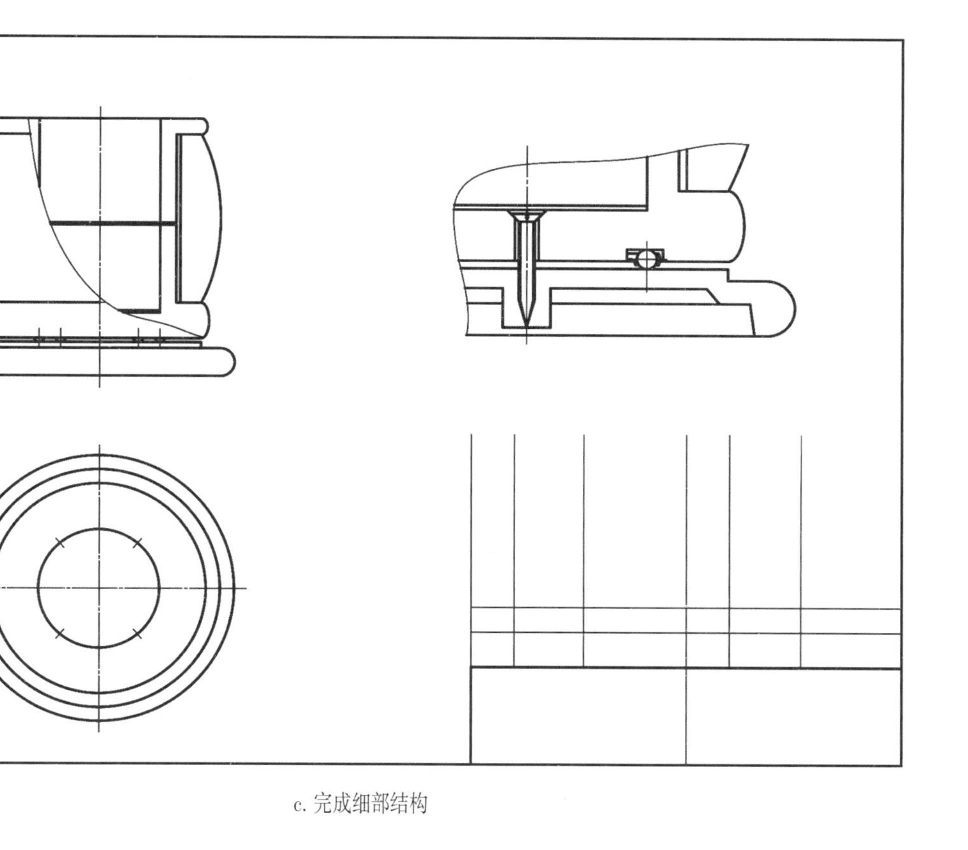

c. 完成细部结构

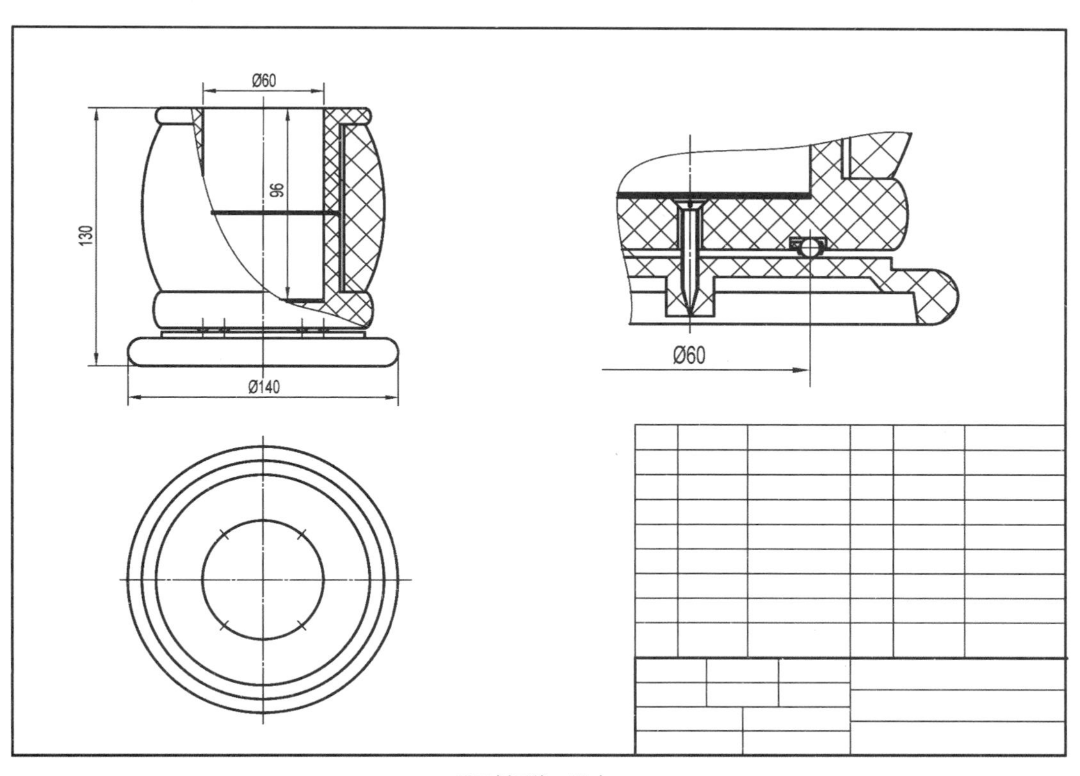

d. 添画剖面线、尺寸

图7-14 装配图的画图步骤

第五节 产品外观图

产品的外观视图是产品在设计过程中比较重要的图样，体量的大小、某些功能尺寸都需要在该图样中标注出。因此，在产品设计中必须绘制产品的外观图。在产品的外观图中，能反映产品的一些信息，如产品的形状，是曲面体还是平面体，通过形状还可以大致分析出制造工艺、原材料等信息。

图7−15是一款椅子，图中给出一些必要的尺寸：总长560×总宽490×总高950，坐面的高度420，扶手的高度160，坐面的长度440与深度430。从图线相交的形式中可分析出制作该椅子背靠、椅腿、扶手的材料是断面为圆形的木材。

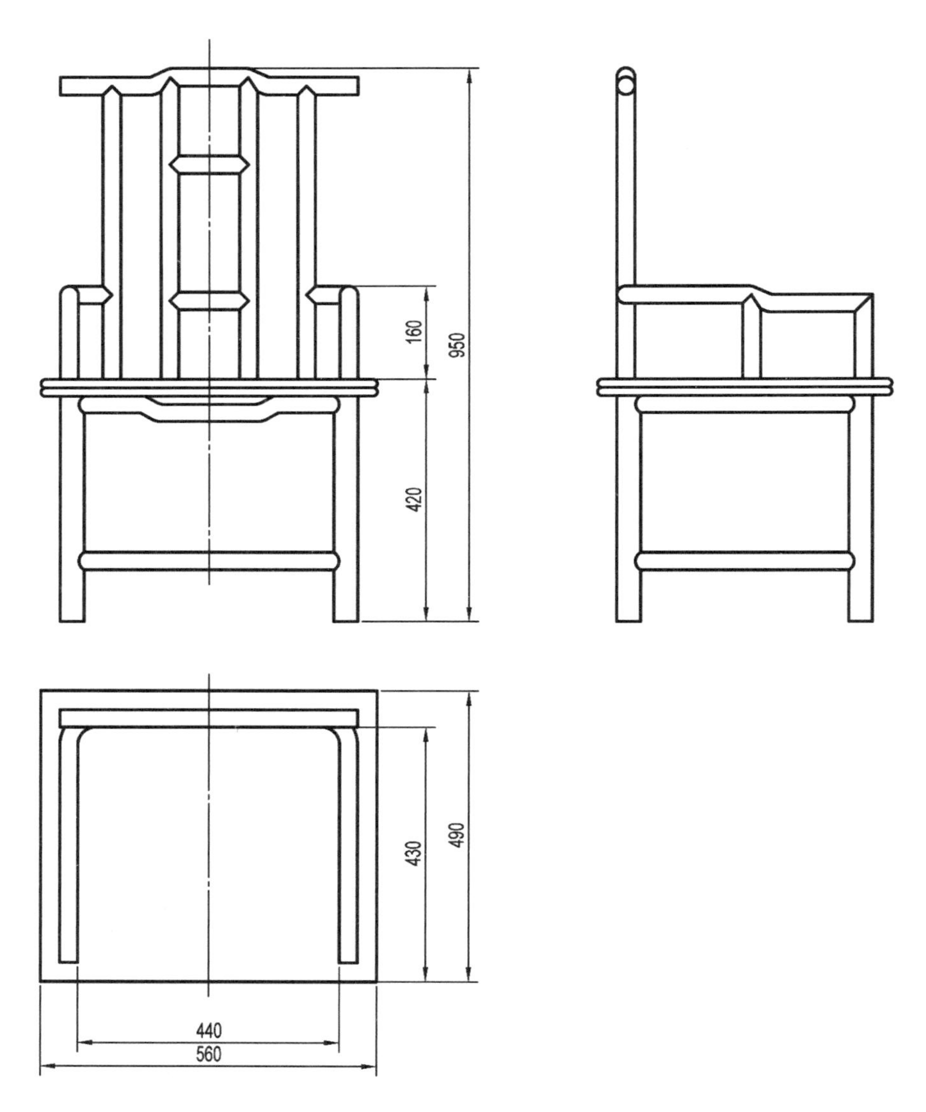

图7−15 木椅

图7-16所示的是一款称重器。每个视图中都有很多曲线，对照分析可以断定其若干条曲线表达的是曲面，还有一些结构线。具有这种形状特征的一定是铸件，进而从体量与外形上判断该产品外壳的材质是塑料。

一般情况下，外观图没有虚线，本例中的虚线表示液晶显示界面的高度要低于称重器的最高位置，原因是装配结构设计和防止称重器在使用和运输过程中将液晶显示界面划伤。

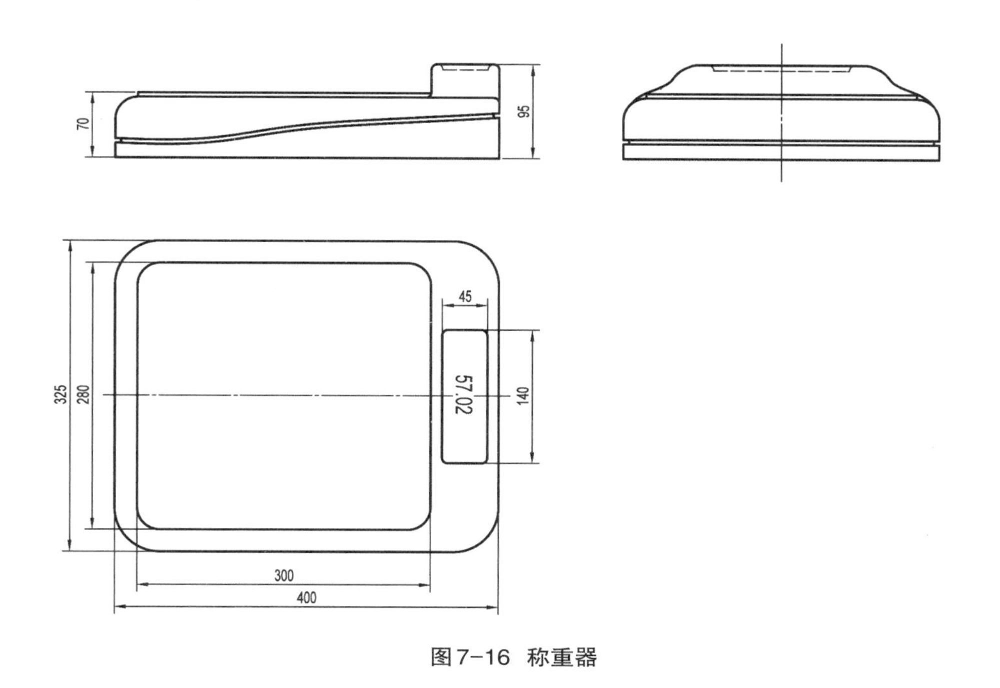

图7-16 称重器

第六节 爆炸图

爆炸图，也是装配分解图。它是依照产品的装配关系，将各个零件沿着装配轴方向分解而形成的一种特殊图，可以直观地、形象地表达产品的造型结构、装配关系和工作原理。生活中购买各种各样的日常生活用品的使用说明书中都包含有装配示意图，用来图解说明各构件的形状和装配位置及装配方式。这种具有立体感的分解说明图就是最为易读且实用的爆炸图。

爆炸图的基本要求是将各个零件按照装配顺序依次排列画出，一般要给每个零件编号，其编号应与装配图中零件的编号一致。

一、平面爆炸图

以图7-17所示钥匙扣为例，说明平面爆炸图的绘图步骤与方法。

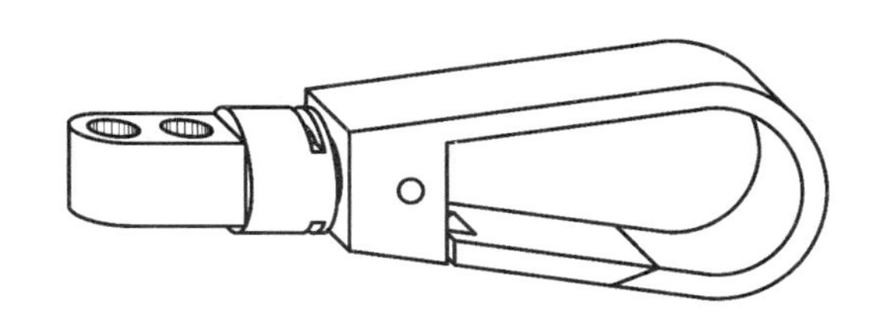

图7-17 钥匙扣

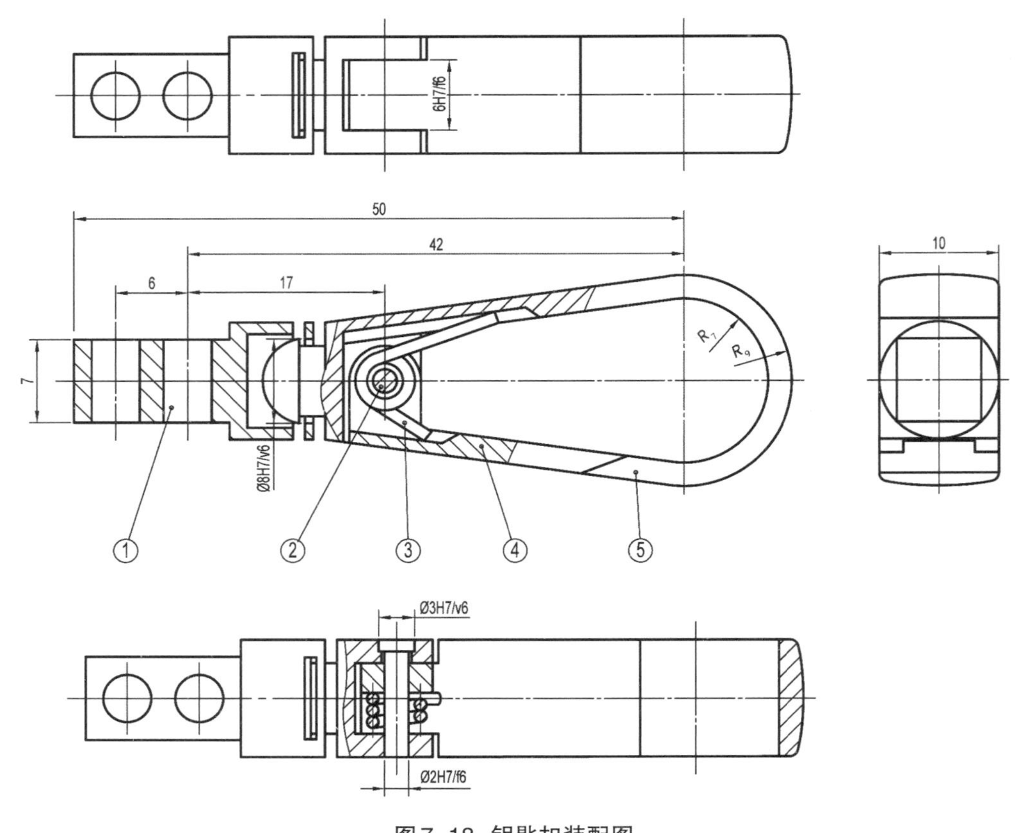

图7-18 钥匙扣装配图

1. 绘制装配图

根据钥匙扣装配图表达方案，选取适当比例，绘制装配图（图7-18）。

2. 分析装配关系

图7-18给出的钥匙扣，共有5个零件组成，件5左端的半球形结构直接被压入件1右端的孔中。因为是压入式装配，所以件1与件5装配后不会自动脱落。件3与件4由件5的下端装入有孔的位置（件3、4、5的孔中心重合），件2（轴）压入件5的孔中，同时将件3、4连接并固定在件5上。

3. 选择适合爆炸的视图

图7-18给出了四个视图，仰视图与左视图是外形的投影图，内部结构没有表达，不适合拆画爆炸图；俯视图是采用局部剖的形式绘制的，虽然每个零件在该图中都有显示，但除了轴以外的其他零件的形状特征不明显，也不适合拆画爆炸图；主视图虽然也是用局部剖的形式表达的，但各零件的主要结构、形状及装配关系都比较清晰，所以选择主视图为爆炸基础图。

4. 分解图形

以选定的主视图为中心，按分析的装配关系即装配方向将件1画在轴线的左面，件2、3、4比较小且集中，件2、3、4的图形一起画在下边，件5移至上方（图7-19）。

分解件2、3、4的装配图形，进一步分解出件2、3、4（图7-20）。

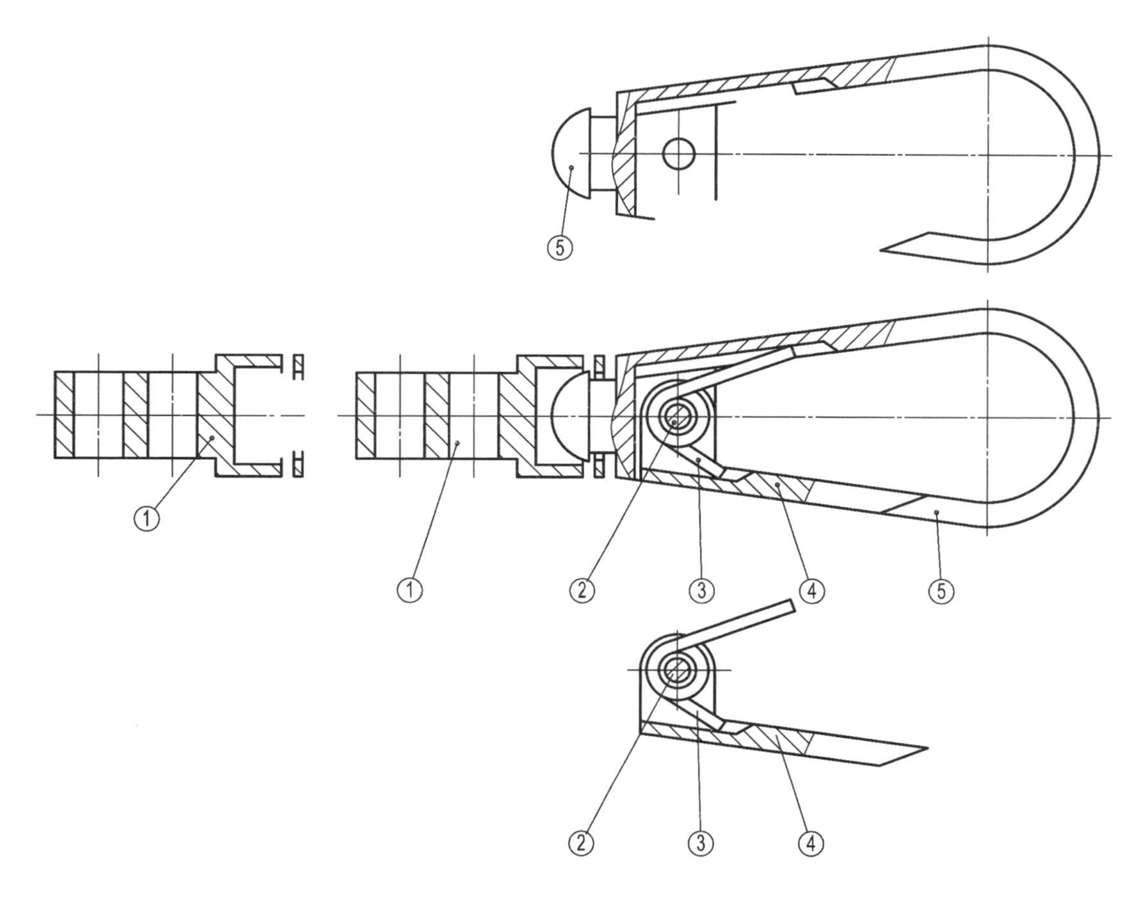

图7-19 分解图形

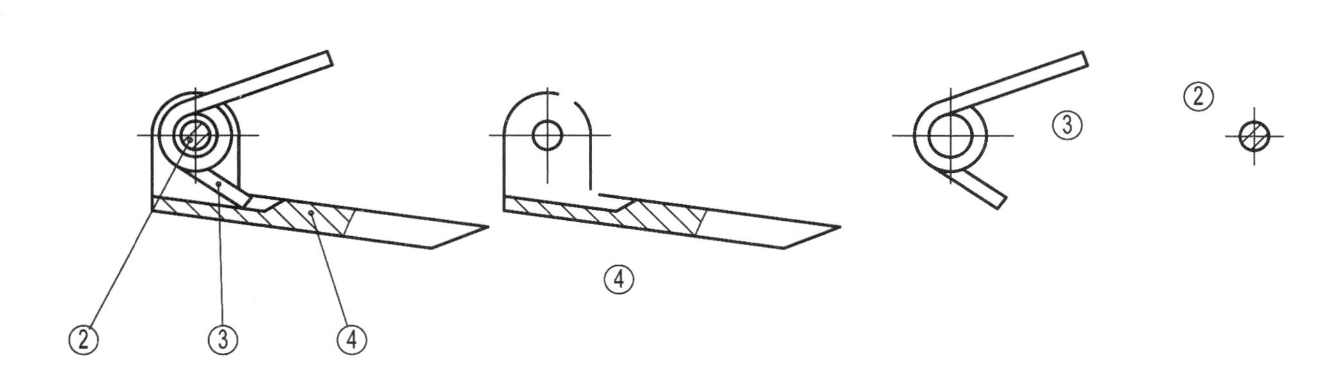

图7-20 分解小结构

5. 画平面爆炸图

完善由于分解时各个零件在装配图中被挡住的结构。按装配的位置、方向，绘制平面爆炸图（图7–21）。

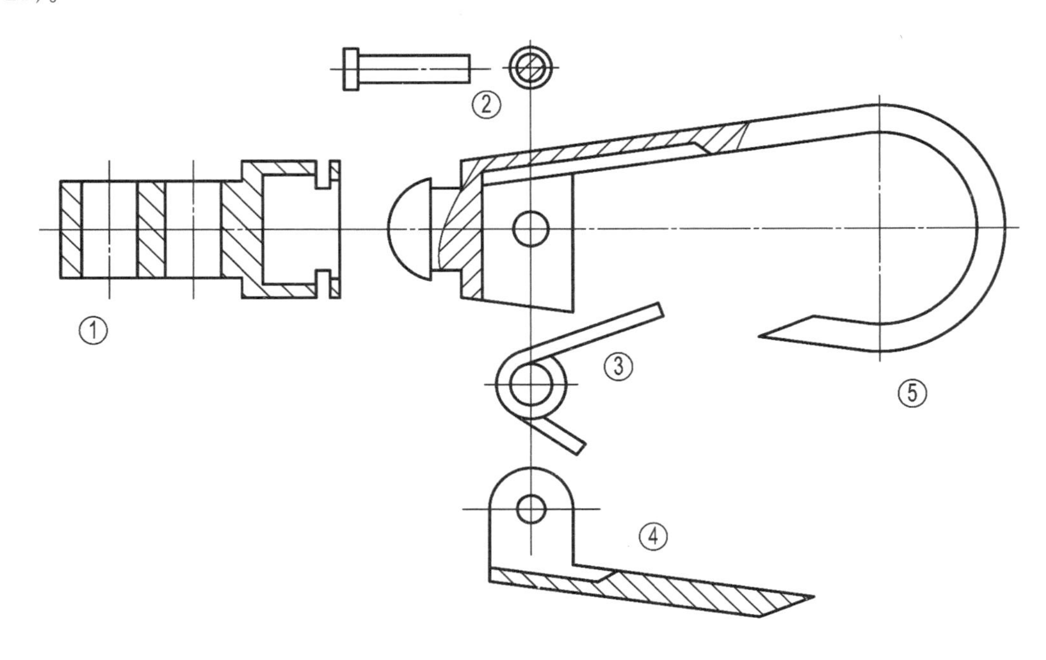

图7–21 钥匙扣平面爆炸图

二、立体爆炸图

1. 绘制装配图

参见图7–22及图7–23。

2. 分析装配关系

图7–22a是木榫插接直角结构的装配图，横与竖木条是通过45° 角榫插接的。

（1）选择适合爆炸的视角

零件的形状与结构以及安装工作的位置不同，选择的视角应使零件的立体感强，结构特征突出。

图7–22b采用斜二测绘制的爆炸图。由于轴间角的选择因素，有些线条距离太近，影响表达与读图。图7–22c用正等测绘制的爆炸图，零件立体感强，结构特征突出。

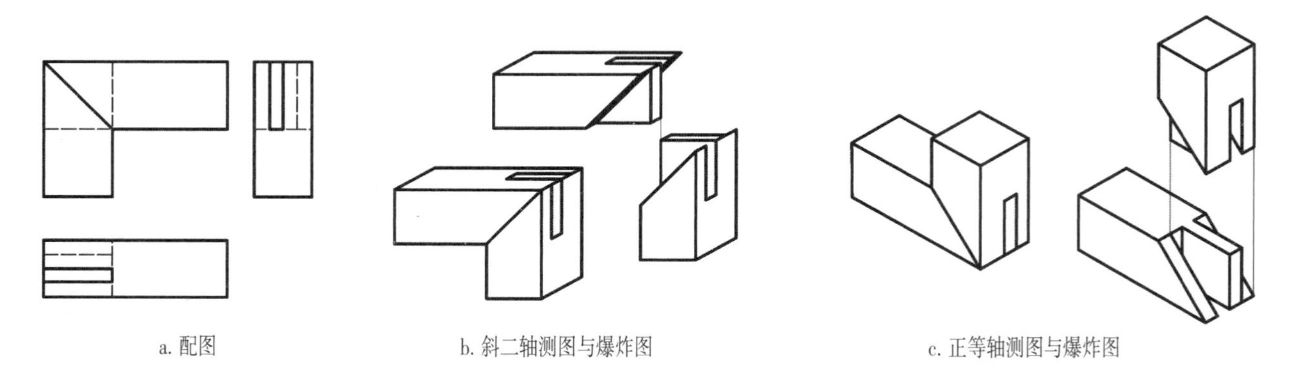

图7–22 木榫45°角插接直角结构

图 7—23 是另一种木榫结构的装配图与爆炸图。

（2）分解图形与读图

用看图与读图相关知识，读出装配图中每一个零件的结构与形状，然后根据装配关系与位置了解功能。

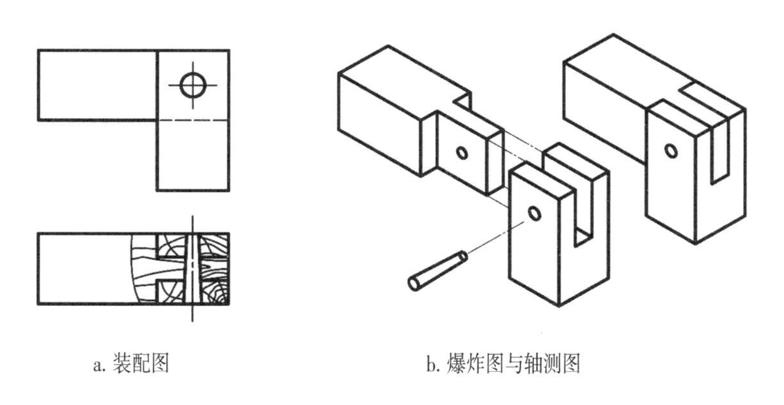

a. 装配图　　b. 爆炸图与轴测图

图7-23 木榫直角插接结构

三、实例

根据实物画出图 7—24 小型夹钳的轴测图，分析小型夹钳的形状、功能、工作原理、装配关系等，并按适当比例绘制装配图（图 7—25）。根据装配图弄清楚每个零件的功能与形状，绘制平面爆炸图（图 7—26），进而绘制立体爆炸图（图 7—27）。

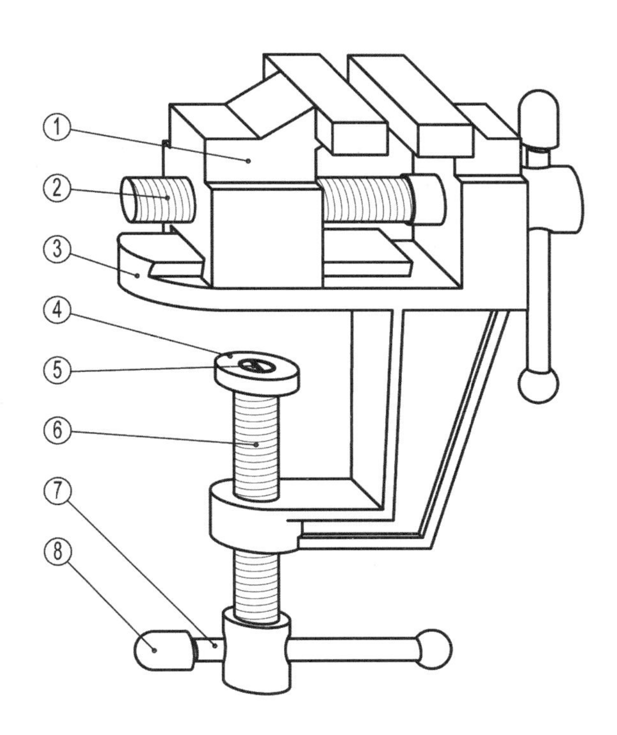

图7-24 夹钳轴测图

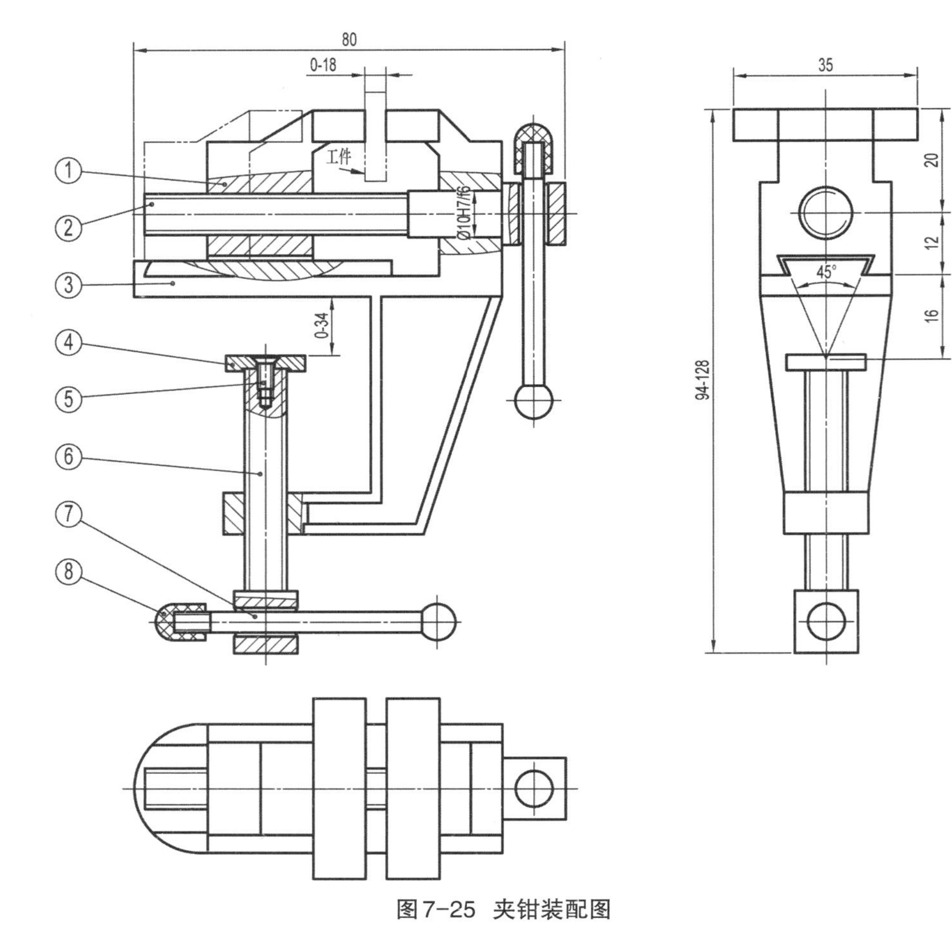

图7-25　夹钳装配图

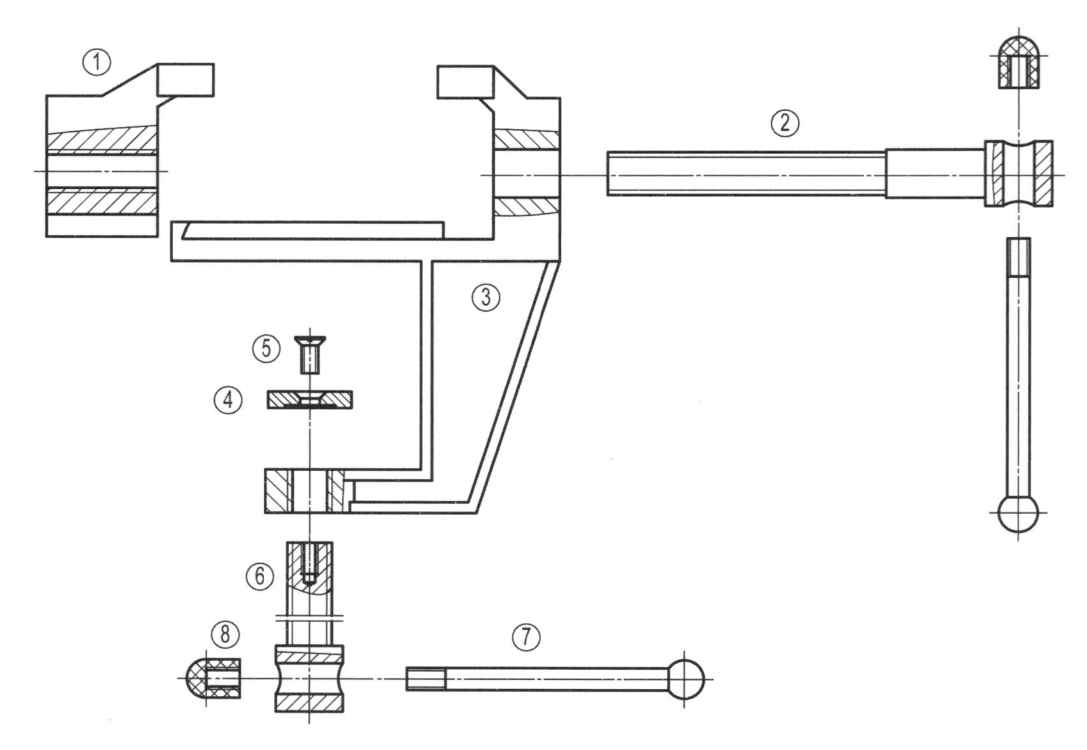

图7-26　夹钳平面爆炸图

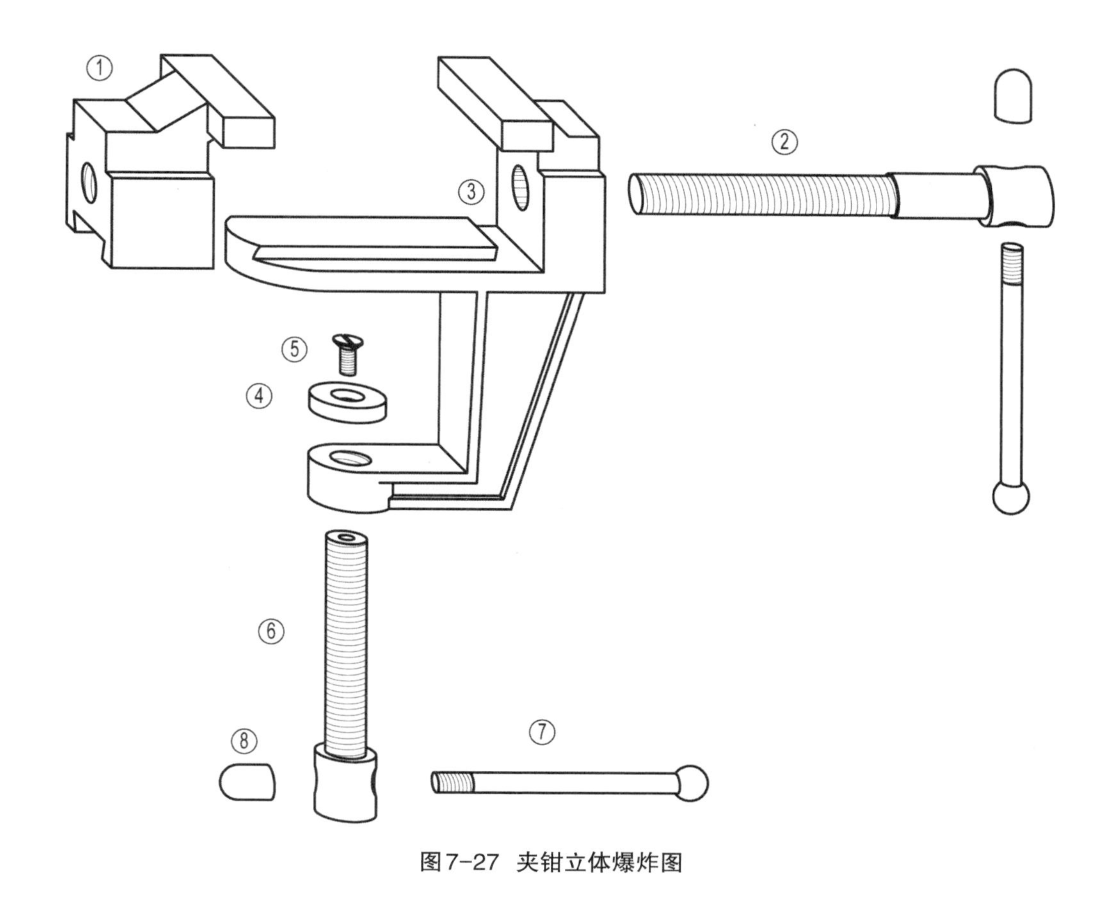

图7-27 夹钳立体爆炸图

复习思考题：

1.装配图在生产中起什么作用?它应该包括哪些内容?

2.装配图有哪些特殊的表达方法?

3.看装配图时需要读懂部件的哪些内容?

4.从装配图中能否读出零件的形状与结构特征？举例说明。

5.工业设计专业了解装配图的目的是什么?